油气田污水污泥处理关键技术

主　编　吴　奇

副主编　汤　林　王立坤　党延斋　李志刚

石油工业出版社

内 容 概 要

本书介绍了油气田采出水及污泥处理的现状与发展，分不同类型油田对中高渗透油田采出水、低渗透油田采出水、化学驱采出水以及稠油高温采出水的处理、回注与回用技术，气田开发中的污水处理技术，油田含油污泥无害化处理和资源化利用技术及海上油气田污水污泥处理的关键技术分别做了介绍。此外，还介绍了 13 项油气田污水污泥处理新技术与设备。

本书适合从事油气田污水污泥处理的设计、研究人员及现场工作人员以及高等院校相关专业师生参考。

图书在版编目（CIP）数据

油气田污水污泥处理关键技术／吴奇主编．
——北京：石油工业出版社，2017.10
ISBN 978–7–5183–2177–3

Ⅰ．①油… Ⅱ．①吴… Ⅲ．①油气田－污水
处理②油气田－污泥处理 Ⅳ．① X741.031

中国版本图书馆 CIP 数据核字（2017）第 247182 号

出版发行：石油工业出版社
　　　　　（北京安定门外安华里 2 区 1 号　100011）
　　　　　网　　址：www.petropub.com
　　　　　编辑部：(010) 64523546　图书营销中心：(010) 64523633
经　　销：全国新华书店
印　　刷：北京中石油彩色印刷有限责任公司

2017 年 10 月第 1 版　2017 年 10 月第 1 次印刷
787 毫米 ×1092 毫米　开本：1/16　印张：19.5
字数：496 千字

定价：100.00 元

《油气田污水污泥处理关键技术》
编写人员及单位

吴　奇　中国石油勘探与生产分公司

汤　林　中国石油勘探与生产分公司

王立坤　中国石化油田勘探开发事业部

党延斋　中国膜工业协会石化专委会

李志刚　中海油研究总院

罗治斌　中国石油天然气集团公司咨询中心

黄新生　中国石油天然气集团公司咨询中心

李　冰、王忠祥、朱景义　中国石油天然气股份有限公司规划总院

丁　慧、吕如地　中国石化石油工程设计有限公司

高　鹏、来　远　中海油研究总院工程研究设计院

郭志强、王国柱　西安长庆科技工程有限责任公司

党　伟、谭文捷　中国石化勘探开发研究院

杨清民、洪　光　大庆油田工程有限公司

杨晓峰、狄　茂　大庆油田水务公司

孙绳昆　中油辽河工程有限公司

谢加才　中国寰球工程公司

刘光全　中国石油安全环保技术研究院

王爱军、周京都　新疆石油工程设计有限公司

陈彰兵、连　伟　中国石油集团工程设计有限责任公司西南分公司

刘有权、熊　颖　中国石油西南油气田分公司天然气研究院

鲁晓醒　华北石油港华勘察规划设计有限公司

肖　东　北京京润环保科技股份有限公司

周光辉　恩曼技术（北京）有限公司

王　敏　江苏博大环保股份有限公司

陈　勇　辽宁华孚环境工程股份有限公司

吴应湘、钟兴福　中国科学院力学研究所

甘澍霖　南京碧盾环保科技股份有限公司

王永斌　河南方周瓷业有限公司

牛军峰　北京师范大学环境学院

罗彤彤　北京矿冶研究总院

王　民　陕西中延能源有限责任公司

高万军　河南大禹水处理有限公司

王　文、刘敏杰　成都天盛华翔环保科技有限公司

李春凯　晟西（上海）能源科技有限公司

前　言

我国大部分油田采用注水方式开发。经过几十年的发展，很多主力油田都处于中高含水开发阶段，采出液中含水达到 70%～80%，有的油田含水已高达 90% 以上。针对不同类型油气田开发中采出水性质、用途不同，需要有针对性地采用先进、高效的工艺技术和关键设备，解决污水、污泥处理的难题。目前存在的主要问题是：低渗透油田采出水回注指标要求高，处理流程长；化学驱采出水由于含有大量的聚合物等化学药剂，污水处理难度大、成本高；稠油热采采出水温度高，处理后要回用于锅炉，化学药剂投加量大、污泥量大；气田开发中产出水含盐高，部分还含有油、硫化物、化学药剂；页岩气和致密油开发需要大规模压裂，压裂过程中产生的返排液含有高分子有机物、油、无机胶体等，处理难度更大，成本更高。全国油气田每年要产生十几亿吨含油、含化学药剂或高温污水要进行处理回注、回用，另外还有近百万吨的含油污泥要进行无害化处理。因此，迫切需要积极开发和推广高效率、低成本、短流程、集成化及清洁节能的污水、污泥处理技术。

本书系统分析了不同类型油气田采出水的水质特点、水质标准、典型处理工艺流程、关键处理技术及设备和工程应用，提出了技术发展方向；系统总结了含油污泥无害化处理和资源化利用技术，以及针对海上油气田特点的污水污泥处理关键技术。本书还介绍了近年来开发和应用的一批先进的处理技术，如特种微生物技术、悬浮污泥过滤净化技术、电化学油水分离技术、模块化不加药技术、多相分离管式除油技术、大直径耐污染陶瓷膜及其组合技术。希望本书能为推动油气田污水污泥处理技术进步起到促进作用，能为从事此项工作的技术管理人员起到借鉴和启发作用，为中国石油工业绿色安全生产和有质量、有效益、可持续发展贡献一份绵薄之力。

本书邀请了国内各油田设计院、研究院、行业知名的污水污泥处理技术专家编写与审稿，中国膜工业协会石化专委会做了大量的征集和编辑工作，特别邀请黄新生教授、罗治斌教授两位知名专家参与编审指导工作，在此表示诚挚的谢意。

由于本书编者经验和知识水平所限，书中难免有不妥之处，恳请读者批评指正。

吴奇

2017 年 10 月

目　　录

第一章　油气田采出水及污泥处理现状与发展趋势

在油田开发过程中，随着油藏自身能量的递减，原油开采越来越困难，为保持或提高油藏压力，将采出水回注地层以提高采收率，成为油田开发的主要手段和措施。

根据油藏空气平均渗透率，油田类型可分为高渗透油田、中渗透油田和低渗透油田，根据油品性质，又可以分为稀油油田和稠油油田。为确保注水开发效果，避免地层污堵，需要对采出水进行处理，以去除悬浮物和污油等污染物。不同类型的油田，其注水水质要求不尽相同，因此针对不同类型油田的采出水处理出水的控制指标要求也不相同，具体控制指标及要求，后续章节将详细论述。

经过多年的开发实践，目前已研发出多种以除油、除悬浮物为基础的油田采出水处理技术和设备，并形成多种工艺流程。

气田并不像油田那样需要注水来保持地层能量、提高采收率，针对其采出水的处理，主要是满足环保指标要求。

在油田采出水处理过程中产生了大量的含油污泥，如果处置不当，会造成严重的环境污染。因此，需要对含油污泥进行无害化处理。

第一节　油田注水开发历程

油田开发历经自喷、二次采油及三次采油等几个阶段，随着自喷开采的时间不断地增长，开采出来的原油不断增多，致使油层本身能量不断被消耗，油层压力不断下降，地下原油大量脱气，黏度的增加使得产油量大大减少，有的时候甚至会停产，造成地下残留大量的死油采不出来。为了保持或提高油层压力，油田开始进行注水。

玉门油田是中国最早进行注水开发的油田，1957 年，老君庙油田成为当代中国第一个开始注水开发的油田。1960 年 10 月，大庆第一口注水井中 7 排 11 井开始试注。

早期的注水开发采用清水注水，随着注水开发的延长，油田采出液开始见水，1961 年 9 月，大庆第一口井中 6 排 13 井见水。初期脱出的污水直接排放，但随着采出水量逐年增大，油田面临采出水必须进行处理的问题。

1963 年，国内油田技术人员开始研究采出水处理工艺，并于 1969 年在大庆建成并投产了全国第一座采出水处理回注站，以后陆续开始兴建采出水处理回注站，将油田产出的含油污水处理后回注地下，不但节省了淡水资源，而且实现了水的循环利用，同时也保护了环境。

至 2016 年底，油田采出水处理已走过了 40 余年的历程，中国石油天然气股份有限公司（简称中石油）各油田年采出水量 93337×10⁴m³，共建设采出水处理站 658 座；中国石油化工股份有限公司（简称中石化）各油田年采出水量 43800×10⁴m³，共建设采出水处理站 154 座，形成了规模庞大的采出水处理系统（表 1-1 和表 1-2）。由于采出水处理系统规模巨大，采出水处理系统的成本成为油气田整体开发效益重要的影响因素之一。

表1-1 2016年中石油和中石化各油田采出水量平衡情况表

序　号	类　别	中石油（10^4m^3）	中石化（10^4m^3）	合计（10^4m^3）
1	采出水量	93337	43800	137137
2	注采出水量	84498	41135	125633
3	无效回注量	2266	2190	4456
4	外排量	1224	475	1699
5	锅炉及其他回用量	5350		5350

表1-2 2016年中石油和中石化各油田采出水处理站情况表

序　号	类　别	中石油（座）	中石化（座）	合计（座）
1	用于注水的采出水处理站	626	147	773
2	用于回用的采出水处理站	20	5	25
3	外排及其他用途的采出水处理站	12	2	14
4	合　计	658	154	812

第二节　油气田采出水处理技术现状与发展趋势

一、国内油气田采出水处理技术现状

1. 采出水中污染物及分类

由于采出水经过了原油集输及处理整个过程，因此污水中杂质种类及性质都和原油地质条件及注入水性质、原油集输条件等因素有关。采出水是一种含有固体杂质、液体杂质、溶解气体和溶解盐类等较复杂的多相体系。

1）采出水中污染物

油气田采出水中含有以下污染物：

（1）悬浮固体。其颗粒直径一般为 0.1～100μm，主要包括以下几大类：

① 泥沙：0.05～4μm 的黏土、4～60μm 的粉砂和大于 60μm 的细砂。

② 各种腐蚀产物及垢：Fe_2O_3、CaO、MgO、FeO、$CaSO_4$、$CaCO_3$。

③ 细菌：硫酸盐还原菌（5 ~ 100μm），腐生菌（10 ~ 30μm）。

④ 有机物：胶质沥青质类和石蜡等重质油类。

（2）胶体。粒径为 0.001 ~ 0.1μm，主要由泥沙腐蚀结垢产物和微细有机物组成，成分与悬浮固体基本相似。

（3）分散油及浮油。污水原水中一般含有 1000mg/L 以下的原油，其中 90% 左右为 10 ~ 100μm 分散油及大于 100μm 浮油。

（4）乳化油。污水原水中一般有总油量 10% 以下的 0.001 ~ 10μm 乳化油。

（5）溶解物质。在污水中处于溶解状态的低分子及离子物质，主要包括：

① 溶解在水中的无机盐类，基本上以阳离子和阴离子形式存在，其粒径为 0.001μm 以下，主要包括：Ca^{2+}、Mg^{2+}、K^+、Na^+、Fe^{2+}、Cl^-、HCO_3^-、CO_3^{2-} 等，此外还包括环烷酸类等有机溶解物质。

② 溶解的气体。包括：溶解氧、二氧化碳、硫化氢、烃类气体等，其粒径为 3×10^{-4} ~ 5×10^{-4}μm。

2）采出水的分类

油气田采出水根据开发方式，可分为以下几类：

（1）油田采出污水。

① 稀油采出污水。

稀油密度一般小于 $0.89g/cm^3$，污水黏度适中，流动性好，油水密度差大，污水中含油较易处理。国内大多数油田均属稀油油田。

② 稠油采出污水。

稠油是高密度（$0.93g/cm^3$ 以上）、高黏度原油的总称，稠油污水含较高沥青质和胶质，具有较大的密度和黏滞性，油水密度差小，增加了处理难度，稠油污水集中在辽河、新疆油田。

③ 注聚采出污水。

油田采用聚合物驱采油后，随着采出污水中聚合物含量增加，含油污水黏度成倍增大，由于水相黏度的增加，絮凝作用明显变差，加大了含聚合物污水的处理难度。

聚合物驱采出污水集中在大庆油田。此外，大港、辽河、华北、长庆等油田正开展小规模试注。

④ 常温集输采出水。

由于采出液的不加热输送，使得进入污水处理系统的采出水温度降低，水相黏度增大，不利于沉降处理。

（2）气田采出污水。

气田采出水含盐量大，通常在 10^3 ~ 10^4mg/L 数量级之间，还常伴有镉、铅、锌、砷、硫化物等有毒物质，是危害较大的一种污水。

气田采出水集中在四川、长庆、塔里木等油田，其他油田有部分产气区块。

2. 油田采出水处理技术现状

1）水质标准要求

采出水处理后用于油田注水时，为避免堵塞地层，应满足油田注水水质标准。目前油气田注水水质参照 SY/T 5329—2012《碎屑岩油藏注水水质标准》执行，见表1-3。

表1-3 《碎屑岩油藏注水水质标准》（SY/T 5329—2012）推荐水质主要控制指标

	注入层平均空气渗透率（μm²）	≤0.01	>0.01～0.05	>0.05～0.5	>0.5～1.5	>1.5
控制指标	悬浮固体含量（mg/L）	≤1.0	≤2.0	≤5.0	≤10.0	≤30.0
	悬浮物颗粒直径中值（μm）	≤1.0	≤1.5	≤3.0	≤4.0	≤5.0
	含油量（mg/L）	≤5.0	≤6.0	≤15.0	≤30.0	≤50.0
	平均腐蚀率（mm/a）	<0.076				
	SRB菌（个/mL）	≤10	≤10	≤25	≤25	≤25
	铁细菌（个/mL）	$n \times 10^2$	$n \times 10^2$	$n \times 10^3$	$n \times 10^4$	$n \times 10^5$
	腐生菌（个/mL）	$n \times 10^2$	$n \times 10^2$	$n \times 10^3$	$n \times 10^4$	$n \times 10^5$

注：(1) $1 < n < 10$；

(2) 清水水质指标中去掉含油量。

根据 SY/T 6285—2011《油气储层评价方法》中关于碎屑岩储层类型的划分，注入层平均空气渗透率小于 $0.05\mu m^2$ 的储层属于低渗透油藏，注入层平均空气渗透率在 $0.05 \sim 0.5\mu m^2$ 的储层属于中渗透油藏，注入层平均空气渗透率大于 $0.5\mu m^2$ 的储层属于高渗透油藏。行业注水水质标准 SY/T 5329—2012 根据不同的注入层平均空气渗透率，推荐了不同水质控制指标，详见表1-3。

由于不同油藏区块的特性千差万别，部分油田公司根据自身的实际情况，制订出适宜本油田不同渗透率的注水水质标准，而不再执行上述行业标准。大庆、新疆、大港以及长庆、江苏、江汉等油田都制定了适合自身油田特点的水质标准。

大庆油田执行的注水水质标准见表1-4和表1-5，长庆油田执行的注水水质标准见表1-6。

表1-4 大庆油田油藏水驱注水主要控制指标（2004年12月28日修订）

空气渗透率（μm²）	≤0.02	>0.02～0.1	>0.1～0.3	>0.3～0.6	>0.6
含油量（mg/L）	≤5.0	≤8.0	≤10.0	≤15.0	≤20.0
悬浮固体含量（mg/L）	≤1.0	≤3.0	≤5.0	≤5.0	≤10.0
悬浮物颗粒直径中值（μm）	≤1.0	≤2.0	≤2.0	≤3.0	≤3.0
平均腐蚀率（mm/a）	≤0.076				
硫酸盐还原菌（SRB）（个/mL）	≤25				
腐生菌（个/mL）	$N \times 10^2$	$N \times 10^2$	$N \times 10^3$	$N \times 10^3$	$N \times 10^4$
铁细菌（个/mL）	$N \times 10^2$	$N \times 10^2$	$N \times 10^3$	$N \times 10^3$	$N \times 10^4$

注：$0 \leqslant N < 10$。

表1-5 大庆油田含聚合物污水注水主要控制指标（2004年12月28日修订）

空气渗透率（μm²）	<0.1	0.1~0.3	>0.3~0.6	>0.6
含油量（mg/L）	≤5.0	≤10.0	≤15.0	≤20.0
悬浮固体含量（mg/L）	≤5.0	≤10.0	≤15.0	≤20.0
悬浮物颗粒直径中值（μm）	≤2.0	≤3.0	≤3.0	≤5.0
平均腐蚀率（mm/a）	≤0.076			
硫酸盐还原菌（SRB）（个/mL）	≤100			
腐生菌（个/mL）	$N×10^2$	$N×10^2$	$N×10^3$	$N×10^4$
铁细菌（个/mL）	$N×10^2$	$N×10^2$	$N×10^3$	$N×10^4$

注：$0≤N<10$。

表1-6 长庆油田采出水回注技术推荐指标

	注入层空气渗透率（10^{-3}μm²）	<1.0	1.0~10.0	>10.0~100.0	>100.0
控制指标	悬浮固体含量（mg/L）	<5	<10	<10	<15
	悬浮物颗粒直径中值（μm）	<3	<3	<3	<5
	含油量（mg/L）	<10	<15	<20	<30
	平均腐蚀率（mm/a）	<0.076			
	SRB菌（个/mL）	<10			
	TGB菌（个/mL）	<100			
辅助指标	总铁量（mg/L）	<0.5			
	pH值	6~9			
	溶解氧（mg/L）	<0.05			
	硫化物（mg/L）	<2.0			
	二氧化碳（mg/L）	-1.0~1.0			

对于稠油油田，由于开发过程中不需要用于注水驱油，因此其采出水除可以输送到常规注水开发油田回注外（执行相应的注水指标），还可以用于注汽锅炉，此时的处理指标需要执行石油行业标准SY/T 0027—2014《稠油注汽系统设计规范》，具体指标要求详见表1-7。

表1-7 采出水回用于注汽锅炉推荐指标

参 数	指 标	备 注
溶解氧（mg/L）	≤0.05	
总硬度（mg/L）	≤0.1	以$CaCO_3$计

参　　数	指　　标	备　　注
总铁（mg/L）	≤0.05	
二氧化硅（mg/L）	≤50	
悬浮物（mg/L）	≤2	
总碱度（mg/L）	≤2000	
油和脂（mg/L）	≤2	
可溶性固体（mg/L）	≤7000	
pH值	7.5～11	

在采出水处理实际工程中，当用于油田回注时，无论执行什么水质标准，水质控制指标项基本相同，只是控制指标的具体数值存在差异，因此所采用的技术均为除油和过滤等除油、除悬浮物技术，但需根据不同的水质控制指标要求，在工艺流程中采用不同的技术组合和设备参数。

当稠油采出水用于注汽锅炉给水时，不仅需要去除油和悬浮物，还需要去除硬度、硅等指标，因此需要在除油、除悬浮物等技术的基础上，串联离子交换等去除硬度技术。

当油田采出水外排时，需要执行国标 GB 8978《污水综合排放标准》，在考虑去除油和悬浮物的同时，还需考虑采用相应的生化处理技术，去除 COD、BOD、氨氮等控制指标。

2）用于油田注水的采出水处理工艺

多年来，在油田采出水处理方面，针对不同的水质和处理目标，发展了许多采出水处理工艺技术及设备。

（1）重力沉降工艺。

① 三段重力流程。

其机理是根据油、水两相存在密度差，在重力作用下，经过一定时间后油水混合物会自动分离。合理的水力设计和污水的停留时间是影响除油效率的两个重要因素，停留时间越长，处理效果越好。

其主要工艺流程如下：

采出水─→自然沉降─→混凝沉降─→过滤─→出水。

该流程是油田开发初期，通过不断的探索和现场试验研究而最终确定的处理工艺。该工艺在国内首先于 1969 年应用在大庆油田东油库含油污水处理站并获得成功，先后在国内各油田推广应用，国外许多油田也在采用类似流程。原水经自然除油后可使污水中含油量由 5000mg/L 降至 500mg/L 以下，再投加混凝剂可使细小的乳化油滴聚结变大上浮去除，混凝沉降后一方面含油量可至 50～100mg/L，另一方面悬浮物大幅度上浮，少部分下沉，再经石英砂压力过滤罐过滤后一般可使含油量降至 20mg/L 以下，悬浮物降至 10mg/L。该工艺流程效果较好，对源水含油量变化适应性强，缺点是当设计规模超过 $1.0 \times 10^4 m^3/d$ 时，压力滤罐数量多，流程相对复杂一些。近几年各油田相继采用滤速较高的核桃壳滤罐、双向滤罐、改性纤维球滤罐替代石英砂滤罐，使用效果良好。

　　该工艺通过多年的设计研究和生产运行总结，已形成一套从理论到实践较为完整的处理技术。实践证明，该工艺具有除油效率高、出水水质稳定、维护管理方便等优点，因而得到广泛的应用。典型的三段处理流程如图1-1所示。

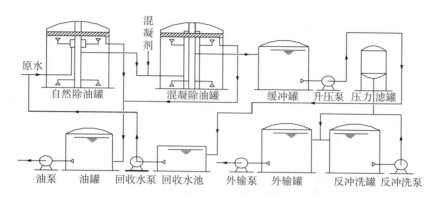

图1-1　三段处理工艺（压力过滤）流程图

　　② 两段重力流程。

　　随着需处理采出水水质的不断变化，各油田针对本油田的情况，相应地对三段处理工艺进行了一些改进：

采出水→混凝除油→过滤→出水。

　　随着原油脱水站所采用的破乳剂质量的提高，脱水站脱出污水的含油量不断降低，一次除油罐出水含油量在正常情况下可以达到300mg/L以下，因此在1974年以后设计的一些处理站采用了两段处理工艺，即改为混凝除油—过滤，简化了工艺流程，典型的两段处理流程如图1-2所示。

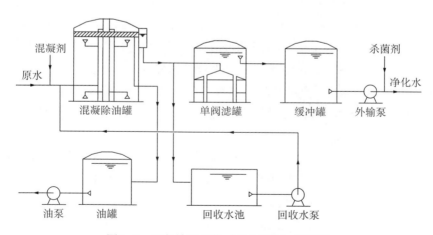

图1-2　两段处理工艺（重力过滤）流程图

　　此外，对处理工艺和构筑物等进行了一些改进和革新。如引进无阀滤池技术，结合油田特点，设计了单阀滤罐，实现了自动反冲洗，减轻了劳动强度，节约了反冲洗泵和反冲洗罐；将除油罐的集配水管由原来的中心筒方孔式和穿孔管式，改为辐射状喇叭口梅花点布置，使集水、配水均匀合理，解决了穿孔管结垢、孔眼堵塞问题；除油罐的出水由管式出水改进为可调堰出水，解决了处理站投产初期，因处理水量达不到设计负荷，致使收油困难的问题，也使各组滤罐的进水分配更均衡，这一成功技术一直沿用到今天。

③ 粗粒化重力流程。

针对自然除油罐存在容积大、效率不高、建设周期长等缺点，为提高处理效果，加快施工进度，节省基建投资，以适应油田含油污水日益增长的需要，开发出粗粒化技术来替代自然除油罐。其主要工艺流程如下：

采出水→粗粒化→混凝除油→过滤→出水。

粗粒化技术是大庆油田率先研究和使用的技术，并于1981年在北Ⅱ−1、南六污水站应用。这一技术的应用对提高当时处理设备的处理效果和处理能力，具有显著的技术经济意义。其典型的流程如图1−3所示。

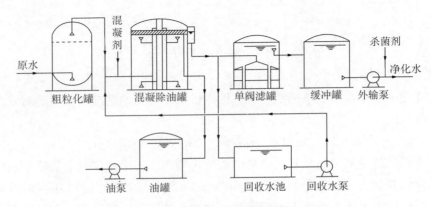

图1−3　粗粒化处理工艺流程图

但是，到20世纪80年代中后期，由于油田开发发生变化，大批油井由自喷转为机械开采，污水中出现大量泥沙，粗粒化装置因被泥沙堵塞而失去了粗粒化作用，该技术的应用被迫终止。由于污水中泥沙的出现，使得沉寂多年的斜板技术重新得到应用，斜板不但能除油还可去除泥沙，同时使停留时间由4h缩减为2h，处理效率提高了一倍。

污水中大量泥沙的出现，使水处理由原来的油、水两相分离改为油、泥、水三相分离，为此恢复了一次除油罐，并对除油罐和单阀滤罐进行改造：在除油罐底部留有足够的积泥高度（1.0m左右），设置斜板，以利于泥、水分离，设置冲泥管和排泥管等；污水中所含泥沙导致滤罐阻力增加，过滤周期缩短，反冲洗不彻底，滤后水质变差，为此对单阀滤罐内部滤料的支撑结构重新设计，采用不锈钢筛网以及双层或多层滤料代替单一介质的石英砂滤料，提高截污能力，从根本上解决了问题。

通过不断的改进和完善，有效地提高了含油污水处理工艺的适应能力和整体水平，但总体上依然以自然沉降→混凝沉降→过滤→出水（三段流程）为主。

近年来国内外针对重力除油技术占地面积大、基建投资高、污水停留时间长、对乳化油处理效果不好、不适合小规模污水处理等缺点，开发研制了聚结除油技术，如美国Quontek公司研制的聚结板油水分离器，大庆油田研制的横向流聚结除油器等，其原理就是让含油污水通过由表面亲水憎油的固体物质构成的填料，水中的细小油滴就会相互碰撞聚结变大从而得以分离。

（2）化学药剂混凝技术。

水中常含有大量的胶体、乳化状态的杂质，特别是胶体具有较强的稳定性。化学药剂混凝技术是采用化学药剂对水中胶体、乳化状态的杂质进行脱稳或破乳一种方法，化学药剂对水处理水质质量起着重要作用。

① 化学药剂。

含油污水处理中常用化学药剂有：混凝剂、助凝剂和调 pH 值药剂等。

能够使水中的胶体微粒相互黏结和聚集的这类物质称为混凝剂，具有破坏胶体的稳定性和促进胶体絮凝的功能。混凝剂可分为无机和有机两大类。常用的混凝剂是铝盐和铁盐。近年来，高分子混凝剂发展迅速，如聚丙烯酰胺等，具有絮凝能力强、投量少、絮凝沉淀速度快等优点，目前应用较为普遍。

在污水混凝处理中，有时使用单一的混凝剂不能取得良好的效果，往往需要投加辅助药剂以提高混凝效果，这种辅助药剂称为助凝剂。助凝剂的作用只是提高絮凝体的强度，增加其密度，促进沉降，且使污泥有较好的脱水性能，或者用于调整 pH 值，破坏对混凝作用有干扰的物质。助凝剂本身不起凝聚作用，因为它不能降低胶粒的 ζ 电位。常用的助凝剂按其功能分为两类：调节或改善混凝条件的助凝剂，如 CaO、Ca（OH）$_2$、Na$_2$CO$_3$、NaHCO$_3$ 等碱性物质，用于调整 pH 值，以达到混凝剂使用的最佳 pH 值范围。用 Cl$_2$ 氧化剂，可以消除有机物对混凝剂的干扰，并将 Fe^{2+} 氧化为 Fe^{3+}（在亚铁盐做混凝剂时尤为重要）。聚丙烯酰胺、活性硅酸、活性炭以及各种黏土等能改善絮凝体结构。

在实际应用中，不同的商品、不同的使用场所的药剂名称会有所不同，如反向破乳剂（reverse emulsion breaker）和除油剂应该理解为混凝剂，用于浮选工艺的浮选剂应理解为助凝剂等。需要指出的是，多数情况下采出水处理药剂的筛选和评价是以除油效果为基准的。

② 药剂混合与絮凝。

混合阶段的主要作用是将药剂迅速、均匀地投加到污水中，以压缩废水中胶体颗粒的双电层，降低或消除胶体的稳定性，使废水中胶体能互相聚集成较大的微粒——绒粒。混合过程需要快速地进行，一般为 3 ~ 5min。常用的混合形式有水泵的吸水管或压水管混合，以及混合槽混合。近年来静态混合器在油田水处理的药剂混合中应用较多。

絮凝阶段的作用是促使失去稳定的胶体粒子碰撞结合，生成较大的绒体，成为可见的矾花绒粒，是通过混合生成的微粒、污水中原有的悬浮微粒和助凝剂之间或相互之间的碰撞、吸附、黏着、架桥作用实现的，需要较长的时间，一般为 15 ~ 20min。

絮凝池的形式有隔板式反应池、涡流式反应池等，在油田水处理中经常使用的是与除油罐合建的旋流反应筒及单独的反应装置。

在新疆油田的部分工程中，设置单独的反应装置，采用三级旋流混合反应罐、上向流微涡旋反应筒、下向流旋流反应罐及上向流涡流反应罐四种反应器，均取得良好效果，后续的沉降分离设施出水油和悬浮物的含量分别为 10mg/L 和 20mg/L 左右。

（3）旋流分离技术。

其主要工艺流程如下：

采出水→旋流分离器→过滤→出水。

其机理是借助于离心力将密度较小的油滴从水中分离出去。旋流分离技术作为一种高新分离技术用于油水分离的研究起源于英国 South-Hampton 大学。20 世纪 80 年代中期，Martin Thew 和 Colman 两人在这方面作出了开创性工作。1985 年，英国北海油田和巴是流峡油田安装了第一批永久性的去油型旋流分离器，1985 年底，北海油田就能成功地用旋流分离器处理约 900m³/h 含油污水。1989 年，我国南海东部油田首次用 Krebs 公司生产的水力旋流器处理含油污水，1993 年，胜利油田引进一台 CONOCO 公司的 Vortoil 水力旋流器。此后，国内部分油田开始对水力旋流器进行深入的研究开发和现场实验，并开始陆续使用。目前，吐哈、吉林和塔里木等油田都采用了旋流分离技术处理采出水。

利用水力旋流器处理油田含油污水具有较高的性价比（与常规设备相比可节省投资 50% 左右）。当然，水力旋流器也存在着一些需要解决的问题，例如到目前为止，利用水力旋流器处理原油相对密度大于 0.930（20℃）的含油污水在国内仍无成功案例，也无详细的实验数据可参考；而水力旋流器本身对污水中油滴粒径的影响更无详细的资料可参考，需要做进一步的研究和实验工作。

（4）气浮技术。

其主要工艺流程如下：

采出水→气浮装置→过滤→出水。

气浮就是在含油污水中通入空气（或天然气）或设法使水中产生气体，使污水中颗粒粒径为 0.25 ～ 25μm 的乳化油和分散油或水中悬浮颗粒黏附在气泡上，随气泡一起上浮到水面上并加以回收，从而达到含油污水除油除悬浮物的目的。

我国早在 20 世纪 60 年代就开始研究应用该技术，1963 年，大庆油田率先在东油库污水实验站用自制的叶轮浮选机进行浮选实验。1984 年，大港油田羊庄污水处理设计中采用了廊坊管道局生产的四级叶轮浮选机，经 1986 年投产试运除油效率可达 79.44%，出水含油为 18.8mg/L，除油效果很好。

大庆油田于 2000 年 8 月竣工投产了 3.0×10⁴m³/d 规模的北 1-3 含油污水处理试验站，该站首次在大规模的含油污水站中应用了气浮除油技术，从目前的运行情况来看效果良好。

目前国外油田在采出水处理中广泛应用气浮除油技术，例如美国在新建的含油污水处理站中其处理工艺许多采用了气浮除油技术。

（5）膜分离技术。

油田含油污水中乳化油处于稳定状态，用物理法或化学方法很难将其分离，随着膜技术的飞速发展，利用膜处理乳化油污水已逐步被人们接受并在工业中应用。膜分离技术被称为 21 世纪的水处理技术，如美国 1991 年研制了一种陶瓷膜用来处理含油污水，加拿大西部某些油田用错流超滤（crossflow ultrafiltration）等处理油田含油污水，甚至美国加利福尼亚州得克萨斯砂道油田决定研究利用膜技术处理含油污水，使其满足饮用或农灌要求。我国也积极研究推广膜分离技术处理含油污水。大量的试验、试用说明采用膜分离技术可以从根本上控制油、悬浮物的量和粒径，特别是特低渗透采出水的处理，如不采用约 50nm 孔径的超滤膜进行最后处理就达不到 A_1 注水标准。

现在人们对膜技术在油田污水处理中的应用已有更多的了解，有失败的案例，也有成功的经验，例如生物预处理＋管式有机膜处理装置已经在多个油田应用，如中国石油大庆油田采油五厂、中国石化吉林腰英台采油厂、延长石油集团青化砭采油厂等，有的已稳定运行 7 年以上。

实践证明，使用膜技术必须要有一个好的预处理，有机管式膜之所以能长期运行就是有配套的生物预处理技术。

目前各油田在试验和应用的膜有中空纤维膜和管式有机超滤膜、无机碳膜、金属膜及陶瓷膜。由于采油污水含油和悬浮物，因此不管哪种类型的膜都采用错流过滤，一般错流速度不低于 3m/s，处理吨水电耗约 3kW·h。另外由于有的油气田污水温度较高，还需要采用酸碱进行化学清洗。从发展看，无机膜更适合用于油田污水处理，而最有前景的是陶瓷膜，特别是近年来在油田试验试用的大直径耐污染陶瓷膜，其直径为 142mm，单支膜管通道孔数高达 800 ~ 1200 孔（常规陶瓷膜管道孔数为 19 孔或 37 孔），单支膜面积为 11.29m²（常规陶瓷膜面积为 0.24m² 或 0.46m²），膜通量大、效率高、价格低。由于膜表面特殊处理，具有亲水疏油的功能，特别耐油污染，短时间可抗污水中 10^4mg/L 油的冲击污染，反冲洗后能恢复膜的特性，膜的错流速度可低于 1m/s，处理吨水电耗小于 0.5kW·h，因此具有运行费用低以及耐酸碱、耐高温、长寿命等优点。预计在油田各类污水处理中具有非常好的应用前景。

（6）水质净化与稳定技术。

其主要工艺流程如下：

采出水→沉降罐→反应罐→斜板除油罐→过滤→出水。

该流程的关键技术为长江大学"水质改性技术"复配药剂的投加，药剂的投加点为一级提升泵的入口和反应罐的入口，投加过程可通过设置在一级提升泵前端和 2 座反应罐进口处的在线流量计检测道流量值的大小，由加药泵出口管线上的流量计反馈信号，通过计算机变频调节药剂的投加浓度。加药泵与反应罐为一对一投加。处理工艺还采用了"小间距斜板强化絮体分离""等面积集配水""等摩阻穿孔管排泥"等多项技术。

目前，水质净化与稳定技术主要应用于新疆克拉玛依油田，其平均除油效率、除悬浮物效率达 90% 以上，采出水处理的主要控制指标基本达标。

（7）特种生物强化除油技术。

近年来，某环保公司开发的"倍加清"特种微生物强化处理法，能有效去除采出水中所含油和悬浮物及有机污染物，已在多个油田应用。

由于采油污水成分复杂，含难处理、难生化降解的有机污染物较多，可生化性差，杂菌较多且竞争性较强，一般微生物通过竞争难以形成优势菌群，而且在高含盐量的采油污水中难以生长繁殖，因此一般生化处理难正常运行。特种微生物强化处理技术在采油污水中通过投加特定的"倍加清"特种微生物联合菌群，提高其对特定污染物的降解能力，从而提高污水处理系统去除有毒有害、难降解化学物的能力，并提供适宜的生长环境。通过与污水中微生物间的竞争形成优势菌群，同时在不断的竞争中又提高了生物群抗毒抗冲击的能力，因而使污水中能够快速建立一条有效降解苯系类、烃类、脂类、萘类等有机污染物的生物群。这些特种微生物具有很高的繁殖率，它们通过水合、活化、氧化、还原、合成，把复杂的有机物降解成为简单的有机物，最终产物为 H_2O 和 CO_2。特种微生物以污水中有机污染物为营养并获得能量，实现自身生命的新陈代谢，达到净化污水的目的。

特种生物强化除油技术水力停留时间一般为 6～8h，适用于对注水要求高的低渗透、特低渗透油田，可用作膜前预处理工艺。

（8）其他新型除油过滤技术。

除上述除油过滤技术外，部分油田还试验或少量应用了电化学技术、悬浮污泥过滤技术、流砂过滤技术、硅藻土过滤技术等新型处理技术。由于这些技术的处理效果及稳定性还有待于验证，这里不做详细介绍。

3）用于达标外排的采出水处理工艺

外排污水重点是去除 BOD_5、COD 等生化指标。目前外排污水处理工艺有以下几种：

（1）生物法外排污水处理工艺。

在油田采出水应用的生物法处理工艺主要有氧化塘技术、人工湿地、接触氧化法、曝气生物滤池等。

① 氧化塘技术。

氧化塘又称稳定塘或生物塘，它是利用天然的或人工修造的池塘，使污水在塘内长时间停留，通过生物和微生物的作用而得到净化的过程。根据氧化塘内溶解氧的来源和塘内有机污染物降解的方式，氧化塘可分为以下 4 种。

a. 好氧氧化塘。

好氧氧化塘的水层较浅，一般只有 0.2～0.4m，阳光可以透过水层，直接射入塘底，塘内生长有藻类，藻类通过光合作用可向水中供氧。在好氧氧化塘中溶解氧的供给主要依赖藻类，其次是水面大气供氧。好氧氧化塘所能承受的有机物负荷低，BOD 负荷约为：10～20g/（$m^2 \cdot d$），废水在塘内停留时间一般为 2～3 天，BOD 的去除率较高，可达 80%～95%，塘内几乎无污泥沉积，这种塘常用于废水的二级和三级处理。处理后废水中带有大量藻类，可以通过混凝沉淀、气浮、微滤、砂滤等方法去除。另外，由于藻类的光合作用能利用水中的氮和磷合成体内物质，因此氧化塘也具有脱氮和除磷的效果。

b. 厌氧氧化塘。

厌氧氧化塘水层较深，一般在 2.4～3.0m 以上，BOD 负荷高，可达 33～56g/（$m^2 \cdot d$），仅在塘表面一层极薄的水层能从表面大气富氧中获得溶解氧，可以说整个塘都处于厌氧状态，塘内无藻类生长。废水在塘内停留时间长达 30～50 天，废水净化速度慢，BOD 去除率仅为 50%～70%。由于停留时间长，因此一些难降解的有机物在塘内也有一定的降解。其出水常呈黑色，并有臭气。一般用于处理水量较小的高浓度有机废水，通常厌氧氧化塘多作为预处理与好氧氧化塘组合使用。

c. 兼性氧化塘。

兼性氧化塘介于好氧氧化塘和厌氧氧化塘之间，并具有两者的特点。兼性氧化塘水深不大，一般为 0.6 ~ 1.5m，在塘的上部水层能接受阳光，生长藻类，进行光合作用，使上层水处于好氧状态。而在中部，尤其是下部由于阳光透入深度的限制而处于厌氧状态。废水中的有机物主要在好氧层中被好氧微生物氧化分解，可沉固体及沉淀下来的藻类在厌氧水层中被厌氧微生物进行厌氧发酵分解。废水在塘内停留时间为 7 ~ 30 天，BOD 负荷为 2 ~ 10g/（m²·d），BOD 去除率可达 75% ~ 90%。

　　d. 曝气氧化塘。

　　曝气氧化塘是为了解决氧化塘中溶解氧不足，而在塘面安装人工曝气设备的一种氧化塘。曝气氧化塘可以在一定的水深范围内维持好氧状态，而不依赖藻类供氧。因此曝气氧化塘更接近于活性污泥法的延时曝气，对废水水量、水质的变化有较大的适应性，污泥生成量少。曝气氧化塘的深度可达 5m，一般在 3m 左右，停留时间为 3 ~ 8 天，BOD 负荷为 30 ~ 60g/（m²·d），BOD 去除率可达 90%。

　　② 人工湿地。

　　在生态学上，湿地是由水、永久性或间歇性处于水饱和状态下的基质以及水生植物和其他水生生物组成的，具有较高生产力和较大活性、处于水陆交接相的复杂生态系统。目前所说的人工湿地系统多指人为地将石、砂、土壤、煤渣等材料按一定比例组成基质，并栽种经过选择的水生、湿生植物，组成类似于自然湿地状态的工程化湿地系统。

　　近年来，人工湿地的工程应用和净化机理等研究越来越受到人们的重视。人工湿地不仅能有效地去除采出水中的悬浮物、有机污染物、氮和磷等，而且能有效去除病原菌、重金属、藻毒素等外源生物活性物质，也可大大降低采出水的毒性。人工湿地对采出水的净化是物理、化学及生物共同作用的结果，基质、植物、微生物是人工湿地发挥净化作用的三个主要因素。在湿地净化采出水的过程中，生物因素（植物、微生物和酶）发挥了重要作用。

　　③ 接触氧化法。

　　接触氧化法是在生物滤池的基础上，从接触曝气法改良演变而来的，也称"浸没式滤池法""接触曝气法"。目前国内外的试验研究多集中在拓宽生物接触氧化的应用领域、开发接、触填料、提高氧的转移率等几个方面。

　　④ 曝气生物滤池。

　　曝气生物滤池简称 BAF，是 20 世纪 80 年代末在欧美发展起来的一种新型生物膜法采出水处理工艺，于 90 年代初得到较大发展，最大规模达几十万吨每天，并发展为可以脱氮除磷。该工艺具有去除悬浮物、COD、BOD 和硝化、脱氮、除磷、去除 AOX（有害物质）的作用。曝气生物滤池集生物氧化和截留悬浮固体一体，节省了后续沉淀池（二沉池），具有容积负荷、水力负荷大，水力停留时间短，所需基建投资少，出水水质好，运行能耗低，运行费用少的特点。

　　生物法处理的基本流程包括以下几种：

　　a. 基本流程一：氧化塘法。

　　　　　　除油后采出水→曝气塘→兼性塘→好氧塘→监测→外排。

　　此流程用于大港油田东二污水排放站和辽河欢三联污水排放站，适用一般含油污水达标排放处理。

b. 基本流程二：二步高效生化法。

除油后采出水→集水池→厌氧消化池→二级生物接触氧化法→斜板沉淀池→砂滤池→外排。

此流程为辽河油田杜84块稠油污水达标排放站工艺流程。

c. 基本流程三：A/O法。

除油后采出水→厌氧接触池→中沉池→好氧接触池→二沉池→外排。

此流程为冀东油田高一联污水生化处理站工艺流程。

（2）物化法。

物化法处理需外排的含油污水，"微絮凝破乳＋沉降过滤"法、包括活性炭吸附法、高级氧化法等技术。

① "微絮凝破乳＋沉降过滤"法。

目前典型的物化法处理外排污水工艺为"微絮凝破乳＋沉降过滤"，该工艺适用于可生化性极差、不宜采用生物处理法处理的污水。大港油田孔一污采用该工艺。其主要工艺流程如下：

采出水→投加微絮剂、破乳剂→混合反应罐→斜管沉降罐→砂滤→出水。

② 活性炭吸附法。

活性炭是用木材、煤、果壳等含碳物质在高温缺氧条件下活化制成，它具有巨大的比表面积（500 ～ 1700m²/g）。水处理过程中使用的活性炭有粉末炭（粒径为 10 ～ 50μm）和粒状炭（粒径为 0.4 ～ 2.4mm）两类。粉末炭采用混悬接触吸附方式，而粒状炭则采用过滤吸附方式。

活性炭吸附法广泛用于给水处理及废水二级处理出水的深度处理。其主要优点是处理程度高，效果稳定；缺点是处理费用高昂。

活性炭最早用于去除生活用水的臭味。沼泽水常带土味，湖泊和水库水常带藻类形成的臭味，用活性炭处理最为有效，并且只需在出现臭味时使用。大多用粉状活性炭，直接投入混凝沉淀池或曝气池内，随污泥排除，不再回收利用。

活性炭能去除水中产生臭味的物质，如酚、苯、氯、农药、洗涤剂、三卤甲烷等。此外，对银、镉、铬酸根、氰、锑、砷、铋、锡、汞、铅、镍等离子也有吸附能力。在给水处理厂中，活性炭吸附法又起完善水质的作用。采用的设备是以粒状活性炭为滤料的滤池，其构造及工作情况和普通快滤池相似，运行过程中须定期反复冲洗，以除去炭层中的悬游物，防止水头损失过大。活性炭滤床也可采用流化床或移动床。与快滤池不同，水流均从下而上。流化床的流速使炭层膨胀，不易阻塞。移动床内失效的炭从池底连续排出，新炭从池顶连续补充。

粒状活性炭吸附容量耗尽后再生，常用的方法是加热法，废炭烘干后在 850℃左右的再生炉内焙烧。颗粒活性炭每次再生约损耗 5% ～ 10%，且吸附容量逐次减少。再生效率对活性炭滤池的运行费用（也就是水处理成本）影响极大。

③ 高级氧化法。

采用强氧化剂可以分解或部分分解难生化的有机物，将其彻底矿化或提高其可生化性和生化速率。但直接采用强氧化剂进行氧化会受到诸多因素的影响而造成氧化剂利用率低或氧化效率低的情况。常见的氧化剂包括 O_3、H_2O_2 和次氯酸钠等含氯类氧化剂，这些氧化剂氧化电位高，但对某些类型的有机物氧化性强，而对某些类型氧化性弱，具有氧化选择性，从而导致氧化效果不稳定，难以确保出水的水质。

高级氧化法的出现解决了普通氧化法存在的问题，它通过某种方式在氧化体系中产生羟基自由基（·OH）中间体，并以·OH为主要氧化剂与有机物发生反应，同时反应中可生成有机自由基或生成有机过氧化自由基继续进行反应，达到将有机物彻底分解或部分分解的目的。高级氧化法因具有氧化能力强、选择性低、无二次污染、氧化速率快等独特优点越来越受到重视。值得注意的是，高级氧化既可作为单独处理，又可与其他处理过程相匹配，如作为生化处理的预处理，可降低处理成本。

高级氧化技术种类繁多，根据催化剂的形态，可分为均相过程和非均相过程。常见的均相高级氧化技术包括 O_3/UV, O_3/H_2O_2, UV/H_2O_2, H_2O_2/Fe^{2+} 等，H_2O_2/Fe^{2+} 也称 Fenton 氧化法。由于 Fenton 氧化法安全性差、产污泥量大且难处理、运行费用高，一般不采用。而非均相高级氧化技术有臭氧催化氧化、电催化高级氧化技术等，由于氧化效率高、运行费用低，还可以和其他技术组合使用，有很好的应用前景。

4）用于稠油深度处理回用蒸汽锅炉的采出水处理工艺

根据稠油采出水所含污染物种类和数量及热采注汽锅炉给水指标，污水处理工艺主要去除水中的油、悬浮物、硬度三类污染物，以及总铁、二氧化硅、溶解氧。碱度和矿化度一般不超标，故不需处理。

稠油采出水去除油和悬浮物为常规处理工艺，较成熟，工程一次性投资和处理成本较低；而稠油采出水的软化、除硅、脱盐工艺较复杂，工程一次性投资和处理成本较高，是影响整个回用处理工艺的关键因素。

稠油采出水回用于注汽锅炉的流程包括以下几种基本流程：

（1）基本流程一：稠油污水→除油→气浮→除硅→两级过滤→两级软化→热采锅炉。

辽河油田欢三联、欢四联稠油污水深度处理站都采用该处理工艺。

（2）基本流程二：采出水→沉降罐→反应罐→斜板除油罐→两级过滤→两级软化→热采锅炉。

新疆油田六九区稠油污水深度处理站采用该处理工艺。

（3）基本流程三：采出水→除油罐→气浮装置→澄清罐→两级过滤→一级软化→热采锅炉。

胜利油田新春采油厂高盐稠油污水深度处理站采用该处理工艺。

在采出水处理设备方面，各油田也针对不同的油田类型和需要，研制开发了各种类型的高效除油和过滤设备，如射流浮选机、横向流聚结除油器、双向过滤器、核桃壳过滤器、改性纤维球过滤器等，提高了除油、除悬浮物的效率和效果，减少了装置的占地。

3. 气田采出水处理技术现状

1）气田采出水现状

随着老气田的开发建设，气田采出水水量也不断加大，老气田的水气比基本已达到 $18m^3/10^4m^3$。以四川盆地为例，至 2004 年底，在四川盆地已投入开发的 101 个气田中，有 83 个气田产地层水，年产水 $150 \times 10^4m^3$，特别是原不出水的川东石炭系气藏相继进入开采中后期的，产水气井增多且产水量已表现为急剧增加趋势，有的气井产水量高达 100m³/d。截止到 2016 年底，中石油主要气田采出水总量已达 661.4×10⁴m³，详见表 1-8。

表1-8 中石油主要气田采出水量

序号	油气田	采出水量（10⁴m³）
1	大庆	19.0
2	西南	208.1
3	长庆	191.2
4	塔里木	104.1
5	青海	98.8
6	吉林	28.2
7	新疆	12.0

此外，还有气井完井过程中的压裂返排液以及天然气净化过程中产生的污水具有成分复杂、矿化度高、结垢性离子多。有些水中会有 CO_2、H_2S 腐蚀性强，有些水含有大量难处理药剂，COD_{Cr} 含量比较高等特点，因此，无论回注还是外排处理难度都很大。

气田不同于油田，不需要注水开发，因此气田采出水基本上无法实现有效利用。随着国家环境保护标准日趋严格，对外排水执法监督加强，原来采取外排方式的气田生产受到很大影响，有的被迫关井。因此，老气田采出水的出路已成为制约气田开发的主要因素之一。

已建老气田采出水的脱除一般分两个阶段，一是在集气站分离器脱除游离水，二是在天然气净化厂深度处理后脱除污水。目前各阶段脱除采出水的处置主要有以下几种方式。

（1）集中收集处理后回注废弃地层或排至蒸发池蒸发。

集气站脱除的游离水，由于水量一般较少，一般排至站内集水池后，定期外运集中处理，或在集气站管输至统一地点集中处理，处理后回注废弃地层或经过简易处理后排至蒸发池蒸发。

集中处理的方式目前有两种，一是统一建设污水处理站，将收集起来的污水统一进行处理，处理达到回注标准后回注或蒸发。二是利用净化厂污水处理设施，将陆运或管输来的污水在天然气净化厂统一处理，处理后回用、回注或排放。

（2）净化厂污水处理后回用或达标排放。

天然气净化厂的污水，一般有深度处理后脱除的气田采出水、净化厂生产废水和生活污水等。

深度处理后脱除的气田采出水一般不单独进行处理，目前各气田的做法是和净化厂排出的生活污水混合后，进行生化处理，处理后用于绿化，或达标排放。

目前，将采出水回注废弃地层是各老气田采用最多的办法，如蜀南气田年产水 107.4840×10⁴m³，回注 57.7×10⁴m³，回注率达到了 52.64%。

2）气田采出水处理工艺现状

由于气田地域广泛，因此在气田采出水水质差异较大，气田又可分为非含硫气田、中低含硫气田、高含硫气田三种，根据气田采出水处理后最终排放和外处置方式可以选择不同的处理工艺，对于中低含硫和高含硫气田采出水首先要进行脱气处理，充分分离 H_2S 等有毒气体，再按不同的处置方式，采用不同的处理工艺。

（1）简易处理后蒸发。

由于采出水处理后蒸发，因此处理工艺较简单，一般经简单沉降后，就排入蒸发池蒸发。主要工艺流程如下：

原水→重力（压力）沉降罐→排至站外蒸发池。

目前，西部油气田由于蒸发量较大，经常采用这种处置方式，如塔里木牙哈凝析油气田就采取这样的处理工艺。

（2）处理后回注。

气田水回注是目前老气田主要的处置方式，由于需要满足采出水长期连续的注入，为避免堵塞地层，地质部门一般对注入水的水质要求较为严格，因此其处理工艺相对复杂。主要工艺流程如下：

原水→自然沉降罐→混凝沉降罐→提升→一次过滤→缓冲水罐→回注泵→回注地下。

（3）天然气净化厂采出水处理工艺。

净化厂的气田采出水目前一般不单独处理，而是与生活污水混合后统一处理，处理后用于绿化或排放。主要工艺流程如下：

原水→气浮→厌氧 / 好氧生化处理→生物炭吸附→出水→厂区绿化。

（4）压裂返排液处理技术。

根据气田不同的压裂开发产生不同的压裂返排液，常规天然气开发产生的是水基压裂返排液，目前主要通过混凝—氧化—过滤—精滤再进行回注。

非常规气藏体积压裂主要采用滑溜水压裂液，其成分较简单，但压裂返排液量大，其处理方法主要有回注地层和回收处理再利用两种方式。

二、国外油气田采出水处理技术现状

在国外，随着油田进入开发后期，采出水量逐年增大，据调查，国外老油田一般油井平均每产 1bbl 油，采出水量为 6 ～ 7bbl，而某些边际井，其水油比可能高达 100 : 1。

根据美国环境保护局估计，美国目前每产 1bbl 油，采出水量为 10bbl。据统计，美国油气田每年污水量接近 $24 \times 10^8 m^3$；而采出水处理和处置费用很高，美国油气业每年花在采出水处理和处置上的费用高达 400 亿美元；二次水驱注水井或污水无效回注井的费用分别为 10 万～ 100 万美元。美国大多数老油田因水油比介于 10 : 1 和 20 : 1 之间而失去其开采的经济价值。例如，在美国新墨西哥州和科罗拉多州，深井回注采出水的费用约为 1.75 美元 /bbl，而井口处置费用高达 3 美元 /bbl。采出水处置成本如此之高，意味着许多低产偏远井无法经济地生产。据报道，北海各油田的含水量不断上升，2000 年采出水量已由 1990 年的 $1600 \times 10^4 t/a$ 增长至 $1.2 \times 10^8 t/a$。这促使北海的作业者不得不寻求新技术来最大限度地降低采出水排放的含油量。所以，采出水是制约老油田稳定生产的重要因素。

国外采出水工艺不同于国内的是，除俄罗斯外国外油田很少采用重力沉降工艺，而较多的采用气浮、水力旋流等工艺技术。目前国外较新的、应用较多的处理工艺主要有以下几种。

1. 除油技术

1) 化学药剂处理采出水技术

国外对药剂及其工艺方面的研究很多，1991年，Cockshutt等针对稠油污水油水密度差小、乳化严重的特点，提出将冷凝液和净水剂一起通过离心泵加入到采出水中，试验结果表明，该方法除油效果非常好。冷凝液与净水剂之间具有良好的协同作用，其处理效果远远好于单独使用冷凝液或净水剂。该技术的一个突出优点就是添加的冷凝液可循环利用，因此可大大降低处理成本。

2) 粗粒化技术

粗粒化，即含油污水通过装有粗粒化材料的装置，在湿润聚结、碰撞聚结、截流、附着作用下油珠由小变大的过程。国外使用的粗粒化材料有亲油性材料、亲水性材料、亲油性和疏油性纤维的复合材料以及石英砂、煤粒等无机材料。该法用于处理分散油、乳化油，设备小、操作简单，但滤料易堵塞、有表面活性剂时效果较差。S.P.Pack粗粒化器由PVC材料和玻璃纤维制成，采出水进入螺旋流通道后充分混合，可控湍流使油滴相互结合，平均粒径由100μm增加到1000μm。它只聚集油滴，不分离固体颗粒，油水分离的效率高；可使化学混凝剂更有效地进行混合，减少了药剂的投加量，降低了成本。经测试表明，在水力旋流器上游设置自由流粗粒化器，可将除油效率提高10%～20%。

3) 气浮技术

气浮技术已提出了近100年，但应用于石油工业也只有近30年的历史。实践证明，气浮是处理油田采出水的良好方法，国外很多国家都采取气浮技术处理采出水。在美国海域和欧洲北海，采出水外排的允许含油指标是根据气浮设备的性能制定的。气浮的主要缺点是不能处理段塞流和进水含油量起伏较大的采出水。由于气浮技术耗电量大、维护费用高，故其运行费用较高。

针对存在的问题，国外也在不断的研究和改进气浮的性能。如改进配气技术，简化气泡生成机制，降低能耗，优化气浮罐水力剖面等。20世纪90年代，国外开发出先进的立式溶气气浮系统和卧式喷射气浮系统，它通过减小气泡尺寸（约小到1μm）和减缓气泡的浮升速度，大大提高了除油效率，甚至无需使用化学剂也可达到较为彻底的油水分离。另外，在处理工艺上，也出现了SPP气浮处理技术、填料气浮技术等。

4) 水力旋流技术

水力旋流器自20世纪80年代后期开始作为油田采出水除油设备以来，以其独有的重量轻、体积小、处理速度快等特点，被广泛应用于海上平台水处理。由于其对水质要求不高，处理速度快，处理量大，效果好（其处理后含油量通常在5～40mg/L之间），因而在陆上油田也有较好的应用前景。国外围绕水力旋流器研发出多种采出水配套处理系统。

2. 过滤技术

国外常见的颗粒介质过滤技术有多层滤料过滤技术、双向过滤技术、移动床过滤技术等。过滤技术采用粒状材料为滤料（如石英砂、核桃壳和无烟煤等），通过润湿聚结和碰撞聚结作用，除去污水中的油和悬浮物。国外普遍认为，采用粒状材料为滤料其优点是出水水质好，设备投资少，缺点是运行费用较高，适应负荷变化能力弱，易堵塞。而且由于滤料粒径受到限制，无法进一步靠减小粒料粒径来提高过滤精度和效率。

近年来，随着纤维材料的应用和发展，以纤维材料为滤料的纤维滤料过滤技术得以充分应用，包括纤维球过滤器和纤维束过滤器（如 LLY 高效过滤器），其处理精度可达到出水水质含油 <1.5 ~ 2mg/L，悬浮物粒径 <5μm。例如，美国新型除油过滤器采用一种改进的纤维素物质作为过滤介质，设计专门滤除水中的游离烃和溶解烃，可吸附其自身体积 3 倍以上的污油，可去除水中 70% ~ 95% 的烃类，将水中的含油量降至 5mg/L 以下。

1）轻质滤料过滤技术

核（胡）桃壳滤料具有亲水疏油性能，容易洗涤再生，已逐步成为含油污水过滤的主要设备。这种过滤器的基本结构和过滤原理与石英砂过滤器相同，区别是作为滤料的核桃壳的密度较小，一般在 1.2g/cm³ 左右。由于滤料较轻，反冲洗时在水流作用下滤层成为沸腾床，由滤料间隙形成的微孔被破坏，吸附的悬浮物得以脱附。因此，这种过滤器属于非固定孔隙过滤器，反洗再生能力较强，过滤性能稳定，适合中高渗透率地层水质要求的采出水过滤。

2）吸附与聚合树脂过滤技术

美国雪佛龙公司研发的两级过滤系统，第一级为污油吸附专利技术，第二级为专有聚合树脂。吸附介质用于去除采出水中的分散油滴和油脂，以保护树脂免遭油滴包覆。聚合树脂去除溶解烃类、脂肪羧基酸、芳族羧基酸和酚化合物。现场试验证明，水中含油和脂的指标 100% 符合美国联邦政府要求的 29mg/L 的强制性标准。

3）改性纤维素过滤技术

该技术设计专门滤除水中的游离烃和溶解烃，可吸附其自身体积 3 倍以上的污油，可去除水中 70% ~ 95% 的烃类，将水中的含油量降至 5mg/L 以下。过滤器可采用折叠式绝对滤芯、缠绕式公称滤芯和油吸附滤芯。折叠式绝对滤芯的 β 比率为 5000，即能滤除 99.98% 的大于额定过滤等级的颗粒；缠绕式公称滤芯通常滤效为 50%，但截污能力强，过滤寿命长；油吸附滤芯能滤除采出水中 95% 的总烃类（溶解油和分散油）。

4）聚结过滤技术

Alan Cobham 公司研发的聚结过滤技术采用技术成熟的聚结滤芯，可去除粒径在 1μm 以下的油滴，可使处理的采出水含油降至 2mg/L。根据聚结原理，油滴吸附并聚结在滤芯纤维上，逐渐聚结的油滴达到一定尺寸后产生足够的浮力使油滴以一定的速率上升至容器上部。形成的油水界面由排油口监控。

聚结材料为纤维材料，制成聚结芯状，液体由中心向外呈辐射流动。附着力将拦截下来的油滴捕捉到不同选择点的纤维表面上。在这些点上形成一组组油粒，直至发生聚结并形成大的油滴。黏滞阻力逐渐增大，当超过附着力后油滴脱离纤维表面并进入聚结纤维床，这一过程反复进行。

5）有机黏土过滤技术

该技术利用有机黏土经济地处理采出水外排和回注。有机黏土是由季胺改良的膨胀土小板，为颗粒状，与相同粒径的无烟煤混合。无烟煤的容积密度与有机黏土相同（56lb/ft³），用于保持空隙孔间距，以此延长介质的使用寿命。有机黏土混合物用作油水分离器的后净化器和（或）活性炭的预净化器，其适用的水中含油量应低于 70mg/L。有机黏土能去除约 50% 自身质量的污油。

在美国密歇根州中部的应用证明，采出水的含油量可由 500mg/L 降至 5mg/L。

6）膜过滤技术

20 世纪 90 年代以来，随着膜材料技术的发展，采用膜工艺去除油和悬浮物已引起较高的重视。横向流超滤（UF）和微滤（MF）最适合油田采出水中油和悬浮物的去除，而纳滤和反渗透膜则最适合滤除水中的低分子量化合物以及各种离子。含有油和悬浮物的进水沿轴向流入多孔管，清水沿管壁径向流出。MF 管壁孔径约为 0.1μm，而 UF 管壁孔径更小，小于 0.01μm，它们的出水基本不含悬浮油。MF 的膜通量（单位膜面积通过的流量）大于 UF，但 MF 比 UF 更易受到污染。UF 与 MF 膜是由不同种类的有机聚合物或无机材料制作而成，包括醋酸纤维素、纤维素三酯、聚砜、聚丙烯、聚酰亚胺、氧化铝、铝氧化物、钴氧化物、不锈钢和玻璃钢等。另外可提供包括平板式和管状式等不同型号的膜。

1995 年，Simms 等分别采用聚合物超滤膜和陶瓷微滤膜对加拿大西部稠油污水进行了稠油污水处理试验研究，前者在进口含油为 125 ~ 1640mg/L、悬浮物含量为 150 ~ 2290mg/L 的条件下，过滤后的水中含油小于 20mg/L，悬浮物含量小于 1mg/L，过滤速率在 50 ~ 90L/（m² · h）之间，用阴离子表面活性剂和碱进行清洗，使污染膜的纯水通量恢复到了初始值。后采用 0.8μm 陶瓷微滤膜，通过预处理工艺，膜面流速保持在 0.5 ~ 4m/s 之间，运转周期为 24 ~ 73h，过滤速率可保持在 200 ~ 50L/（m² · h），滤后水含油小于 20mg/L。

3. 回用及外排技术

1）冻—融 / 蒸发技术

冻—融 / 蒸发技术通过对采出水进行冷冻和解冻分离出溶解固体、金属和化学物质，净化后的水可以重新使用。

该技术的处理过程是采出水存放在蓄水池内，当环境温度低于 0℃时，将水喷洒在冷冻板上。由于水的密度大，总溶解固体（TDS）浓度高的盐水从冰上分离出来。当环境温度上升至 0℃ 以上时，冷冻板上的冰融化成净化水。在夏季，蓄水池自然蒸发取代冷冻处理过程。

1996 年，美国能源部、阿莫科公司和气体研究所（GRI）三方合作进行了一项工程，证明冻—融 / 蒸发工艺可以经济地降低 80% 的采出水处置量，所产生的净化水适于利用或地表外排。例如，阿莫科公司在圣胡安盆地 Cahn/Schneider 蒸发设施，污水经该工艺处理后 TDS 浓度由 11600mg/L 降至 200 ~ 1500mg/L，降低 92%。此外，有机物质和金属含量也明显下降。据美国能源部估计，水处理和处置成本为 0.25 ~ 0.6 美元 /bbl，而新墨西哥州目前的处置费约 1 美元 /bbl。1996—1997 年间的冬季，美国在更为典型的气候条件下进行了广泛试验，几乎得到了同样的结果。这些现场试验证明了该技术在冰点以下的冬季和温暖干燥的夏季地区具有经济性。

2）植物湿地法处理采出水技术

土壤植物系统被看成是一种高效"活过滤器"，其净化功能主要由下列要素构成：

（1）绿色植物根系的吸收、转化、降解和生物合成作用；

（2）土壤中细菌、真菌和放线菌等微生物的降解、转化和生物固化作用；

（3）土壤的有机、无机胶体及其复合体的吸收、络合和沉淀作用。

据报道，美国 Argonne 国家实验室的科学家正在研究以植物做根基处理气井含盐污水的方法。该方法以植物处理（phytoremediation）为依据，模拟自然湿地生态环境栽种绿色植物。其理想的植物应该是大的、生命力强的耐盐碱草本或类似于草本的其他植物。同时需具备硕大的叶片、根茎以及浓密的纤维状根系，可以起到生物滤池的作用。

植物处理较物理化学方法（如离子交换）有如下优点：首先它可利用植物本身的能力吸收大量的污染物离子。其次具有可选性，选择的植物可吸附指定的污染物。此外该技术的最大优点就在于成本低、技术难度小。在美国，植物湿地法已成功地应用于油田采出水外排处理上。典型的处理系统为人工湿地系统 CWS（constructed wetland system），即通常所指的养分及沉降物的控制系统，既是一个生物处理系统，也是一个生化处理系统。该系统利用湿地植物和微生物吸收、分解过剩的养分并从污水中除去。

美国俄克拉何马油田利用耐盐碱的绿色植物，通过其根茎吸收采出水，然后通过植物叶子蒸发，以此降低采出水总外排量和降低生产费用。所采用的植物是灯芯草和绳草，最大蒸发量达到 40%。计算表明，这种植物法处理采出水的成本仅为 0.46 美元 /bbl。

三、油气田采出水处理技术发展趋势

目前，我国大部分油田已进入开发的中期和后期，每天产生的油田采出水量非常巨大，同时由于油田的注水量需求也越来越大，人们对油田采出水处理后作为油田注水的一系列优势的认可，以油田采出水作为注水水源进行注水开发，仍是油田今后发展的主要方向。

就目前油田采出水处理技术和注水技术而言，已经形成一系列成熟而稳定的技术。但采出水处理流程过长，药剂投加量大，造成建设投资和生产运行成本较高；注水系统效率较低，能耗较高，与国际先进水平存在一定差距。因此，开发高效水处理药剂和研制短流程、高效率、集成化、标准化、低成本的采出水处理设备和注水设备将是今后采出水处理及注水技术的主要研究方向。

1. 化学药剂与工艺结合发展趋势

污水处理工艺需要与化学药剂更紧密的结合，开发高效水处理药剂，解决目前水处理药剂投加量大、药剂成本高，同时产生污泥量大、污泥处置难、环保压力大等问题，使药剂与工艺高效结合，实现低加药量、低成本，同时解决环保难题。

2. 短流程处理技术发展趋势

国内油田大多已达到高含水开发期，持续稳产将造成采出液中含水率持续升高，造成集输管线、注水干线的输送能力和污水处理站处理能力等系统能力不足，需要进一步简化流程，开发短流程处理技术，实现就地短流程处理及回注。

3. 高标准水质稳定达标技术发展趋势

随着国内低渗、超低渗油田开发逐渐加大，注水指标要求高，大庆、胜利、长庆、延长、吉林、江苏等油田均开展了注水水质"5·1·1"（含油量 5mg/L，悬浮物 1mg/L，悬浮物粒径中值 1μm）指标的工程和研究，为确保达到 A_1 注水标准，同时简化流程，降低成本，必须要研究超滤膜，特别是大直径耐污染陶瓷超滤膜技术，这是低渗、超低渗油田采出水处理

回注水的发展方向。

4．资源化处理技术发展趋势

稠油油田和化学驱油田的采出水富余量大，采出水经资源化处理后可替代清水给稠油油田的锅炉用水和化学驱油田的配聚用水，目前资源化处理工艺流程复杂，处理成本高，同时核心技术和关键设备仍然需要进口，因此需要继续推进资源化处理工艺技术研究和关键设备研究，加快核心技术和核心设备国产化研究进程，进一步降低采出水资源化处理成本。

由于我国环境保护法律法规日益完善，对油田采出水排放的达标要求越来越严格，人们对环境污染和经济效益之间相互制约关系的认识也日益加深，研究成熟、稳定的油田采出水达标外排处理技术，已越来越受到国内外专家学者的重视。

第三节　含油污泥处理现状及发展趋势

一、油田含油污泥来源

含油污泥是指在石油开采、运输、炼制及含油污水处理过程中产生的含油固体和泥状物质，主要来源于人类对石油的生产和消费活动中产生的油泥、油砂，且具有产生量大、含油量高、重质油组分高、综合利用方式少、处理难度大等特点，是一种量大而面广的污染源。油田含油污泥来源广、种类多，根据含油污泥产生的情况不同，其来源一般可分为以下几类：

（1）集输及处理过程产生的含油污泥。

原油集输、处理及采出水处理过程中产生的含油污泥，是油田含油污泥的主要来源。一是各类储罐、容器和水池等设施的底部沉降底泥，包括油罐底泥、三相分离器底泥、电脱水器底泥、除油罐底泥、污水罐底泥、回收水池底泥等。二是原油处理、采出水处理过程中投加的大量化学助剂和净水剂，与油品中的机械杂质、泥土、沙粒、重金属盐类形成了复杂的絮体沉淀物。三是设备及管道腐蚀产物和垢物、细菌（尸体）等。集输及处理过程产生的含油污泥一般油含量10%～30%，具有油含量高、黏度大、颗粒细、脱水困难等特点，它不仅影响外输的原油质量，还导致注水水质和外排污水难以达标。

（2）勘探开发过程产生的含油污泥。

石油勘探开发过程中钻井、试油、试采、井下作业、洗井测试等过程产生的落地原油及其含油污泥，含油量不确定。特别是油井采油生产和井下作业施工过程中，部分原油放喷或被油管、抽油橇等其他井下工具携带至地面或井场，这些原油渗入地面土壤，形成的含油污泥。

（3）基建施工等产生的含油污泥。

基建施工、设备管道故障失效、穿孔跑冒滴漏及维抢修过程产生的落地油泥。这部分落地污油分散，产生量不确定，含油量也不确定。

落地污油区域范围小，油泥中含有大颗粒砂石及杂草等杂质，密度较大，油泥分布极不均匀，油泥中原油、泥沙组分比例变化较大。污泥含油量高，有的可以直接回收污油，但是更多的污油与污泥混合在一起，回收困难，少数污泥含油大于 50%。

二、含油污泥处理现状

含油污泥由于收集、处理难度大，处理工艺复杂，且国内各油田对含油污泥处理开展的研究起步较晚，各油田含油污泥无害化和资源化处理程度不高，大多采用脱水堆放干化的方法，占用大量耕地，而且对周围土壤、水体、空气都将造成污染。因此，含油污泥的处理一直是各油田非常关注的，也是困扰石油行业的一大难题。此外，根据 2003 年 7 月 1 日起施行的《排污费征收标准管理办法》："对以填埋方式处置危险废物不符合国家有关规定的，危险废物排污费征收标准为每次每吨 1000 元。"由于油田含油污泥属于危险废物范畴，因此，当其未经处理而直接填埋时，每吨油田含油污泥将收取 1000 元的罚款，这将大大增加企业的生产成本。

油田含油污泥处理技术发展到现在，处理的方法很多，主要分为物理化学法和生物法。物理化学法是通过物理或化学作用使得油泥得到处理或净化的过程。生物法是利用自然界或人工筛选的微生物，利用微生物的代谢活动，分散剥离或者降解油泥中的原油，从而实现含油污泥处理的目的。而生物法又主要包括直接生物处理和生物修复两个方面。

物理化学法主要包括焚烧法、浓缩干化法、化学氧化法、热洗涤法、溶剂萃取法、化学破乳法、固液分离法等。其中焚烧法耗能大，产生二次污染，油资源也没得到回收利用。溶剂萃取法存在的问题是流程长，工艺复杂，处理费用高，只对含大量难以降解的有机物的含油污泥适用；化学破乳法对乳化严重的含油污泥需另加破乳剂和加热；固液分离法对于含油量大、污染严重的含油污泥，油回收率低。生物法需将含油污泥混以松散剂、肥料和培菌液，经常颤动并自然通风，历时 41 天才能将 97% 的石油烃类生物降解，同样油资源也没有得到回收利用。

三、含油污泥处理技术发展趋势

随着人们对含油污泥处理技术的研究与实践探索，如今含油污泥处理技术呈现出以下两种发展趋势：

（1）由单一的处理技术转向多种类、综合性处理技术联用。

（2）由类似焚烧、堆埋等简单处理工艺转向无害化处理及资源化利用方式。采取减量、无害、资源化综合技术处理油田含油污泥，既能改善和保护环境，又能达到资源回收再利用的目标。

现阶段我国对油田含油污泥的处理和原油资源的回收再利用虽已取得了较大进展，中石油各油田公司已经通过浓缩、脱水等技术手段，完全实现了含油污泥减量化，但经济有效的无害化和资源化的技术还不成熟，大多数仍处于实验研究和中试阶段。现有的含油污泥处理技术有各自的优缺点，且存在适用条件，要针对不同理化性质的含油污泥特点，选择适合的处理技术，这样才能经济合理的处理含油污泥。

参考文献

[1] 李化民，苏显举，马文铁，等.油田含油污水处理 [M] .北京：石油工业出版社，1992.

[2] 唐受印，戴友芝.水处理工程师手册 [M] .北京：化学工业出版社，2000.

第二章　中高渗透油田采出水处理与回注技术

中高渗透油田一般指地层平均空气渗透率大于 $0.05\mu m^2$ 的油田，渗透率相对较高、油层丰度高、单井产量大。以大庆油田为代表的中高渗油田为我国石油工业发展做出了巨大贡献，目前国内各中高渗油田大多已进入开发的中后期，综合含水高达 90% 以上，步入特高含水阶段，各油田普遍采用注水开发提高采收率，中高渗透油田的采出水处理与回注工作任务重、责任大。本章主要介绍中高渗油田采出水水质特点、注水水质指标、典型处理工艺流程、关键处理技术及设备、工程案例和技术展望。

第一节　水质特点

油田采出水随原油一起从地层中被开采出来，其水质水性同地质条件、注入水性质、原油集输及处理条件等因素密切相关。油田地质条件复杂，油层埋藏深度也不一样，岩层温度、压力也不一致，所以各油田采出水性质也不相同。此外，洗井回水、钻井采出水、作业采出水的回收，各类化学药剂的投加，使油田采出水的成分更加复杂，水质进一步恶化。一般来讲，油田采出水是含有固体杂质、液体杂质、溶解气体以及溶解盐类等的较复杂多相体，具有矿化度高、水温高、含有有害气体和大量成垢离子等特点。中高渗透油田采出水一般黏度适中，流动性好，油水密度差大，含油油珠粒径较大，乳化程度相对较低，悬浮固体沉降性能较好，属于相对容易处理的油田采出水。

（1）水温较高。

一般采出水温度在 40 ~ 50℃。个别油田有所差异。但近年来，随着不加热集输工艺的推广，进入采出水处理站的水温也在不断下降。

（2）矿化度高。

不同油田及同一油田不同的采出水处理站其矿化度有很大差异，低的仅有数百毫克每升，高的达数十万毫克每升。如大庆油田中高渗透区块矿化一般在 5000mg/L，而塔里木油田大部分超过 50000mg/L。

（3）碱度。

一般都偏碱性，有的油田偏酸性，如中原油田采油采出水的 pH 值一般为 5.5 ~ 6.5，大庆油田一般为 7.5 ~ 8.5。

（4）含有一定量的悬浮固体。

如泥沙，包括黏土、粉砂和细砂；各种腐蚀产物及垢，包括 Fe_2O_3、CaO、FeS、$CaCO_3$、$CaSO_4$ 等；细菌，包括硫酸盐还原菌（SRB）、腐生菌（TGB）及铁细菌、硫细菌等；有机物，包括胶质沥青质类和石蜡类等。

（5）含有一定量的原油。

以乳化油、分散油等形式存在，以及一定量的胶体物质。采出水处理设施进水含油不大于 1000mg/L，一般为 300mg/L 以下。

（6）溶解有一定量的气体。

如溶解氧、二氧化碳、硫化氢、烃类气体等，以及溶有一些环烷酸类等有机物质。

（7）残存一定数量的化学药剂。

中高渗透油田采出水一般具有水质黏度适中、流动性好、油水密度差大、含油较易处理等特点，国内大多数油田均属中高渗透油田。

第二节　注水水质指标

中高渗油田采出水处理后主要用于水驱注水。采出水注入地层后，水中所含有的污油、悬浮物等污染物易堵塞地层，因此，应控制水中的悬浮物、油等多项指标，满足油田注水水质标准，严格控制水中的悬浮物、油等多项指标。目前中高渗油田注水水质指标主要参照《碎屑岩油藏注水水质标准》（SY/T 5329—2012）执行，见表 1-3。同时国内各油田在行业标准的基础上，结合各自油田区块的自身特点，也制定了适合自己油田的注水水质指标（表 1-4 至表 1-6）。总体来讲，中高渗透油田由于注入层平均空气渗透率相对较大，注水水质指标比低渗透油田要求宽松。

第三节　典型处理工艺流程

中高渗透油田采出水处理后主要用于回注，少量无法回注的达标外排。用于注水的中高渗透油田采出水处理除油工艺主要有自然沉降、混凝沉降、气浮、聚结、水力旋流等工艺；过滤工艺主要采用核桃壳过滤、双滤料、改性纤维球过滤、SSF、流砂过滤器、膜过滤等技术。中高渗透油田采出水处理流程可简称为：重力式、压力式、浮选式、聚结、旋流式、SSF、特种微生物除油等处理流程。

一、"自然沉降→混凝沉降→过滤"工艺流程（重力式流程）

从 20 世纪 60 年代大庆油田建立第一座采出水处理站开始，采用二级沉降、过滤的三段重力式处理工艺一直是中高渗采出水处理主要工艺流程。

1. 工艺流程

典型的工艺流程如图 1-1 所示。

2．主要设计参数

1）主设计参数

自然沉降：有效停留时间 3 ～ 4h；混凝沉降：有效停留时间 2 ～ 3h。过滤器滤速：核桃壳、改性纤维球（二级）：≤ 16m/h；石英砂：≤ 8m/h；双滤料：≤ 10m/h。

2）各段出水控制指标

三段式重力沉降工艺各段出水控制表见 2–1。

表2–1　三段式重力沉降工艺各段出水控制表

阶　段	进　水		出　水	
	含　油 (mg/L)	悬浮固体 (mg/L)	含　油 (mg/L)	悬浮固体 (mg/L)
自然沉降罐	1000	100	300	60
混凝沉降罐	300	60	40	20
一级滤罐	40	20	20	10

3）药剂投加

水质不同，投加药剂的种类也不同。一般投加的药剂有混凝剂（30 ～ 60mg/L）、絮凝剂、杀菌剂等。对于滤罐，有时投加清洗剂。

3．流程特点

优点：重力沉降除油工艺特点是技术成熟、抗冲击力强、出水水质稳定，电耗和运行费用低，管理方便。适用于水质特性中采出水黏度低、油水密度差大的条件，同时对处理量大、水量和水质变化范围较宽的处理站有较大的适应能力。

缺点：

（1）除油段沉降时间长（沉降时间普遍为 6h 以上），处理设施容积大、占地多、投资偏大。

（2）早期建设的水罐排泥困难（必须停产排泥），每 1 ～ 2 年需人工清泥一次，污泥不能及时得到有效处理。目前，在新建及改造的采出水站中，采用穿孔管或强排泥设备的方式，配合污泥减量化设施的建设，较好地解决了这一问题。

（3）由于停留时间较长，有的采出水站出现了细菌大量滋生繁殖的情况，需在前段投加杀菌剂。

二、"混凝沉降→过滤"工艺流程（重力式流程）

一些处理站采用了两段式处理工艺，即为混凝除油—过滤，简化了工艺流程。目前，中石油各油田有 90 座采出水处理站采用此工艺，所占比例为 28.0%。

1．工艺流程

典型的工艺流程如图 1–2 所示。

2．主要设计参数

1）主设计参数

混凝沉降：有效停留时间 2 ～ 3h。过滤器滤速：核桃壳、改性纤维球（二级）：≤ 16m/h；

石英砂）：≤ 8m/h；双滤料：≤ 10m/h。

2）各段出水控制指标

两段式重力沉降工艺各段出水控制表见2-2。

3）药剂投加

水质不同，投加药剂的种类也有所不同。一般投加的药剂有反向破乳剂（20 ~ 50mg/L）、混凝剂（30 ~ 100mg/L）、絮凝剂、杀菌剂等。对于滤罐，有时投加清洗剂。

表2-2 两段式重力沉降工艺各段出水控制表

阶　段	进　水		出　水	
	含　油 (mg/L)	悬浮固体 (mg/L)	含　油 (mg/L)	悬浮固体 (mg/L)
混凝沉降罐	500	60	40	20
一级滤罐	40	20	20	10

3. 流程特点

优点：与三段式重力沉降除油工艺相比，省去了一级除油段，减少了占地，节省投资，同时具有技术成熟、抗冲击力较强、出水水质稳定，电耗和运行费用低，管理方便的优点。

缺点：

（1）与三段式流程相比，来水段含油不能太高（≤ 300mg/L），水量变化不能太大。

（2）与非重力式流程相比，处理设施容积大、占地多、投资偏大。

（3）早期建设的储罐排泥困难，每1 ~ 2年需人工清泥。

（4）由于停留时间较长，有的采出水站出现了细菌大量滋生繁殖的情况，需在前段投加杀菌剂。

适用界限：

适用于水质特性中采出水黏度低，油水密度差大、来水含油较少、水量波动较小的条件。

运行成本：根据各油田重力式处理站生产运行经验和统计，一般水处理成本（通常指电耗和加药费用）0.6 ~ 1.5 元 /m³。

三、"调节→气浮选机→过滤"工艺流程（浮选式流程）

20 世纪 80 年代以后，各油田逐步引进和开发了不同类型的气浮设备，因其设备体积小、停留时间短、效率高、占地少、适应水质范围广而被广泛采用，近年来气浮选除油已成为各油田除油的主要工艺之一。目前，中石油各油田有 33 座采出水处理站采用此工艺，所占比例为 10.2%。

1. 工艺流程

典型的工艺流程如图 2-1 所示。

2. 主要设计参数

1）主设计参数

浮选机：溶气压力：0.6MPa；回流比：15% ~ 25%；溶气比例：10% ~ 15%；气浮池总

水力停留时间：8 ～ 15min；管式混凝器水力停留时间：约 30s。

过滤器滤速：核桃壳、改性纤维球（二级）：≤ 16m/h；石英砂：≤ 8m/h；双滤料：≤ 10m/h。

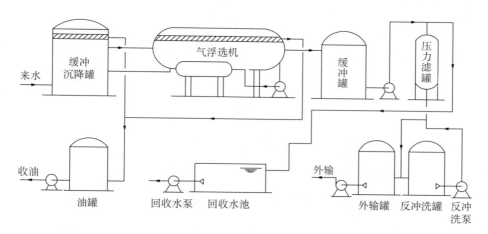

图2-1　气浮处理工艺流程图

2）各段出水控制指标

气浮工艺各段出水控制表见表 2-3。

表2-3　气浮工艺各段出水控制表

阶　段	进　水		出　水	
	含　油 （mg/L）	悬浮固体 （mg/L）	含　油 （mg/L）	悬浮固体 （mg/L）
调节罐	1000	300	300	200
浮选机	300	200	20	20
一级滤罐	20	20	10	10

3）药剂投加

水质不同，投加药剂的种类也有所不同。一般投加的药剂有混凝剂（20 ～ 50mg/L）、絮凝剂（≤ 2mg/L）、杀菌剂等。对于滤罐，有时投加清洗剂。

3．流程特点

优点：

（1）处理效率高，除油除悬浮物的效率可达 90% 以上，适用于水相黏度大、分散油粒径较小、原油密度大、油水密度差小、乳化严重的采出水处理。出水水质优于传统的大罐沉降工艺，降低了后段滤罐的负荷。

（2）采出水在浮选机内停留时间短，一般仅 15min。设备体积小、占地面积少，相比重力式沉降罐可大大节省占地。

（3）抗水质冲击能力强。

（4）能够实现连续收油以及不停产排泥。

但气浮技术存在着以下几方面的不足：

（1）气浮技术会增加系统内的溶解氧含量，对于采出水矿化度高的油田，如西部各油田要慎重采用。

（2）气浮装置容积小，抗水量的冲击负荷能力较差，系统前应设置缓冲罐。

（3）目前陆上油田采用的气浮技术基本为重力式气浮装置，会使后续构筑物高度降低。

（4）动力消耗比重力式流程稍大，比重力式流程多耗电费 0.07 元 /m³。

（5）管理要求严格。

适用界限：

适用于油水密度差小、油乳化较严重的水。对于高矿度采出水，溶气介质不应采用空气，宜采用氮气气源。

四、"调节→横向流聚结除油器→过滤"工艺流程（压力式流程）

横向流聚结除油器最早在大庆油田聚驱采出水采用，随着聚驱采出水处理的推广应用，水驱采出水处理站也开始应用。目前，中石油各油田有 15 座采出水处理站采用此工艺，主要分布在大庆和华北油田，所占比例为 4.7%。

1. 工艺流程

典型的工艺流程如图 2-2 所示。

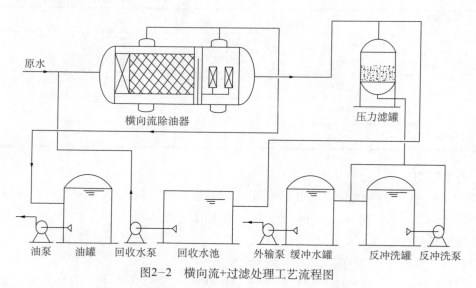

图2-2　横向流+过滤处理工艺流程图

2. 主要设计参数

1）主设计参数

横向流聚结除油器：对中高渗采出水有效停留时间为 1 ～ 2h。

过滤器滤速：核桃壳、改性纤维球（二级）：≤ 16m/h；石英砂：≤ 8m/h；双滤料：≤ 10m/h。

2）药剂投加

水质不同，投加药剂的种类也有所不同。加药剂一般有 3 种：（1）混凝剂采用聚合氯化铝连续投加，投加量为 30 ～ 60mg/L；（2）杀菌剂；（3）清洗剂，与杀菌剂共用一套装置，间断投加。

3. 流程特点

（1）主要优点。

① 容积小，停留时间较短，采出水在系统中停留时间仅 2 ～ 3h，与沉降工艺相比，缩短停留时间近 2 倍。

② 处理效率高，除油效率可达 90% 以上，平均除悬浮物效率为 45%。

③ 操作方便，能够实现连续收油和排泥。

④ 投资少、占地小，相比重力式沉降工艺可节省占地 50% 以上，节省基建投资 10% 以上。

（2）主要缺点。

① 由于前段采用聚结材料，在悬浮物含量高和存在泥沙的情况下易堵塞填料。目前，大庆油田大部分粗粒化装置因被悬浮物、泥沙等堵塞而阻力增加，失去了粗粒化作用，粗粒化装置逐渐停止使用。

② 由于停留时间较短，容积小，对来水流量冲击敏感，前段宜设调节罐。

③ 只对粒径 >10μm 以上的分散油起作用，不能对乳化油和溶解油起作用，当乳化油和溶解油占比较大时，必须加药，而加药又易与一些悬浮物起反应，当悬浮固体含量大时，易堵塞填料。

适用界限：适用于悬浮固体、含砂量少、油珠粒径较大时（一般油珠粒径为 10 ～ 100μm）的中高渗采出水、聚驱采出水处理。

五、"调节→压力除油器→过滤"工艺流程（压力式流程）

由于重力式除油处理设施存在占地面积大、停留时间长、不易排泥等缺点，20 世纪 80 年代后期和 90 年代初，国内油田逐步开发和应用了压力除油罐，出现了压力式密闭除油流程。目前，中石油各油田有 20 座采出水处理站采用此工艺，所占比例为 6.2%。主要分布在吉林、塔里木和大港油田。

1. 工艺流程

来水→调节缓冲罐→（加药）压力沉淀除油器→一级压力过滤器→二级过滤→出水

2. 主要设计参数

压力除油器：有效停留时间为 0.5 ～ 1.5h。

过滤器滤速：核桃壳：≤ 16m/h；石英砂：≤ 8m/h；双滤料：≤ 10m/h；改性纤维球（二级）：≤ 16m/h。

3. 流程特点

（1）主要优点。

① 容积小，停留时间较短，采出水在系统中停留时间仅 2 ～ 3h，与沉降工艺相比，缩短停留时间近 2 倍。

② 有利于流程密闭，减少对设施腐蚀；

③ 操作方便，能够实现连续收油和排泥；

④ 当采出水处理规模较小（一般小于 10000m³/d）时，投资省、占地小，相比重力式沉

降工艺可节省占地 50% 以上，节省过滤提升泵的运行费用。

（2）主要缺点。

① 由于采出水停留时间较短，对来水水量和水质要求较高，设施抗冲击负荷能力较差，前段宜设调节罐。

② 由于采用压力流程，与常压容器相比增加了钢材耗量，当处理采出水处理规模较大时，在设备费用上不再具有优势。

适用界限：适用于采出水黏度低、油水密度差大、来水含油较少、水量波动较小的中小型采出水处理站场。

六、"调节→水力旋流→过滤"工艺流程（旋流式流程）

该流程的中心设备是水力旋流器，多应用在中高渗油田采出水的处理中。当来水含油 ≤ 1000mg/L 时，出水中含油量可降到 50mg/L 以下。因旋流器对乳化油无去除能力，因此，加压泵要选择低转速泵（如螺杆泵），以免采出水再次乳化。

1. 流程特点

旋流分离技术主要有以下几方面的优点：

（1）除油效率高，除油的效率可达 90% 以上。

（2）投资小、装置占地小，质量轻，在处理量及来水性质相同的条件下，水力旋流器质量比其他除油设备轻 80% ~ 90%，效率超过 90%，与常规设备相比可平均节省投资 50% 左右。

（3）能够实现连续收油。

但旋流分离技术存在着以下几方面的不足：

（1）装置容积小，抗冲击负荷能力较差，系统内应设置缓冲罐。

（2）水力旋流器对油水密度差要求较高，利用水力旋流器处理原油密度大于 0.930（20℃）的含油采出水在国内仍无成功案例，需要作进一步的研究和实验工作。

（3）除悬浮固体效果一般，不能除去乳化油。

（4）反冲洗的回收水不易处理。反冲洗的回收水须回收至其前置缓冲罐内，只能依靠缓冲罐去除部分悬浮物，否则悬浮固体会在系统内循环。

（5）能耗较高，旋流器的损失较大，一般在 0.2 ~ 0.4MPa。

由于水力旋流流程存在上述不足，因此，建议仅在场区面积小、采用其他沉降分离构筑物难以布置条件下采用。

第四节　关键处理技术及设备

一、物理化学处理技术

1. 自然除油技术

自然除油属于物理法除油，是一种重力分离技术。重力分离法处理含油采出水，是根据油和水的密度不同，利用油和水的密度差使油上浮，达到油水分离的目的。这种理论忽略了进出配水口水流的不均匀性；忽略油珠颗粒上浮中的絮凝等因素的影响，认为油珠颗粒是在理想状态下进行重力分离；假定过水断面上各点的水流速度相等，且油珠颗粒上浮时的水平分速度等于水流速度；油珠颗粒以等速上浮；油珠颗粒上浮到水面即被去除。

2．斜板（管）分离技术

斜板除油的理论基础是"浅池理论"。在油水分离设备中加设斜板（管），相当增加有效分离面积，缩小分离高度，从而可提高油珠颗粒的去除效率。由于斜板（管）的存在，增大了水流的湿周，缩小了水力半径，因而雷诺数 Re 较小，这就创造了层流条件，同时佛罗伊德数 Fr 较大，水流较平稳，更有利于油水分离的实现。

3．聚结除油（粗粒化）技术

所谓聚结除油是指粗粒化，就是使含油采出水通过一个装有填充物（也叫粗粒化材料）的装置，在采出水流经填充物时，使油珠由小变大的过程。经过粗粒化后的采出水，其含油量及污油性质并不发生变化，只是更容易用重力分离法将油去除。粗粒化处理的对象主要是水中的分散油，粗粒化除油是粗粒化及相应的沉降过程的总称。

粗粒化材料从形状来看分为粒状和纤维状两大类，从材质上分为天然矿石（如无烟煤、蛇纹石、石英砂等）和人造材料（如聚丙烯塑料球和陶粒等）两类。蛇纹石在油田采出水处理中应用比较广泛。蛇纹石在 $40 \sim 60℃$ 的采出水中与原油的接触润湿角 $\theta < 90°$，具有亲油疏水性、机械强度高、价格低的优点，是一种很有实用价值的油田采出水处理的粗粒化材料。

4．气浮选技术

气浮法是利用高度分散的微小气泡作为载体去黏附水中的悬浮物，使其密度小于水而上浮到水面以实现固液分离的工艺。实现气浮法分离的必要条件有两个：第一，足够数量的微细气泡，气泡理想尺寸为 $15 \sim 30μm$；第二，欲分离物质呈悬浮状态或具有疏水性质，从而能附着于气泡上浮。为提高处理效果，常常在废水中首先加入浮选剂或凝聚剂，使亲水物质变为疏水物质，细小的油珠及其他微细颗粒聚凝成较大的絮凝体，然后形成气泡—絮凝体颗粒结合体而加速上浮。根据制取微细气泡的方法不同，气浮法主要分为电解凝聚气浮法、机械碎细气浮法、射流气浮法和溶气气浮法。

5．化学药剂混凝技术

参见第 9 页"（2）化学药剂混凝技术"。

6．水力旋流技术

水力旋流技术是根据油水密度差的特性，利用旋流或涡流产生的离心力对油水进行分离。水力旋流分离器目前具有两种形式：静态的和动态的。在静态水力旋流分离器中，旋流是由进口的高流量和高压产生的，而在动态水力旋流分离器中，旋流是通过机械转动部件产生的。

水力旋流器产生的加速度可达到 $2000g$，因此它的优势大大超过重力分离设备。与重力分离设备相比，水力旋流器的分离距离仅为几厘米，而重力分离设备大于 $1m$。在达到相同的分离效果的条件下，根据 Stocks 公式估算，水力旋流器的停留时间仅为几秒，而重力分离设备要几小时。这一比较充分说明，水力旋流器具有很大的经济优势，在相同的条件下，设备占地面积至少可减少 3 倍。

7. 过滤技术

过滤是指水体流过有一定厚度（一般为 700mm 左右）且多孔的粒状物质的过滤床，这些粒状物滤床，通常是由石英砂、无烟煤、磁铁矿、石榴石、铝矾土等组成，并由垫层支撑。杂质被截留在这些介质的孔隙里和介质上，从而使水得到进一步净化。滤池不但能去除水中的悬浮物和胶体物质，而且还可以去除细菌、藻类、病毒、油类、铁和锰的氧化物、放射性颗粒、预处理中加入的化学药品、重金属以及很多其他物质。

常用的过滤器有：核桃壳过滤器、石英砂过滤器、双滤料过滤器、多介质过滤器、流砂过滤器、改性纤维球器等。

8. 膜过滤技术

膜分离技术是指用天然或人工合成膜，以外界能量或化学位差作推动力，对双组分或多组分溶质或溶剂进行分离、分级、提纯和富集的方法。膜分离法可应用于液相和气相，对液相分离，可以用于水溶液体系、非水溶液体系、水溶胶体系以及含有其他微粒的水溶液体系。

二、除油设备

在采出水处理工艺中，由于原水水质不同，在分离除油段需根据具体情况选用不同的沉降分离、除油设备。重力沉降除油设备主要有自然除油罐和混凝除油罐；压力沉降除油设备主要有粗粒化罐、压力斜板除油罐、压力混凝除油罐及压力合一装置等。此外，部分油田采出水处理工艺采用了气体浮选机和水力旋流器除油。

1. 立式重力除油罐

主要作用是除浮油及部分分散油，兼具有一定的调储罐的功能，同时可给后续处理工艺提供压能。油田含油采出水处理多年统计资料表明，当原油脱水区来水含油较多时，且除油罐进水含油量不超过 5000mg/L，自然除油的效率较高，可达 95% 以上。

立式重力除油罐的优点：具有较强的抗水量、水质的冲击能力；除去大部分的浮油及分散油，收集的油品性质好。

重力除油罐存在的主要问题：采出水在大罐内停留时间较长，占地面积大；设备效率较低；当来水中的油珠颗粒较小、乳化油较多时，除油效率更低；早期的重力除油罐未设置排泥设施，罐底积累了大量的含油污泥，需要定期对大罐进行清扫排污，在重力除油罐的数量上需要考虑停产或设置备用重力除油罐，在清罐时对采出水处理系统的水质影响较大，但近年来通过加穿孔管或强排泥设备，基本上解决了排泥问题。

2. 立式斜板除油罐

为了充分利用立式除油罐的高度，借助浅池理论，在除油罐内加装斜板，增加更小油珠的聚结概率（适合去除 50μm 以上的油珠），提高除油效率或增加设备的处理能力，产生了立式斜板除油罐。其结构形式与普通立式除油罐基本相同，主要区别是在普通除油罐中心反应筒外的分离区一定部位加设了斜板组。主要作用也与普通立式除油罐一样，主要是除浮油及部分分散油。

特点：它集立式除油罐、斜板隔油池的优点于一体，不仅提高了除油效率，而且也提高了处理能力。与普通立式除油罐相比，同样大小的斜板除油罐除油能力可提高 1.5 ~ 2 倍。

采出水含油量较大时可采用较大的板间距（或直径），含油量小时，间距可以减小。为了防止油类物质附着在斜板上，可选用不亲油材料做斜板，但实际运行比较困难，常有挂油现象，使用一定时间后斜板上堆积有大量的含油污泥，容易造成垮塌，为此需要定期用蒸汽或热水冲洗，所以斜板要耐高温，目前斜板的材质已从玻璃钢发展到了铝合金材料。

3. 立式混凝沉降罐

立式混凝沉降罐是用于采出水中油、水、泥分离的构筑物。

对于油来说，主要用于去除乳化油和一部分较小颗粒的分散油。当采出水中油珠粒径大于 10μm 时，利用油水密度差，靠物理方法可将大部分油去除，但当小于 10μm 的油珠在水中所占比例较大时，必须辅以化学方法，加入混凝剂，对水包油的乳状液进行破乳后，再经过混凝形成大颗粒的凝聚物，这时水中的油成分散状态，很快上浮，缩短了油水分离过程。

关于反应设施设置，一般在除油罐内设置中心反应桶，水从底部进入，从上部流出后靠密度差进行沉降分离。近年来油田采出水处理的实践表明，对于来水为重力流，内置中心反应桶的沉降罐反应强度不足，效果不太理想。

4. 粗粒化（聚结）除油设备

粗粒化除油对象是采出水中粒径主要为 10 ~ 100μm 的分散油。采出水中浮油（油珠粒径 ≥ 100μm）在沉降罐中，几分钟便可浮到水面。油珠粒径在 10^{-3} ~ 10μm 的乳化油则必须用化学混凝法经破乳后除去。分散油虽然可靠自然沉降法除去，但沉降时间较长。粗粒化除油技术可以使小油粒凝聚成大油珠，并能在 1 ~ 2h 内上升到水面被除去，从而达到提高除油效率、缩小除油罐体积之目的。

由于粗粒化罐一般是压力式的。与其配套的除油构筑物最好是压力罐，这样出水可直接进入过滤罐，以节省提升泵。粗粒化设备负荷一般为 15 ~ 35m³/m²·h。粗粒化材料运行半年到一年后，应进行检查，以便补充或更换。

5. 横向流除油器

横向流含油采出水除油器是在斜板除油器的基础上发展起来的，其原理是聚结（粗粒化）和"浅池理论"，它由含油采出水的聚结区和分离区两部分组成。含油采出水首先经过交叉板型的聚结器，使小分散油珠聚并成大油珠，小颗粒固体物质絮凝成大颗粒，然后聚结长大的油珠和固体物质通过具有独特通道的横向流分离板区而从水中分离出来。在进行油、水、固体物质分离的同时，还可以进行气体（天然气）的分离。

该项技术 2000 年首次应用，处理效果较好。横向流含油采出水聚结除油器具有自动收油、不停产压力排泥等功能，可节省占地50%以上，节省基建投资10%以上，除油效率达90%以上，横向流除油器结构如图 2-3 所示。

运行参数：对中高渗采出水有效停留时间为 1 ~ 2h。

进出水水质：中高渗采出水进水含油小于 1000mg/L，出水含油小于 50mg/L。

6. 压力合一除油器

为了提高除油构筑物单位容积处理能力，实现密闭除油工艺，减少系统中进氧点，在斜板除油、粗粒化除油技术基础上，又研制成功了压力合一除油装置。此装置集斜板（管）、聚结及化学混凝技术于一体，从而提高了除油效率。采出水总停留时间由重力除油 6h 缩短为 1.5h。

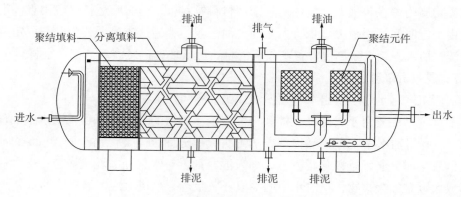

图2-3　横向流除油器结构示意图

由于油田采出水性质的差异，压力合一装置功能有所不同，一般以混凝沉降、粗粒化及斜板除油三功能合一者居多。也有粗粒化加斜管和斜管加混凝沉降的二合一处理装置。由于多功能合为一体，因此，当流程中引入合一装置后，不仅将占地面积减少了 30%，同时也缩短了工艺流程。由于受冲击负荷的能力比较差，在油田占地受限制时可采用此设备。

7. 气浮设备

气浮设备主要有叶轮式气浮机、喷射气浮和溶气气浮装置等。通过采用不同的装置向采出水中溶入一定量的气体，产生细小的气泡，使水中颗粒为 $0.25 \sim 25\mu m$ 的乳化油和分散油或水中的悬浮颗粒黏附在气泡上，随气泡一起上浮到水面上并加以回收。浮选机具有除油效率高、停留时间短、占地面积小、便于搬迁等优点。

1）叶轮式气浮机

20 世纪 60 年代初，辽河、中原、胜利、新疆等油田，全套引进美国的韦姆柯叶轮式气浮机。后经消化吸收研制出了自主产品，它是由四级转动的叶轮组成的 4 个气浮室，采出水依次通过 4 个室完成气浮过程，外形为方形，其结构示意图如图 2-4、图 2-5 所示。

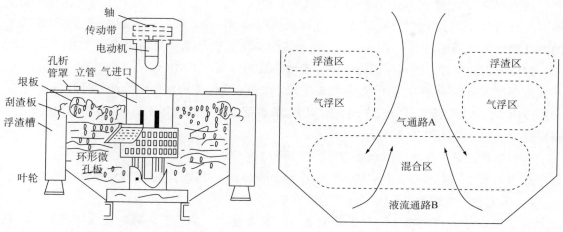

图2-4　叶轮式气浮机结构示意图　　　图2-5　叶轮式气浮机气浮室水力图

叶轮式气体浮选比全流加压溶气气浮的溶气量大 50 倍，停留时间缩短 5 倍。当二者除油效率相同时，叶轮式气浮机造价仅为溶气气浮的 60%。但叶轮式气浮机国产化程度低，液位控制难度大，仪表需引进且运动部件多，又因外形为方形，易出现死水区。

从采出水处理实践看，与溶气气浮相比，叶轮式气浮机由于产生的气泡不够细小且大小不均匀，处理效果不好，目前各油田已不再采用该类型设备。

2）卧式喷射式气浮机

喷射浮选采用采出水或净化水作为喷射流体，流体在喷射器的吸入室形成负压，吸入气体，携带的气体通过喷射器的混合段时被剪成微小气泡，气泡在气浮室上升过程中黏附油珠和固体颗粒，升至液面，由撇油器将其清除，达到去除油渣的目的（图 2-6）。

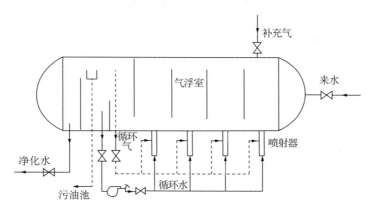

图2-6　喷射式浮选机工艺原理图

喷射浮选采出水处理技术和其他采出水处理技术相比，具有停留时间短、耗能少（电耗量为同规格叶轮式气浮机的 50%）、除油效率较高、故障率低且操作维护简便、安全可靠的特点。

从采出水处理实践看，与溶气气浮相比，由于国产喷射器产生的气泡大约为 80μm，不够细小且大小不均匀，处理效果比溶气气浮差。

3）立式气体浮选罐

立式气体浮选罐其浮选机理基本和卧式喷射式气浮机相同，但立式气体浮选罐产生的微米级密集气泡，可有效地去除直径为 5 ~ 8μm 的油珠和固体微粒，使含油量下降到 6mg/L 以下。这是一种新的气浮设备。

4）涡凹气浮

涡凹气浮系统的工作原理是采出水流经曝气机涡轮，涡轮利用高速旋转产生的离心力，使涡轮轴心产生负压，吸入空气，由于曝气涡轮的特殊结构设计，空气沿涡轮的四个气孔排出，并被涡轮叶片打碎，从而形成大量微小的气泡。通过独特的涡凹曝气机将"微气泡"直接注入采出水而不需要进行事先溶气，然后通过散气叶轮把"微气泡"均匀地分布在水中。这些微气泡便附着在采出水中絮凝了的胶体、细小纤维等悬浮物上，上浮并维持漂浮在水面。这些漂浮在水面的物质随水向前移动，被污泥刮板浓缩刮运清除。处理后的达标水经溢流口排出，回用或排放。

5）溶气气浮装置

其基本原理是：在加压条件下，使空气溶于水，形成空气过饱和状态（图2-7）。然后减至常压，使空气析出，以微小气泡释放于水中，实现气浮，此法形成的气泡小，约20 ～ 100μm，处理效果好，应用广泛。

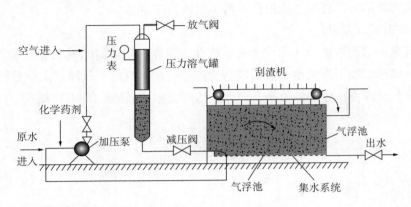

图2-7　溶气气浮工艺流程示意图

与喷射气浮、叶轮气浮相比，能耗较高，但由于产生的气泡细小且均匀，处理效果较好，目前在油田的应用有增加的趋势。

8. 水力旋流除油设备

靠离心力将油、水分离，多应用在轻质原油采出水处理中。旋流器具有体积小、质量轻、除油效率高、无运行部件、自控水平高等特点。在处理量及来水性质相同的条件下，其质量比其他除油设备轻80% ～ 90%。它不仅适用于油田采出水的油、水分离，也可作为采出液的预脱水设备。当采出液油、水密度差大于0.05g/cm³、采出水中油珠粒径大于20μm时，旋流器可在几秒钟内迅速将油从水中分离出去。在控制进、出口压差为0.2 ～ 0.8MPa情况下，当进水含油量≤ 1000mg/L时，出水含油可降到50mg/L以下，但要求流量稳定。因靠离心力除油，所以对悬浮物和粒径小的乳化油去除率很低。价格也较高，大约是叶轮式气浮机的2 ～ 3倍，因此，限制了它的应用范围。为避免采出水再次乳化，采出水进入旋流器时应选用低转速泵升压（如螺杆泵）。

由于水力旋流器抗冲击负荷能力较差、除悬浮固体效果一般，不能除去乳化油、反冲洗的回收水不易处理等不足，目前不少陆上油田已停用水力旋流设备。

三、过滤设备

由于回注及锅炉回用水对含油及悬浮物指标要求都十分严格，因此，油田含油采出水处理工艺中的过滤技术也就成为整个水处理工艺的关键和难点。

1. 单阀滤罐

单阀滤罐属于重力式滤罐，在油田上采用的是圆形金属罐。单阀滤罐与无阀滤罐基本相同。所不同的是将无阀滤罐的虹吸排水管降低，并在此管上安装一排水阀，此阀门一般直径较大，常选用电动阀门。在生产运行中，经常操作的只有这一阀门，故称单阀滤罐。

单阀滤罐的结构分上下两部分，上部是滤罐的备冲洗水箱，下部是滤罐。正常工作时来水由进水管进入滤罐，经过滤层自上而下的过滤，滤后水通过连通管进入冲洗水箱，水箱充满后水从出水管溢流出去。反冲洗时需将排水电动阀门开启，冲洗水箱中的水经连通管进入滤罐底部集水室，然后自下而上进入滤层进行冲洗。当水箱水位降低到虹吸破坏管管口时，虹吸破坏，反冲洗停止，然后关闭阀门转入正常过滤。反冲洗时进水可以不停，这时进水同反冲洗废水一同排出进入回收水池，也可将进水管上阀门关闭，停止进水。不但可以避免浪费，而且可使反冲强度不受影响。

从单阀滤罐的构造及工作情况可以看出，它具有构造简单、预制容易、施工方便、维护管理简单等优点。单阀滤罐采用小阻力配水系统，反冲洗强度不像压力滤罐那样易于调节，滤料容易板结，近年来单阀滤罐在油田上使用较少。

2. 核桃壳过滤器

核桃壳为亲水疏油的过滤介质，具有密度小（密度为 1.266 ~ 1.4g/cm^3），强度和韧性高，吸附、截污能力强，且不黏块、反冲再生效果好和反冲洗水量小 [6 ~ 7L/（m^2·s）] 等优点。滤床深通常为 1.0 ~ 1.6m，粒径为 1.0 ~ 2.0mm。

油田采出水处理中，该过核桃壳过滤器选用比例已达到 51%，改、扩建工程也将核桃壳过滤器作为首选设备。

核桃壳过滤器有搅拌式核桃壳过滤器、搓洗式核桃壳过滤器、USF 核桃壳过滤器等几种形式。

3. 双向流过滤器

原水从过滤器上下两个方向进入，中间出水。它把多层滤料正向过滤、反向过滤和反粒度过滤等几种过滤原理结合在一起，克服了单层滤料正向过滤表面过滤和反向过滤时滤料易产生"流化"的缺点，具有滤速高、纳污能力强、自耗水量小等特点。

采用双向过滤器的深度采出水处理站具有滤罐数量少、占地面积小、基建投资低等优点。

缺点是工艺相对复杂，另外，为了保证上、下滤速比，需要配套建设自控系统。存在的问题如下：（1）滤速比控制存在滞后现象，滤速比很难控制在 1.5∶1，导致电动执行机构经常动作，造成执行元件烧毁或损坏，日常维护费用增加；（2）由于采出水从上、下两个方向进入滤罐，过滤过程中，上、下水流的冲击和滤料的碰撞作用，使中部的出水筛管不断震荡，长期运行出现疲劳现象，造成出水筛管损坏，支撑变形，导致滤料流失，从而影响滤后水水质。

4. 多层滤料过滤罐

该设备结构如图 2-8 所示，双层滤料过滤器是壳体内装有两种密度、粒度不同的滤料。上层滤料密度较小，粒度较大；下层滤料密度较大，粒度较小。由于两种滤料的密度不同，反冲洗时在水中下沉的速度不同，密度较大的下沉快，密度较小的下沉慢。因此，周期性反冲洗后，仍能保持轻的滤料在上，重的滤料在下的分层，形成自上而下粒度由大到小，密度由轻到重的滤层，从而提高了滤层的截污能力。

多层滤料过滤罐的滤床组成，双层一般为无烟煤和石英砂或石英砂和磁铁矿，三层为无烟煤、石英砂和磁铁矿（石榴石）。三种滤料的相对密度、粒径均不同：

（1）相对密度：无烟煤 1.4 ~ 1.6g/cm³，石英砂 2.55 ~ 2.65g/cm³，磁铁矿 4.70g/cm³。

（2）粒径：无烟煤 1.0 ~ 2.0mm，石英砂 0.5 ~ 0.8mm，磁铁矿 0.25 ~ 0.50mm。

近年来的油田工程实践表明，无烟煤机械强度不高，易于破碎，不少油田已不采用无烟煤滤料。

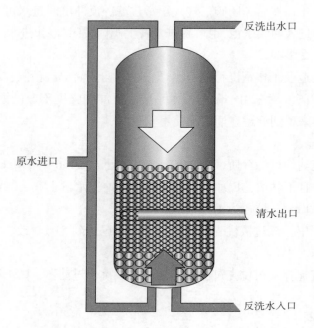

图2-8　双向流过滤器

多层滤料过滤罐去除悬浮物效率较好，因此，可以串联在一级过滤罐后，作为深度处理设备。当来水中油含量不高时，作为一级过滤设备可除油和悬浮固体，比核桃壳过滤器更具有优势。在油田采出水处理中，约有 35% 的采出水处理站选用了该过滤罐。

5. 纤维球（束）及改性纤维球（束）过滤器

该设备结构如图 2-9 所示，纤维球（束）过滤器是以耐磨、耐酸碱、无毒的涤纶纤维或其他纤维材料扎结的纤维球（束）为滤料，空隙度大，柔软，可压缩。过滤时，由于水流压力的作用，使滤层孔隙率沿水流方向自上而下由大变小。形成了较理想的反粒度分布，从而增加了截污能力，也延长了工作周期。

纤维球（束）过滤器，其滤料是亲油型的，只要水中有油，油就会被纤维吸附。滤料污染变成油团，很难清洗，因此，这种滤料只能应用在清水过滤中。

为适应过滤含油采出水需要，厂家与科研单位合作对纤维球（束）进行了改性。所谓改性即是将纤维球（束）经过新的化学配方做本质的改性处理后，纤维滤料即由亲油型变为亲水型。用于过滤含油采出水时，滤料不易污染且反洗再生方便。这种滤料过滤精度较高，故可作为深度过滤设备。

从目前油田的实际使用情况来看，纤维球过滤器对固体悬浮物的去除效果较好，但是在除油方面，即使是改性纤维球过滤器对进装置采出水中的含油量仍需严格控制，要在该设备前设置核桃壳滤料的过滤器，实际应用中将改性纤维球过滤器进水含油量控制 30mg/L 以下为宜。

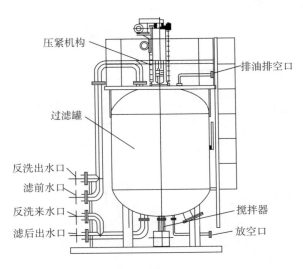

图2-9　压紧式改性纤维球过滤器结构示意图

对于原油中沥青和胶质含量较高的采出水，纤维球滤料容易出现污染及板结问题，常使过滤无法进行，使整个过滤工艺瘫痪。如新疆六九区、塔里木轮南油田、长庆油田的大多数改性纤维过滤器均出现了此类问题，因此，对于改性纤维球过滤器选择时应慎重。

第五节　工程案例

一、"自然沉降→混凝沉降→过滤"工艺流程案例——大庆油田南Ⅱ-1含油污水处理站

大庆油田南Ⅱ-1含油污水处理站处理规模为 $4.0 \times 10^4 m^3/d$，其中 $2.5 \times 10^4 m^3/d$ 用于高渗透油层（渗透率 $> 0.6 \mu m^2$）回注，其余 $1.5 \times 10^4 m^3/d$ 用于中渗透油层（渗透率 $0.1 \sim 0.6 \mu m^2$）回注，水质设计标准：油 ≤ 10mg/L，悬浮固体 ≤ 5mg/L，粒径中值 ≤ 2.5μm。

该处理站采用重力沉降分离技术。主流程包括三段：油系统脱水站输来的含油污水首先进入自然沉降罐沉降，出水加入混凝剂后进入混凝沉降罐，在罐内经混合反应使乳化油和细小悬浮物凝聚，经沉降后使油、水、泥三相分离，原油上浮，悬浮物沉淀。出水靠重力自流进入升压缓冲罐，经提升泵升压后进入核桃壳过滤器过滤，一部分水（ $2.5 \times 10^4 m^3/d$ ）滤后进入污水缓冲罐，加入杀菌剂后输至注水系统用于高渗透油层回注，另一部分水加入混凝剂后进入深度处理单元，深度处理单元的水经升压后进入一级核桃壳过滤器及二级石英砂过滤器过滤，滤后水进入外输缓冲罐，经外输泵提升至注水系统用于中渗透油层回注（图2-10）。

该工程除油段除油效率为93.2%，除悬浮物效率为71.9%；过滤段除油效率为92.4%，除

悬浮物效率为87.7%，核桃壳过滤后平均含油为8.6mg/L，悬浮物为8.5mg/L；二级过滤器滤后平均含油为4.3mg/L，悬浮物为2.7mg/L，出水含油和悬浮物指标分别达到高、中低渗透层水质标准。

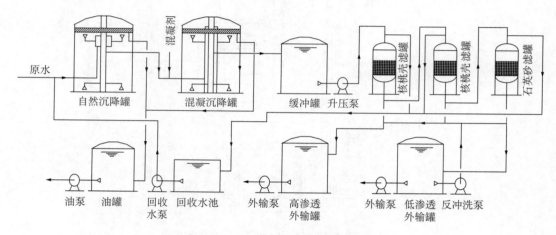

图2-10　南Ⅱ-1水处理工艺流程图

工艺流程单元设备及设计参数：

自然沉降罐设计参数：罐直径：24.0m；沉降时间：3.8h。

混凝沉降罐设计参数：罐直径：21.0m；沉降时间：2.06h。

高渗透污水用核桃壳过滤器设计参数：罐直径：3.0m；滤料粒径：0.8～1.2mm；滤层厚度：1.2m；正常滤速：18.86m/h。

深度处理用污水核桃壳过滤器设计参数：罐直径：2.8m；滤料粒径：0.8～1.2mm；滤层厚度：1.2m；正常滤速：16.90m/h。

石英砂过滤罐设计参数：正常滤速：8.29m/h。

药剂投加：

高渗透污水投加：加至混凝沉降罐进水管道，投药浓度为30.0mg/L，连续投加。混凝剂采用聚合氯化铝。

深度污水混凝剂投加：加到滤前水管道，投药浓度为20.0mg/L，连续投加。混凝剂采用聚合氯化铝。

杀菌剂投加：加至外输水出站管道，冲击性投加，每5天投加一次，每次6h，两种药剂交替投加，每月一换，投药浓度分别为100mg/L和80mg/L。

该工程自然沉降罐去除大油珠效果明显，并可提供良好的抗冲击负荷的能力。若油区来水水量或含油量波动较大，应设置自然沉降罐增加污水处理系统的抗冲击能力。核桃壳滤罐除油效果较好，可以满足高渗透油层的注水水质标准，是较理想的高速除油过滤器，但由于滤料粒径一般在0.8～1.2mm之间，对细小油珠、细小悬浮物去除效果较差。石英砂滤罐具有良好的去除悬浮物的能力，串联在核桃壳滤罐后使用，其出水水质可达到中低渗透油层的注水水质标准。

二、"调节→气浮选机→过滤"工艺流程（气浮式流程）案例——辽河油田沈二联采出水处理站

沈二联采出水处理站于 1988 年 10 月建成投产，设计规模为 10000m³/d。2008 年经过改造，斜板除油罐利旧，新建 2 台溶气浮选机，一级过滤器为核桃壳过滤器，二级双滤料过滤器预留位置。污水处理站运行规模 8828m³/d，平均水温 53℃，出水水质设计标准：油 ≤ 20mg/L，悬浮固体 ≤ 7mg/L，粒径中值 ≤ 3.5μm。

1．主工艺流程

三相分离器出水→调节除油罐（2 座）→浮选机（2 座）→吸水池→过滤泵→过滤泵→核桃壳过滤罐→注水站的注水罐。

2．加药系统

沈二联采出水处理站目前投加 2 种药剂，在调节除油罐进口投加杀菌剂、阻垢剂，在浮选机前加混凝剂与絮凝剂。

该工程浮选机除油、除悬浮固体的效率分别为 87.6%、80.4%，除油与悬浮固体的效率较高；一级核桃壳除油、除悬浮固体的效率分别为 50.0%、58.9%。悬浮固体、油均优于的沈二联注水水质要求。从处理效果看，该流程基本能够适应该站水质。

优点：

处理效率高，除油除悬浮物的效率可达 90% 以上；污水在浮选机内停留时间短，一般仅 15min；设备体积小、占地面积少；抗水质冲击能力强；能够实现连续收油以及不停产排泥。

缺点：

气浮技术会增加系统内的溶解氧含量；装置容积小；动力消耗比重力式流程稍大；管理要求严格。

三、"调节→压力除油器→过滤"工艺流程（压力式流程）案例——吉林油田英二联采出水处理站

英台油田英二联采出水处理站设计规模为 4800m³/d，目前实际处理水量为 3400m³/d，处理后水质用于注水，出水水质设计指标为：油 ≤ 8mg/L，悬浮固体 ≤ 3mg/L，粒径中值 ≤ 2μm。处理流程如下：

来水→调节缓冲罐→（加药）压力沉淀除油器→一级压力过滤器→二级过滤→出水。

该处理站处理后出水含油（4.3 ~ 6.2mg/L）、悬浮物含量（1.6 ~ 2.0mg/L）、粒径中值（1.99 ~ 2.29μm）、水质已接近低渗透油田回注水的标准。

优点：

容积小，停留时间较短；有利于流程密闭，减少对设施腐蚀；操作方便，能够实现连续收油和排泥；当采出水处理规模较小（一般小于 10000m³/d）时，投资省，占地小。

缺点：

污水停留时间较短，设施抗冲击负荷能力较差。

第六节　技术展望

我国的中高渗油田大都为老油田，含水率相对较高，采出水处理量大，水质趋向复杂，采出水处理任务重，难度不断增大，成本不断升高。对于中高渗透油田的采出水处理，如何提高系统效率、缩短工艺流程、降低处理成本是今后的发展趋势和工作重点。

目前，中高渗油田的综合水质达标率整体处于较高水平，但部分分项指标达标率还有待进一步提高。如硫酸盐还原菌达标率还低于 90%，悬浮物去除难度大，达标率也相对较低。下一步应继续加强设备的维修维护，规范加药流程，保持并进一步提升综合水质达标率。另一方面，还应进一步开展水处理技术和设备使用效果的分析和总结工作，研究其适用性和经济性，开发和推广高效除油及过滤的一体化处理技术与设备。

参考文献

[1] 李化民，苏显举，马文铁，等.油田含油污水处理［M］.北京：石油工业出版社，1992.
[2] 冯永训，彭忠勋，何桂华，等.油田采出水处理设计手册［M］.北京：中国石化出版社，2005.

第三章 低渗透油田采出水处理与回注技术

国内近年来开发的油田大部分为低渗透油田，油田分散，一般具有井数多、生产压力低、单井产量低、气油比低、注水水质要求高、注水压力高、生产成本高等特点。本章主要对低渗透油气田采出水处理主要处理工艺技术、工艺模式、关键技术和设备、水质特点、采出水回用系统工艺技术、回注指标等进行简要介绍，对其适用性及主要工艺进行对比分析，并对未来采出水处理工艺技术进行展望和分析，指出困扰低渗透油田采出水处理的主要瓶颈问题和主要发展方向，进一步促进处理技术更新和发展。

第一节 水质特点

低渗透油田是一个相对的概念，世界上对低渗透油田评价并无统一固定的标准和界限，不同国家根据不同时期的石油资源状况和技术经济条件而制定，变化范围较大。例如，苏联将储层渗透率在 $(50 \sim 100) \times 10^{-3} \mu m^2$ 范围内的油田定为低渗透油田，美国则把渗透率低于 $10 \times 10^{-3} \mu m^2$ 定义为低渗透油田。

1990 年 12 月召开的油田开发工作会议上，我国石油工作者根据我国油田的实际情况，把低渗透油层渗透率上限定为 $50 \times 10^{-3} \mu m^2$；李道品在《低渗透油田开发》一书中总结了我国特别是长庆低渗透油田的开发实例，提出渗透率下限值，定为 $0.1 \times 10^{-3} \mu m^2$，并将我国油层渗透率在 $(0.1 \sim 50) \times 10^{-3} \mu m^2$ 范围内的油田均称为低渗透油田。

一、采出水性质

1. 采出水的组成

采出水中污染物可分为无机物、有机物和微生物三类。根据其分散在采出水中杂质的基本颗粒尺寸可形成悬浮液、乳状液、微乳液、胶体溶液和真溶液 5 类。水中分散颗粒尺寸见表3-1。

表3-1 分散介质大小与分散体系表

分散体系	真溶液	胶体溶液	微乳液	乳状液	悬浮液
介质粒径（nm）	0.1~1	<10	10~100	100~10000	>10000
稳定特性	稳定	稳定	稳定	不稳定	不稳定
介质形状	分子或离子	球状、浓溶液或有其他形状	球状	一般为球状	不定

1）悬浮杂质

分散体系微粒较大的一些胶体颗粒和悬浮颗粒统称为悬浮杂质，主要包括：原油、矿物杂质、微生物和有机物。

2）溶解杂质

指溶解于水中形成真溶液的低分子及离子物质，主要有溶解气体，阴、阳无机离子及有机物，其粒径都在 $10^{-3}\mu m$ 以下。

2. 物理性质

1）密度

影响采出水密度的因素是水中溶解物质的含量、水的温度、水所承受的压力。

采出水的密度随水温升高而降低，随含盐量的增多而升高。《油田水分析方法》(SY/T 5523—2016)提供的数据为：温度每变化 1℃，密度变化 $0.0002g/cm^3$；含盐量每变化 1000mg/L，密度变化 $0.0008g/cm^3$。

2）黏度

黏度是液体分子间的摩擦力，是液体层间相对运动时阻力大小的一个标志。它是导致水头损失的基本原因之一。黏度受温度、溶解盐含量的影响。

3）表面张力和界面张力

两相间的交接处叫界面，有气相参与构成的界面称表面，界（表）面两侧由于分子作用力不同而形成界（表）面张力。

采出水的表面张力与温度和含盐量的关系，与水是一致的。随水温升高而降低，随含盐量的增加而缓慢增长。在 10 ~ 60℃ 范围内，采出水的表面张力为：

$$\sigma =75.796-0.145t-0.00024t^2$$

式中　σ——水的表面张力，N/m；

　　　t——采出水温度，℃。

油水表面张力是采出水十分重要的表面性质之一，是衡量采出水乳化程度的重要指标。张力越大，水中油粒越易于聚结。反之，越不易聚结。

3. 化学性质

水极其稳定，特别是自然界存在的水。水的这种稳定性和水有较大的偶极矩有关，水的极性使它特别适于溶解许多物质。大多数矿物质溶于水，许多气体和有机物质也溶解于水。

1）溶解气体

采出水中以溶解状态存在的主要气体有：空气、O_2、N_2、CO_2、H_2S、CH_4。

2）溶解液体

由于水分子具有极性，故某种液体在水中的溶解度与该分子的极性有关。如含羟基（乙醇、糖类）、$-SO_3^-$基和$-NH_2$的分子极性极强，很容易溶于水，而另一些非极性液体（烃类、四氯化碳、油、脂等）则很难溶解。

3）溶解固体

固体在水中的溶解度一般随温度的升高而增加，但某些物质，如 $CaCO_3$ 则相反。$CaCO_3$

在温度小于38℃时，溶解量随温度升高而降低，高于38℃时则相反。

4.微生物的特性

尽管采出水具有含杂质多、矿化度高等特点，但仍然存在着微生物。采出水中微生物分为三大类：藻类、菌类、细菌。细菌会造成采出水设备、管道及注水井的腐蚀与堵塞，如硫酸盐还原菌、铁细菌、腐生菌，严重影响油田的正常生产。

二、低渗透油田采出水水质特点

低渗透油田水质由于各油田地质状况不同而有所不同，但仍存在一些类似的特点，主要有以下几个方面：

矿化度高：总矿化度$2 \times 10^4 \sim 15 \times 10^4$mg/L，其中$Cl^-$含量局部为$2 \times 10^4 \sim 15 \times 10^4$mg/L，$Ca^{2+}$、$Ba^{2+}$含量高。

乳化油含量高：主要由原油性质决定易乳化。

悬浮物含量总量大、粒径小：主要由于产水地层致密、渗透率低所致。

腐蚀性强、易结垢：CO_2、H_2S、溶解盐、细菌含量高，pH值为$5 \sim 6$，为强腐蚀剂，结垢类型主要是$BaSO_4$，$CaCO_3$，总量约$200 \sim 2000$mg/L，多层系水体混合更加剧了垢的形成。以长庆油田采出水为例，常规站场典型水质见表3-2、表3-3，含硫化氢典型站场水质见表3-4，典型层系配伍性报告见表3-5、表3-6、表3-7。

表3-2　采出水处理站水质控制指标

站　点	含　油 （mg/L）	悬浮物 （mg/L）	粒径中值 （μm）	SRB （个/mL）	TGB （个/mL）	IB （个/mL）
××联	53.37	54.4	20.37	3.1×10^2	1.4×10^1	1.3×10^2
××联	41.8	49.6	14.8	4.5×10^4	1.1×10^3	1.1×10^4
××转	146.8	69.7	11.1	1.1×10^3	1.4×10^3	4.5×10^2
××拉	207.4	231.6	7.87	1.4×10^5	4.5×10^2	4.5×0^3
×××联合站	97.5	82.8	5.3	3.1×10^1	0.7×10^0	1.3×10^0
××联	98.78	29	8	3.8×10^3	2.5×10^1	1.0×10^1
××联站	353.0	214.3	11.5	4.5×10^3	1.4×10^3	1.1×10^3
××联	177.04	85.3	11.14	2.5×10^1	0.0×10^0	3.0×10^2
××-18	853.73	596.5	17	1.5×10^1	1.3×10^1	2.5×10^0
××转Y9	163.57	82	9.3	9.5×10^0	2.5×10^1	2.5×10^0
××转长6	505.3	1140.7	18.1	7.5×10^1	9.5×10^0	2.5×10^0
××联	121.8	283.5	11.1	1.1×10^3	1.4×10^3	4.5×10^2
××首站	306.0	104.5	35.8	1.1×10^5	2×10^5	1.4×10^4
××联	1950.3	553.5	2.91	1.5×10^2	2×10^2	1.5×10^3

续表

站 点	含 油 (mg/L)	悬浮物 (mg/L)	粒径中值 (μm)	SRB (个/mL)	TGB (个/mL)	IB (个/mL)
××联	1097.5	163.32	22.8	7.5×10^3	7.5×10^3	4.5×10^5
××联	281.9	151.7	14.8	0.9×10^1	9.5×10^1	2.5×10^0
××联	972.3	1122.0	7.49	1.1×10^2	2×10^3	4.5×10^1
××集输站	13.4	46.9	6.81	1.4×10^2	1.3×10^0	2.5×10^0
×××联合站	26.09	62.1	7.73	1.4×10^2	0.7×10^0	2.5×10^0
××联	38.33	119.9	2.87	1.6×10^3	2.5×10^0	3.1×10^2
××联	360.3	276.8	8.55	4.5×10^2	4.5×10^2	1.1×10^2
××联	198.4	157.1	13.6	9.5×10^0	2.5×10^0	2.5×10^0
平均	366.57	258.05	12.22	—	—	—

表3-3 低渗透油田典型层系化学组分表

站 点	层 位	阳离子指标（mg/L）					阴离子指标（mg/L）					总矿化度 (g/L)	水 型
		Na⁺+K⁺	Ca²⁺	Mg²⁺	Sr²⁺	Ba²⁺	OH⁻	HCO₃⁻	SO₄²⁻	CO₃²⁻	Cl⁻		
××转	Y7	20277	794	278	28	0	0	1575	6576	0	27889	57.4	Na_2SO_4
×首站	Y10	9820	240	97	18	0	0	3101	2582	0	12311	28.2	$NaHCO_3$
××转	Y9	14760	841	367	30	0	0	1341	6572	0	19986	43.9	Na_2SO_4
××联	Y9、Y10	16524	1613	388	110	0	0	1161	2051	0	27319	49.2	$CaCl_2$
侏罗系平均		15345	872	283	47	0	0	1794	4445	0	21876	44.7	
××站	长3	11289	642	220	130	0	0	1946	3541	0	15631	33.4	Na_2SO_4
××联	长3长8	23752	3251	696	213	0	0	576	407	0	44517	73.4	$CaCl_2$
××联	长8	6281	331	76	39	0	0	966	1635	0	8775	18.1	Na_2SO_4
××联	长8	3815	210	49	60	0	0	762	241	0	5859	11.0	Na_2SO_4
××拉	长4+5	14120	1122	307	323	0	0	651	544	0	24388	41.5	$CaCl_2$
××联	长4+5	8918	1079	157	148	0	0	721	486	0	15581	27.1	$CaCl_2$
××转	长6	7457	290	62	152	0	0	1056	59	0	11710	20.8	$CaCl_2$
××联	长6	6713	1132	87	164	0	0	812	1055	0	11677	21.6	$CaCl_2$
××联	长7	3159	58	26	10	0	0	1420	593	92	3665	9.0	$NaHCO_3$
××联	长4+5、长6	14683	1922	398	681	377	0	415	13	0	27931	46.4	$CaCl_2$

站 点	层 位	阳离子指标（mg/L）					阴离子指标（mg/L）					总矿化度（g/L）	水 型
		Na⁺+K⁺	Ca²⁺	Mg²⁺	Sr²⁺	Ba²⁺	OH⁻	HCO₃⁻	SO₄²⁻	CO₃²⁻	Cl⁻		
××增	长2	16154	437	232	5	6	0	868	98	0	25770	43.6	CaCl₂
××增	长2	19479	685	325	184	79	0	438	6	0	31925	52.9	CaCl₂
××增	长2	21262	1481	487	151	19	0	463	4	0	36540	60.2	CaCl₂
三叠系平均		12083	972	240	174	37	0	853	668	7	20305	35.3	

表3-4 含硫化氢典型站场水质表

序　号	分析项目	原　水
1	1号样悬浮固体（mg/L）	66.0
	2号样悬浮固体（mg/L）	82.8
	平均值（mg/L）	74.4
2	1号样含油量（mg/L）	59.72
	2号样含油量（mg/L）	97.5
	平均值（mg/L）	78.6
3	1号样粒径中值（μm）	7.13
	2号样粒径中值（μm）	3.40
	平均值（mg/L）	5.3
4	1号样硫酸盐还原菌（个/mL）	60
	2号样硫酸盐还原菌（个/mL）	250
	平均值（mg/L）	160
5	1号样腐生菌（个/mL）	1.3
	2号样腐生菌（个/mL）	0
	平均值（mg/L）	0.7
6	1号样铁细菌（个/mL）	2.5
	2号样铁细菌（个/mL）	0
	平均值（mg/L）	1.3
7	1号样总铁（mg/L）	3.03
	2号样总铁（mg/L）	3.43
	平均值（mg/L）	3.2
8	1号样pH值	7.64

续表

序　号	分析项目	原　水
8	2号样pH值	7.62
	平均值	7.6
9	1号样硫化物（mg/L）	71.24
	2号样硫化物（mg/L）	77.52
	平均值（mg/L）	74.4
10	1号样侵蚀性二氧化碳（mg/L）	0
	2号样侵蚀性二氧化碳（mg/L）	0
	平均值（mg/L）	0.0
11	1号样矿化度（mg/L）	37277
	2号样矿化度（mg/L）	38959
	平均值（mg/L）	38118

表3-5　Y9地层水与长1地层水配伍性试验结果表（50℃）

Y9地层水/长1地层水（体积比）	结垢种类和结垢量（mg/L）		
	$BaSO_4$	$CaCO_3$	结垢总量
0/10	0.00	0.00	0.00
1/9	514.30	707.74	1222.04
2/8	1028.60	1329.52	2358.11
3/7	1542.89	1922.36	3465.25
4/6	1390.50	2460.75	3851.25
5/5	1158.75	2885.35	4044.10
6/4	927.00	3061.71	3988.71
7/3	695.25	2810.88	3506.13
8/2	463.50	2154.79	2618.29
9/1	231.75	1278.61	1510.36
备　注	混合后结垢量大于100mg/L，配伍性不好，地面集输系统严格禁止两者相遇		

表3-6　Y9地层水和长4+5地层水配伍性试验结果（50℃）

Y9地层水/长4+5地层水（体积比）	结垢种类和结垢量（mg/L）		
	Ba（Sr）SO_4	$CaCO_3$	结垢总量
0/10	0.00	0.00	0.00
1/9	0.00	495.52	495.52

Y9地层水/长4+5地层水 （体积比）	结垢种类和结垢量（mg/L）		
	Ba（Sr）SO$_4$	CaCO$_3$	结垢总量
2/8	0.00	1031.29	1031.29
3/7	0.00	1463.74	1463.74
4/6	0.00	1721.51	1721.51
5/5	0.00	1759.03	1759.03
6/4	0.00	1614.16	1614.16
7/3	0.00	1359.09	1359.09
8/2	0.00	1044.14	1044.14
9/1	0.00	695.73	695.73
10/0	0.00	0.00	0.00
备注	混合后结垢量大于100mg/L，配伍性不好，地面集输系统严格禁止两者相遇		

表3−7 长1地层水和长4+5地层水配伍性试验结果（50℃）

长1地层水/长4+5地层水 （体积比）	结垢种类和结垢量（mg/L）		
	Ba（Sr）SO$_4$	CaCO$_3$	结垢总量
0/10	0.00	0.00	0.00
1/9	231.75	0.00	231.75
2/8	463.50	0.00	463.50
3/7	442.35	0.00	442.35
4/6	379.16	0.00	379.16
5/5	315.97	0.00	315.97
6/4	252.77	0.00	252.77
7/3	189.58	0.00	189.58
8/2	126.39	0.00	126.39
9/1	63.19	0.00	63.19
10/0	0.00	0.00	0.00
备注	混合后结垢量大于100mg/L，配伍性不好，地面集输系统严格禁止两者相遇		

第二节 水质标准

实现原油稳产，特别是低渗透油田关键在水。采出水是一种含有固体杂质、液体杂质、溶解气体和溶解盐类的典型非均相流体，水质随油气藏地质条件、原油特性等的不同不尽相同，因此，采出水处理指标也不尽相同。

一、水质基本要求

（1）水质稳定，与地层水配伍性好。

（2）注入油层后，不使黏土矿物产生水化膨胀或悬浊。

（3）不得携带大量悬浮物，以防堵塞注水井渗滤端面及渗流孔道。

（4）对注水设施腐蚀性小。

（5）当采用两种水源进行混合注水时，应首先进行室内试验，证实两种水的配伍性好，对油层无伤害才可注入。

二、水质标准

注水水质标准是在结合低渗透油田储层特征及油田注水动态的基础上，对采出水和天然岩心进行岩心注水评价实验（一般以岩心渗透率下降小于20%为评价依据）后确定的。低渗透油田与其他类型油田相比，一般水质要求高、注水压力高，这与低渗透油藏地层特点紧密相关。

一般分为控制指标和辅助指标。控制指标主要包括：悬浮物浓度、悬浮物粒径、含油量、平均腐蚀率、硫酸盐还原菌、腐生菌等。辅助指标主要包括：总铁量、pH值、溶解氧、硫化物、二氧化碳等。国内现行的行业标准为《碎屑岩油藏注水水质推荐指标》（SY/T 5329—2012）。

根据《油田采出水处理设计规范》（GB 50428—2015）的规定，采出水处理后用于油田注水时，水质应符合该油田指定的注水水质标准。当油田尚未制定注水水质标准时，可按现行行业标准《碎屑岩油藏注水水质推荐指标》（SY/T 5329—2012）的有关规定执行。

长庆油田、延长油田、新疆油田及大庆油田均制定了各自的低渗透油田回注标准，主要指标根据地层情况不尽相同，长庆油田属于裂缝发育，对水质指标的要求有其特殊性。当然，个别油田也有严于行业标准的情况，如延长油田主要指标曾为含油≤1mg/L，悬浮物≤1mg/L，粒径中值≤1mg/L，后续已根据自身特点有所调整。

第三节　典型处理工艺流程

油田采出水处理的任务就是根据油田的渗透性和地层水的特点，有针对性地采取一定的处理工艺，以满足油田不同区块对注入水水质的要求。而低渗透油田采出水其主体处理方法仍为物理法、化学法、物理化学法、生物化学法。但是由于低渗透油田回注水水质要求高，必须要增加精细过滤和膜分离工艺。

一、有关油田低渗透采出水处理的工艺流程

1. 华北油田低渗透采出水处理站达标改造治理的工艺流程

2012年，华北油田对采出水站原处理工艺流程制定达标改造方案，重点对晋95站、吉

一联等有代表性的采出水处理站进行工艺改造，改造后经处理的采出水可以达到低渗透注水标准。

1）晋95站采用"微生物＋超滤膜"组合工艺进行改造

晋95站负责车城油田产出液处理及回注任务，车城油田是采油五厂的主力油田，目前车城油田（包括晋93、晋94、晋95、晋105四个断块）平均日产液1838m³，日产油318t，综合含水率82.7%；有效日注水1100 m³，该油田产出液经晋95站处理后全部注入晋85、晋103、晋95-50三口井，采出水全部回注，水质标准为一级。

（1）改造前采出水处理工艺流程如图3-1所示。

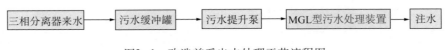

图3-1 改造前采出水处理工艺流程图

（2）原采出水处理系统存在的问题：

①水质指标不能达到油田开发要求的一级标准；

②现有系统缺少杀菌和防腐防垢等配套设施，细菌含量超标，腐蚀结垢现象严重；

③2个1000m³污水罐没有排泥装置，人工清淤需要开罐，作业时间长，难度大。

（3）采出水处理系统改造工艺技术。

采用"微生物＋错流超滤膜"处理工艺（图3-2），配套杀菌、加药、防垢措施，控制细菌含量和腐蚀结垢速率，使处理后水质达到一级标准。

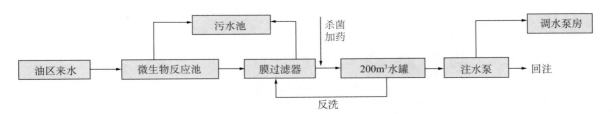

图3-2 晋95站采出水处理系统工艺流程图

流程说明：

在站内新建微生物反应池、膜过滤器及配套工艺；油区来水经过降温、曝气调节后进入微生物反应池，在微生物反应池中投加微生物菌群，对水中容易造成膜污染的油及有机物进行生物降解，达到膜过滤的进水指标要求（含油＜5mg/L），反应池出水进入膜处理系统进行泥水分离，产水收集到200m³滤后水罐，然后通过注水泵回注地层，为保证注水井口处水质标准，配套了杀菌、加药、防垢措施。

（4）改造效果。

2013年3月投产运行，系统运行正常，处理后站内及单井井口水质指标检测见表3-8，各项指标达到SY/T 5329—2012《碎屑岩油藏注水水质推荐指标及分析方法》中一级水质标准。

表3-8　水质指标检测表

站名	日处理量 (m³)	含油			悬浮物含量			SRB		
		测定值 (mg/L)	标准值 (mg/L)	达标率 (%)	测定值 (mg/L)	标准值 (mg/L)	达标率 (%)	测定值 (个/mL)	标准值 (个/mL)	达标率 (%)
晋95站	1600	0.9	5	100	0.8	1	100	1	10	100
晋95-51X	40	1.2	6.0	100	1.0	2.0	71	10	25	100

站名	IB			TGB			综合达标率 (%)
	测定值 (个/mL)	标准值 (个/mL)	达标率 (%)	测定值 (个/mL)	标准值 (个/mL)	达标率 (%)	
晋95站	1	1000	100	10	1000	100	100
晋95-51X	100	1000	100	100	1000	100	100

2）吉一联站采用"沉降＋微生物＋两级精细过滤"工艺进行改造

吉一联站辖采油井 266 口、注水井 76 口，站内建有采出水处理、注水工艺。设计采出水处理能力 1500m³/d，实际处理能力 1070m³/d，设计注水能力 2270m³/d，实际注水能力为 1070m³/d，采出水处理完后全部回注，采出水回注水质标准为二级。

（1）改造前采出水处理工艺流程如图 3-3 所示。

图3-3　改造前采出水处理工艺流程图

（2）原采出水处理系统存在的问题。

①吉一联站处理后污水 SRB 含量及腐蚀率超标（表 3-9）。

表3-9　处理后污水SRB含量及腐蚀率

序号	取样位置	SRB（个/mL）	TGB（个/mL）	FB（个/mL）	腐蚀率（mm/a）
1	沉降罐进水	7000	250	1100	—
2	二级滤后	900	60	25	0.119

②吉一联站滤后污水悬浮物含量超标（表 3-10）。

表3-10　滤后污水中悬浮物含量

序号	取样位置	含油量（mg/L）	悬浮物（mg/L）
1	沉降罐进水	115.0	27.4
2	沉降罐出水	25.1	9.3
3	一级滤后	10.9	4.7
4	二级滤后	6.2	3.2

③吉一联站 4 台一级核桃壳过滤器虽然进行过 5 次维修改造，但仍然不能满足降杂要求。

④干化池收水造成系统紊乱，影响系统运行，水质指标不稳定。

（3）采出水处理系统改造工艺技术。

采用"沉降＋微生物＋两极精细过滤"的采出水处理工艺（图3-4）。设置4座微生物反应池，设计停留时间10h，进水含油≤150mg/L 出水含油≤5mg/L。配套风机2台，投菌装置2套，进水流量计、温度仪、溶氧仪等，微生物处理流程作为过滤工艺的前端处理，更换吉一联站现有过滤器，滤后含油及悬浮物含量达到二级水质标准。其中过滤器配备采用气、水自动控制变强度反冲洗工艺。

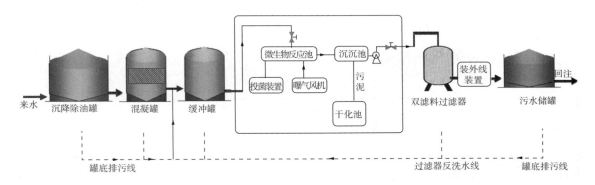

图3-4　吉一联站采出水处理系统改造工艺流程图

为保证处理后采出水到注水井口的水质标准，增加了紫外线杀菌工艺、固体阻垢工艺及化学杀菌工艺，为保证整个系统的稳定。

（4）改造效果。

经过改造，解决了原采出水处理系统存在的所有问题，采出水经微生物降解污水中的油、有机物，经双滤料（石英砂＋磁铁矿）过滤器过滤、物理杀菌后各项检测指标见表3-11，达到SY/T 5329—2012《碎屑岩油藏注水水质推荐指标及分析方法》中二级水质标准。

表3-11　水质指标检测表

站名	日处理量 (m³)	含油			悬浮物含量			SRB		
		测定值 (mg/L)	标准值 (mg/L)	达标率 (%)	测定值 (mg/L)	标准值 (mg/L)	达标率 (%)	测定值 (个/mL)	标准值 (个/mL)	达标率 (%)
吉一联	1070	0.4	6	100	1.9	2	100	6	10	100

站名	IB			TGB			综合达标率 (%)
	测定值 (个/mL)	标准值 (个/mL)	达标率 (%)	测定值 (个/mL)	标准值 (个/mL)	达标率 (%)	
吉一联	110	1000	100	110	1000	100	100

目前该站采出水处理系统运行正常，各项检测指标持续稳定。该工艺在二连油田其他站场也在推广应用。

2. 长庆油田低渗透采出水处理已应用的工艺流程

1）"一级沉降"＋"二级过滤"处理工艺

处理工艺流程如图3-5所示。

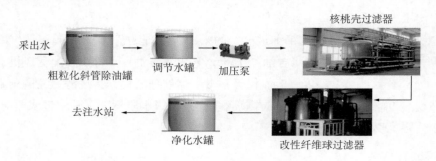

图3-5 "一级沉降"+"二级过滤"处理工艺流程

采用该工艺流程处理效果见表3-12。

表3-12 相关站点处理水质一览表

序号	站点	处理量（m³/d）	除油罐进口		除油罐出口		过滤器或反应池出口	
			含油（mg/L）	悬浮物（mg/L）	含油（mg/L）	悬浮物（mg/L）	含油（mg/L）	悬浮物（mg/L）
1	××处理站	2200	126	20.2	—	—	20.5	21.5
2	××处理站	1650	110	28.3	80.5	22.7	23.3	18.2
3	××转	800	103	23.3	85.7	31.3	45.7	32.9
4	××转	520	50	23.7	69.5	15.9	42.5	27.5
5	××联	1100	124	98.3	80.1	79.8	15.2	12.2
6	××联	240	116	89.6	85.9	65.6	12.2	9.6
7	××转	1000	149	125.4	128	105	48.5	43.5
8	××站	700	156	191	124	112	64.7	49.5
9	××站	1900	112	56.6	—	—	21.1	18.8
合计（平均）		6465	(118)	(52.5)	(63.8)	(13.9)	(32.6)	(26.0)

2）"气浮"+"过滤"处理工艺

处理工艺如图3-6所示。

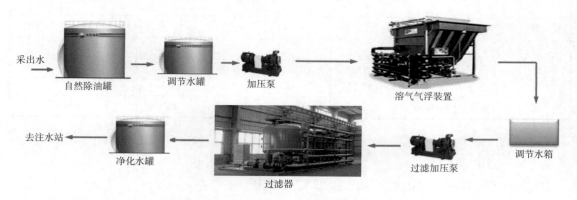

图3-6 "气浮"+"过滤"处理工艺流程

采用该工艺流程处理效果见表 3-13。

表3-13 相关站点处理水质一览表

站名	处理规模		除油罐进口		除油罐出口		气浮出口		净化水罐出口	
	设计 (m³/d)	运行 (m³/d)	含油 (mg/L)	悬浮物 (mg/L)	含油 (mg/L)	悬浮物 (mg/L)	含油 (mg/L)	悬浮物 (mg/L)	含油 (mg/L)	悬浮物 (mg/L)
××转	700	400	153.9	63.4	142	50	14	10	12	25
××联	800	780	87.9	101	52	78	8.9	17.5	7.2	10
××站	1200	750	125	19.6	85.4	16	21.5	12.5	19.2	9.8
××联	1000	550	33.7	22.5	28.5	20.3	31.5	10.5	18.5	10.8

3)"二级沉降"+"过滤"处理工艺

处理工艺流程如图 3-7 所示。

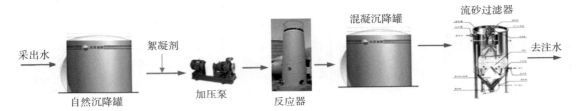

图3-7 "二级沉降"+"过滤"处理工艺流程

采用该工艺流程处理效果见表 3-14。

表3-14 相关站点处理水质一览表

站名	规模 (m³/d)		取样位置	物质含量 (mg/L)				腐生菌 (个/mL)
	设计	运行		总铁	含油	悬浮物	含硫	
张渠站	1600	1474	三相分离器出口	0.3	43.6	38.2	30	$10^2 \sim 10^3$
			自然沉降罐出口	0.3	33.1	16.2	20	$10^1 \sim 10^2$
			絮凝除油罐出口	0.3	18.1	8.9	20	$10^2 \sim 10^3$
			净水罐出口	0	20.1	6.8	20	$1 \sim 10$
艾家湾	1000	760	三相分离器出口	4	139	366	12	$10^3 \sim 10^4$
			自然沉降罐出口	1	86	189	12	$10^2 \sim 10^3$
			絮凝除油罐出口	0.2	39	33	14	$10^2 \sim 10^3$
			流砂过滤器出口	6	26	24	16	$10^2 \sim 10^3$
贺一转	480	300	沉降除油罐出口	0.7	16.5	102.5	80	$103 \sim 10^4$
			絮凝沉降罐出口	0.7	14.5	62.5	80	$103 \sim 10^4$
			净水罐出口	0.5	13.3	35.5	60	$10^2 \sim 10^3$

4）"沉降除油＋生化＋精滤"工艺

处理工艺流程如图3-8所示。

集输系统来水 → 沉降除油 → 生化处理 → 提升泵 → 精滤 → 缓冲水罐 → 去注水单元

图3-8　"沉降除油+生化+精滤"工艺流程

采用该工艺流程处理效果见表3-15。

表3-15　相关站点水质一览表

站名	规模（m³/d）		取样位置	物质含量（mg/L）				腐生菌（个/mL）
	设计	运行		总铁	含油	悬浮物	含硫	
×集油站	1000	680	三相分离器出口	0.3	80.0	90.0	30	$10^2 \sim 10^3$
			沉降除油罐出口	0.3	50.0	40.0	20	$10^1 \sim 10^2$
			生化处理出口	0.3	8	15.0	20	$10^2 \sim 10^3$
			精细过滤出口	0	3.0	7.0	20	$1 \sim 10$
×联合站	1000	760	三相分离器出口	4	221	245.0	12	$10^3 \sim 10^4$
			沉降除油罐出口	1	120.1	136.3	12	$10^2 \sim 10^3$
			生化处理出口	0.2	8	28	14	$10^2 \sim 10^3$
			精细过滤出口	6	4	13.0	16	$10^2 \sim 10^3$

5）"沉降除油＋气浮一体化＋过滤"集成工艺

处理工艺流程如图3-9所示。

集输系统来水 → 沉降除油罐 → 缓冲水罐 → 一体化油田水处理设施 → 杀菌设施 → 净化水罐 → 去注水单元

图3-9　"沉降除油+气浮+过滤"集成处理工艺流程

采用该工艺流程处理效果见表3-16。

以上5种处理工艺流程，出水都没有达到国家规定的低渗透注水标准，但在长庆油田特别的条件下已得到应用，目前长庆油田已开始研究和试用新的工艺流程，特别是在原有工艺流程后增加精细过滤或陶瓷膜工艺，也计划对原有流程进行改造，达到低渗透油田行业注水标准。

表3-16 相关站点处理水质一览表

站名	规模（m³/d）		取样位置	物质含量（mg/L）				腐生菌（个/mL）
	设计	运行		总铁	含油	悬浮物	含硫	
×接转站	300	180	三相分离器出口	0.3	230.0	280.5	30	$10^2\sim10^3$
			沉降除油罐出口	0.3	150.0	180.0	20	$10^1\sim10^2$
			集成装置出口	0.3	6.0	16.0	20	$10^2\sim10^3$
			净水罐出口	0	6.0	15.0	20	$1\sim10$
×联合站	500	250	三相分离器出口	4	169	286	12	$10^3\sim10^4$
			沉降除油罐出口	1	120.0	172.0	12	$10^2\sim10^3$
			集成装置出口	0.2	7.0	16.0	14	$10^2\sim10^3$
			净水罐出口	6	7.0	15.0	16	$10^2\sim10^3$
×接转站	300	220	沉降除油罐出口	0.7	110.0	108.0	80	$10^3\sim10^4$
			集成装置出口	0.7	6.5	17.0	80	$10^3\sim10^4$
			净水罐出口	0.5	6.5	14.0	60	$10^2\sim10^3$

3.延长油田低渗透采出水达标改造的工艺流程

延长油田青化砭采油厂的姚店联合站采出水，原处理工艺流程采用"加药絮凝沉降＋斜板除油＋两级过滤"，出水达不到低渗透注水要求，2009—2010年采用"微生物＋有机管式超滤膜"对污水处理厂进行了达标和扩建改造。

（1）改造后的工艺流程（处理水量1500m³/h）如图3-10所示。

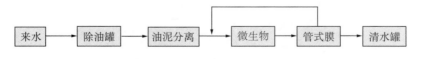

图3-10 改造后的工艺流程图

（2）改造后进出水水质情况见表3-17和表3-18。

表3-17 进出水水质设计指标

进水水质指标	悬浮物：≤1000mg/L	硫化物：≤100mg/L	水温：55℃
	油：≤500mg/L	总矿化度：≤50000mg/L	pH：6.0
出水水质指标	悬浮物：≤1mg/L	油：≤1mg/L	粒径中值：≤1μm

表3-18 进出水水质检测指标

序号	分析项目	进水水质	要求出水水质	实际出水水质	去除率
1	总铁	11.8mg/L	—	0.372mg/L	
2	石油类	500mg/L	1mg/L	0.65mg/L	>99.7%
3	悬浮物	577mg/L	1mg/L	1.2mg/L	>99.8%
4	粒径中值	—	1μm	0.8μm	
5	硫化物	20mg/L	1mg/L	未检出	>99.5%

（3）应用效果。

采用改造后的工艺流程处理后出水达到低渗透一级标准，除用于回注外还有部分水用于配压裂液和洗井液用水，由于原处理工艺加药量大，直接运行费用约8元/t水，而且污泥量大，采用"微生物+膜"组合工艺直接运行费用约2.3元/t水，污泥量小，到目前为止该处理装置除了有机管式超滤膜要进行更换外，系统仍在稳定运行。

4.胜利油田低渗透采出水达标处理工艺改造的现场试验与应用

胜利油田低渗透回注水精细过滤处理通常采用钛金属膜工艺，钛金属膜存在易污染、堵塞等问题，处理后水质无法长期稳定达到低渗透注水指标。因此，胜利油田设计院和有关采油厂采用"阻截除油+陶瓷膜"组合工艺对低渗透油田采出水进行了现场试验，结果表明，出水平均含油量1.1mg/L，悬浮固体含量0.3mg/L，悬浮物粒径中值181nm，水质稳定达到一级指标。

1）阻截除油+陶瓷膜组合工艺现场试验

（1）现场试验地点：胜利油田纯梁采油厂樊家污水站；

（2）试验规模：200m³/d；

（3）试验流程：试验工艺流程如图3-11所示，现场试验装置照片如图3-12所示。

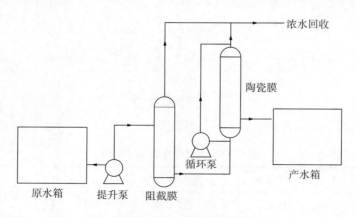

图3-11 现场试验工艺流程图

（a）阻截储油罐　　　　　　　　　　　（b）陶瓷膜

图3-12　现场试验装置照片

现场试验考察"阻截除油＋陶瓷膜"组合工艺对油田污水处理效果，试验原水取自纯梁采油厂樊家污水站一次除油罐出水，水质条件见表3-19，试验效果考察主要检测阻截除油装置、陶瓷膜进出水含油量、悬浮固体含量、粒径中值三项指标。

表3-19　试验原水水质条件

检测项目	指标
pH值	7.4
温度（℃）	38
矿化度（mg/L）	11335
含油量（mg/L）	37.4
悬浮固体含量（mg/L）	29
SRB细菌（个/mL）	250
平均腐蚀速率（mm/a）	0.253

阻截除油技术利用独特的 HK 纤维材料，当 HK 阻截材料侵没于水中后，HK 纤维就会与水发生水合反应，在纤维表面形成一层均匀、致密、牢固的缔合水膜，这时它就体现出极强的憎油特性，利用此特性可以实现污水中除油

2）阻截除油＋陶瓷膜组合工艺现场试验效果分析

试验设备稳定运行后，持续监测一个月节点来水、阻截膜出水及陶瓷膜出水的含油量、悬浮物含量和粒径中值等指标，检测结果如图 3-13、图 3-14 和图 3-15 所示，可以看出，出水平均含油量、平均悬浮固体含量、粒径中值三项指标均满足 SY/T 5329—2012 中一级标准，从试验中可以看出，阻截除油在前端将污水中的石油物质去除以后减少了陶瓷膜的处理负荷，确保膜稳定的处理效果。

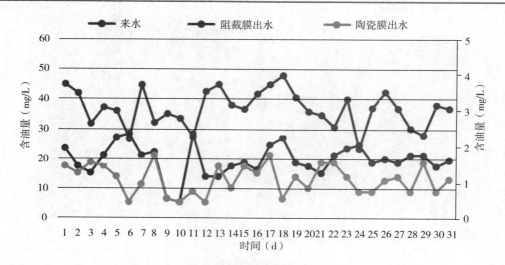

图3-13　含油量变化

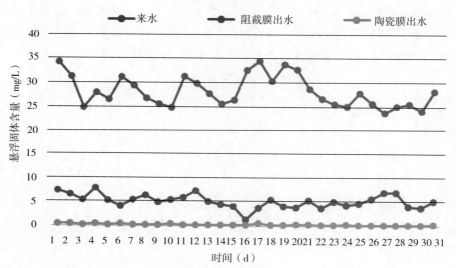

图3-14　悬浮固体含量变化

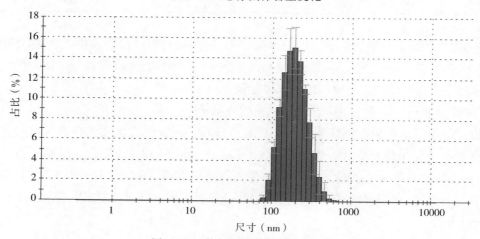

图3-15　出水悬浮颗粒粒径分布图

5.大直径耐污染陶瓷膜试用示范工程工艺流程

华北油田采油三厂西 47 联合站从 2016 年 3 月起采用大直径耐污染陶瓷膜组合工艺开展了低渗透采出水处理的试用和示范，处理规模 100 ～ 120m³/d，从初期调整预处理工艺后一直在稳定运行。

（1）工艺流程如图 3−16 所示。

图3−16　大直径耐污染陶瓷膜试用示范工程工艺流程图

检测结果见表 3−20。

表3−20　检测结果

取样时间	样品名称	含油（mg/L）	悬浮物（mg/L）
2016年11月24日	沉降出水	17.19	12.58
	陶瓷膜产水	1.19	0.38
2016年12月19日	沉降出水	32.09	57.28
	陶瓷膜产水	4.6	1.0

（2）试用结果分析。

①从检测结果看，出水主要指标达到了低渗透 A1 标准（粒径中值未检测）。

②主要工艺流程是"絮凝沉降＋耐污染陶瓷膜"，实现了低渗透采出水处理工艺的短流程。

③由于膜的耐污染性和专有的反冲洗技术，使膜的错流速度从 3m/s 降到 1m/s 以下，处理吨水电耗从 2.5kW·h 降到 0.5kW·h 以下，运行成本大大下降。

二、低渗透采出水处理流程的适用性

从目前各低渗透油田采出水处理的工艺流程看，回注水达到国内现行行业标准（SY/T 5324—2012）一级仍很少，从现场试验和已应用的工艺流程分析研究，要使低渗透油田采出水处理达到国内低渗透行业标准，就必须要采用高精度过滤工艺。如要达到行业一级标准就要采用孔径低于 50nm 的超滤膜，特别建议采用耐污染、高通量、低成本的陶瓷膜。为了使膜能长期稳定运行而不污堵，在膜前增加了一个简单可靠的预处理工艺，如絮凝沉降、电絮凝、生物降解、气浮等工艺，组成一个流程短、成本低、简单可靠的橇装式处理装置，适应我国低渗透油田分散小区块等特点。另外，采出水是一种典型的非均相流体，水质随油藏地质条件、原油特性不同不尽相同，各油田低渗透回注水的标准要求也不同，对采出水处理的工艺流程也不完全相同，但是在简化流程、提高精度、降低成本方面是一致的，因此，应不断试验总结推广新的短流程工艺技术，使采出水处理后能达到国内低渗透行业标准，实现低渗透油田的稳产开发（表3−21）。

表3-21 采出水处理工艺特点及适用性分析一览表

类型	特点	适用范围	处理指标
沉降+过滤	优点：系统稳定性好，装机功率小，维护管理方便。 缺点：处理罐数量较多，水流停留时间长	不受矿化度高低影响，流程密闭，可全面推广应用	含油≤20mg/L； 悬浮物≤20mg/L
生化+过滤	优点：除油效果较好，加药量少，运行费用低，产生的污泥量少。 缺点：微生物的生长对水温（适宜温度25～38℃）、矿化度条件要求高（不宜超过80g/L以上），微生物接种时间长	适用于处理水量大、矿化度在80g/L以下的水质	含油≤20mg/L； 悬浮物≤20mg/L
气浮+过滤	优点：除油效果较好，水流停留时间短，占地面积小。 缺点：加药量大，产生的污泥较多，操作维护要求高	不适用于含H₂S的站场	含油≤20mg/L； 悬浮物≤20mg/L

如要达到低渗透油田注水标准，要将表3-21所列处理工艺中的过滤部分更换或增加精细过滤及膜分离过滤。

第四节　关键处理技术及设备

一、关键处理技术

1.大直径耐污染陶瓷膜采出水处理技术

大直径耐污染陶瓷膜是一种新型的大直径陶瓷膜，利用其优异的亲水疏油特性和耐污染特性进行油水分离，另外，该陶瓷膜错流速度低、能耗低、成本低。根据该技术在中原油田、新疆油田、大庆油田、华北油田的试验和应用情况来看（表3-22），当陶瓷膜与絮凝沉淀或常规气浮工艺等组合使用时，当前端进水含油和悬浮物指标在30mg/L左右时，膜后出水主要指标在1.0mg/L以下，有很好的应用前景。但该技术在油田采出水处理领域仍处于试验推广阶段，长期运行效果及对各类水质的适应性尚待继续观察。

表3-22 大直径陶瓷膜在大庆采油九厂试验检测结果

取样时间	样品名称	含油（mg/L）	悬浮物（mg/L）	粒径中值（μm）
2016年11月24日 11：00	原水	18.3	11.1	4.463
	絮凝后	7.9	37.0	10.73
	陶瓷膜产水	3.21	0.67	1.491
2016年11月29日 11：00	原水	25.4	4.02	2.651
	絮凝后	7.08	17.43	8.465
	陶瓷膜产水	0	0.58	1.428
2016年11月30日 11：00	原水	9.9	2.5	1.870
	絮凝后	8.58	31.0	1.960
	陶瓷膜产水	0.41	0.0	1.241

2.电化学破乳除油技术

电化学油水分离技术是利用电场反相破乳、电气浮分离、电活性絮凝及电气浮氧化等共同作用的综合水处理技术。

电场反相破乳作用是通过对电化学反应器加电，形成较强的电场作用，乳化油粒带电表面和附加在带电表面上的物质在电场作用下发生定向迁移，使得极细微油粒在运动中相互碰撞从而破坏其表面的界膜及双电层结构，使乳化的细微油粒聚集成较大油滴（>10μm）并上浮至水面实现破乳。

电气浮分离是利用电化学方法产生的微小气泡。通过电场作用使阴阳极表面产生微量且小的气体（根据现场是否防爆等实际情况可采用少产气或不产气的安全电极），它们可以作为非常良好的载体携带水中破乳后形成较大粒径的分散油共同上浮至反应池表面。从而使油水实现分离，达到分离净化的目的。

电活性絮凝法是通过对反应池中的反应器加电，形成多核羟基配合物和无定形的聚合物等，形成的配合物作为一种高活性的吸附基团，具有较强的吸附性，可以破坏乳化油滴表面的双电层结构，使乳化油滴聚合，代替传统的絮凝剂和破乳剂。

电气浮氧化法是在电场作用下，反应产生微小的气泡，其直径仅为几微米至几十微米，它们可以作为非常良好的载体携带水中的颗粒杂质、油等共同上浮至反应池表面，从而具有高效的气浮作用。同时，在阳极板表面发生反应生成的 [OH] 可以氧化分解水中部分有机物。与传统破乳除油工艺对比见表 3—23。

表3-23 ELECO电化学破乳除油与传统破乳除油工艺对比表

序号	项目	ELECO电化学除油	传统破乳剂除油
1	除油原理	电场持续高效反相破乳；电气浮+曝气气浮协同进行；电极催化氧化作用	搅拌分散破乳剂破乳；曝气或溶气气浮
2	适用范围	适用范围宽，较适合处理乳化油、溶解油废水	适合处理含油量较高的废水
3	占地面积	一体化集成装置，占地面积小	多级分离、气浮、过滤配套设备多，占地面积大
4	所需药剂	不加破乳剂	反相破乳剂（聚季铵盐型）絮凝剂（PAM）

3. 三合一模块化不加药采出水处理技术

三合一是将微浮选、聚结、吸附过滤等三种技术组合到一个罐体中用以处理采出水的技术。微浮选，即含油污水实现碰撞聚结（产生无数个涡旋流），油滴间的液膜界面由于激烈碰撞破裂，多个油滴合并成一个大油滴裹着微细悬浮物借助于未释放完的溶解气体一并向上经微浮选去除；聚结，即微细悬浮物通过表层的润湿聚结作用，形成絮状的骨架层拦截，再经吸附过滤层精细过滤；吸附过滤，即通过独特的反洗排污技术定期对吸附过滤层进行反洗、排污，再生。

根据该技术在大庆油田、胜利油田及辽河油田的应用情况：来水含油平均527.24mg/L、悬浮物平均312.89mg/L，处理后的污水含油平均≤2.5mg/L，悬浮物平均≤8.28mg/L，现场应用效果较好。该技术经过与常规工艺组合后也可用于低渗透油田，但效果与运行稳定性尚待进一步实践验证。

4."气浮+生化"采出水一体化集成装置处理技术

一体化装置是指应用于油气田地面生产的一类设施，结合油气田地面工程建设规模和工艺流程的优化简化，根据功能目标对各功能单元进行合理配置与布局，在多功能、高质量、高可靠性、低能耗的基础上，自成系统，独立完成油气田地面工程中常规需要一个中小型站场或大型站场中工艺单元的全部功能。

"气浮＋生化"采出水一体化处理装置以不加药溶气气浮、微生物除油、浅层介质过滤、紫外线杀菌为核心工艺，并配备仪表监控，自动控制，能够有效去除采出水水中浮油及悬浮物的功能。由冷却塔、溶气气浮箱、微生物反应箱、微生物填料、微生物菌群、高效沉淀箱、加压泵、过滤器、溶气泵、风机、水箱、刮渣机、仪表、智能控制系统、管阀配件、橇座等组成。

来水进入装置溶气气浮箱、微生物反应箱两级除油，高效沉淀池沉淀后，经加压泵加压进入浅层介质过滤器过滤，出水经清水箱缓冲后，进入注水系统回注。采出水处理装置流程示意图如图3-17所示，水质中含油分析数据表见3-24，水质中机杂分析数据表见3-25。

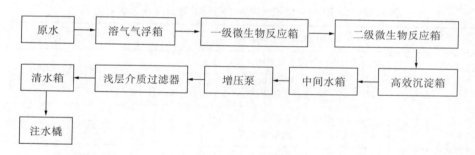

图3-17　"气浮+生化"采出水一体化处理装置工艺流程图

表3-24　水质中含油分析数据表

单位：mg/L

来水	气浮池出水	二级生化池出水	沉淀池出水	过滤器出口
60.31	2.206	1.316	1.79	1.201

表3-25　水质中机杂分析数据表

单位：mg/L

来水	气浮池出水	二级生化池出水	沉淀池出水	过滤器出口
61.706	8.649	3.671	18.717	5.868

第五节 采出水回用系统

低渗透油田由于地处偏远缺水地区，地表水资源匮乏，清水注水基本取用地下水资源，同时环境敏感区多、承载力差，为节省水资源，油田采出水100%回用于注水驱油，局部初期采用清水注水驱油，后期待采出水量增大以后"以污代清"，逐步替代地下水。经过几十年的探索发展，注水地面工艺，特别是低渗透油田注水地面工艺经历了几次大的革新，逐渐形成了独具特色的地面总体工艺及站场工艺。

一、"树枝状单干管稳流阀组配注，活动洗井"注水工艺流程

该流程为二级布站流程，单井配注量在配水间内进行控制计量。为满足低渗透油田整装开发需要，开发时对"单干管、小支线、多井配水活动洗井"注水工艺流程进一步优化和创新，推出了"树枝状单干管稳流阀组配注，活动洗井"注水工艺流程，即水源来水进注水站，经过计量、缓冲、沉降、精细过滤水处理后，通过注水泵升压，由高压阀组计量、分配到树枝状注水干线管网，经过稳流配水阀组控制、调节、计量，输至注水井注入油藏储层。"树枝状单干管稳流阀组配注，活动洗井"注水工艺流程示意如图3-18所示。

该流程是注水工艺流程的一次技术突破，使注水工艺流程简化为注水站至注水井一级布站流程。采用稳流阀组配水技术，取消了"单干管、小支线、多井配水活动洗井"注水工艺流程中间站配水间。稳流配水阀组无须人员值守，实现了井—站一级布站流程。

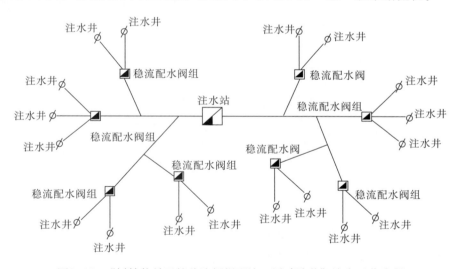

图3-18 "树枝状单干管稳流阀组配注，活动洗井"注水工艺流程

稳流配水技术是利用恒流调节阀的稳压恒流原理，在注水干线压力波动情况下（允许波动范围1.0～4.0MPa），对单井配注量进行自动调节，从而使单井配注量始终保持恒定。稳流配水阀组克服了串管配注流程中单井注水量的相互干扰问题，解决了因注水压力波动而产生的注水量超、欠注问题。该阀组无须人员值守，生产管理费用较低；可作为成套设备购买，现场组装工作量小，建设周期短，能够加快投转注速度；可以整体搬迁，重复利用。

二、一体化集成注水站

随着低渗透油田的大规模开发、快速上产，注水开发显得尤为重要。为了缩短设计和建设周期，需要设计出适应体渗透油田特色，符合数字化管理、标准化设计、模块化建设要求的短流程、易搬迁的注水一体化装置，其中包含采出水回注一体化集成装置和整体组合式橇装注水站。

1. 采出水回注一体化集成装置

该装置通常与油气集输站场合建，主要由喂水泵、注水泵、控制系统、阀门管线、计量仪表、注水汇管及橇座等组成，集水源来水、升压、计量、回流于一体，是低渗透油田小规模采出水回注的重要装备。可以满足油田开发初期采出水回注的需要，具有操作简单、投资小、无人值守、生产周期短和占地面积小等特点。目前已形成3种规模、3种压力等级共9个系列产品。

工艺流程为净化水箱来水经喂水泵喂水，通过注水泵升压后，将采出水输送至站外注水管网进行配注（图3-19）。

2. 整体组合式橇装回注站

通过将多种类型小型化注水装置组合，实现大中型回注站场的整体橇装化，可替代常规采出水回注站，通常与油气集输站场合建。主要由采出水回注一体化集成装置、采出水配水一体化集成装置、电控一体化集成装置3类装置组成，橇与橇之间现场通过管线组装连接。

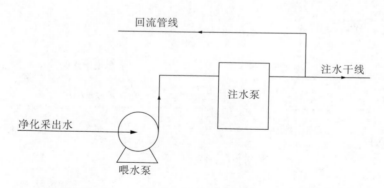

图3-19　采出水回注一体化集成装置工艺流程

采出水回注一体化集成装置由立式过滤器、注水泵、仪表、管阀配件、橇座等组成。该装置对处理后净化采出水进行升压，满足注水井注入压力要求，具有来水粗滤、增压、回流等功能。采出水配水一体化集成装置由注水汇管、压力变送器、管阀配件、橇座等组成。该装置对注水井配注量调配，监测注水泵来水压力、流量及注水干线压力和流量，具有调配、计量、压力监测等功能。电控一体化集成装置由橇房、变电单元、配电单元、变频单元、控制单元、通信及UPS单元组成，具有变配电、变频调速、数据采集、流程切换、故障诊断、安全保护、站间通信功能。

工艺流程为净化采出水经采出水回注一体化装置升压后，再经采出水配水一体化集成装置计量，将水输送至站外注水管网进行配注（图3–20）。

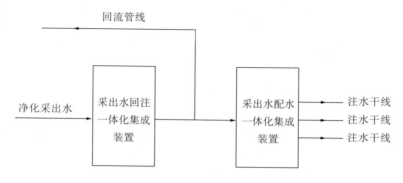

图3–20 橇装回注站注水工艺流程图

三、采出水回注管道

注水管道从材质上分为金属管道和非金属管道两大类。金属管道通常选用无缝钢管。鉴于低渗透油田地域偏远、环境敏感、部分区域位于湿陷性黄土地区、水质腐蚀结垢严重，低渗透油田注水大范围推广了非金属管道，主要选用 RF 柔性复合高压输送管、塑料合金防腐蚀复合管和高压玻璃钢管。

无缝钢管主要应用在注水站内注水管道和注水支、干线；RF 柔性复合高压输送管、塑料合金防腐蚀复合管和高压玻璃钢管主要应用在注水支、干线。

1. 几种管材的结构特点和连接形式

（1）20 号无缝钢管为普通用碳钢管，由 20 牌号钢制造，根据注水规范要求，用于采出水回注时，增加 1mm 腐蚀余量。采用普通焊接连接形式。

（2）RF 柔性复合高压输送管芯管为硅烷交联高密度聚乙烯管或纳米改性的聚氯乙烯管，其上缠绕和编织钢丝，钢丝上轴向缠绕 Kevlar 纤维，外层为聚合物合金。连续动态复合而成，以盘绕形式供货，中间无接头、质量轻、柔性好、耐腐蚀、抗结垢、流体输送阻力小，有输送压力高、施工快捷、简便等优点。RF 柔性复合高压输送管主要采用螺纹连接和法兰连接形式。由于管件体积较大，安装尺寸大，注水站内注水管道不宜选用。

（3）塑料合金防腐蚀复合管管材结构分为功能层、增强层和外表层三层。功能层由 PVC、CPVC、CPE 等材料共混改性形成塑料合金，用挤出机挤出成型；增强层由不饱和树脂和无碱玻璃纤维组成；外表层是由聚酯树脂组成的富脂层。具有质量轻、强度高、耐腐蚀、抗结垢、流体输送阻力小、寿命长等优点，安装不需要大型机械设备，不受地理条件限制。塑料合金防腐蚀复合管主要采用螺纹连接形式。由于管件体积较大，安装尺寸大，注水站内注水管道不宜选用。

（4）高压玻璃钢管是一种连续玻璃纤维增强热固性树脂管道。使用玻璃纤维和酸酐固化环氧树脂，用平衡双重角度进行缠绕制造。具有质量轻、承受的压力高、耐腐蚀、流体输送阻力小等特点。高压玻璃钢管主要采用螺纹连接形式。螺纹连接前，在螺纹处要涂密封剂。由于管件体积较大，安装尺寸大，注水站内注水管道不宜选用。

2．管材优选

非金属管具有耐腐蚀、质量轻、绝缘性好、现场施工简单等特点，可解决油田埋地管道腐蚀问题，具有较高的性价比；非金属管水力摩阻系数比普通钢管水力摩阻系数低，在输送相同介质条件下，非金属管直径可以比钢管小 1 个或 0.5 个等级；非金属管材使用寿命较长（可达 30 ～ 50 年）。

（1）管材性能对比见表 3-26。

表3-26　管材性能对比表

管 材	导热系数 [W/（m·℃）]	抗拉强度 （MPa）	粗糙度 （mm）	爆破压力 （MPa）	制造、施工及验收规范
无缝钢管 （DN15～250）	46～50	410～530	0.03	10～25	（1）GB/T 5310—2008，SY 4204—2016； （2）SY 4203—2016，SY/T 4103—2006； （3）SY/T 4109—2005
柔性复合 高压输送管 （DN40～150）	0.151	≥90MPa，可进行不同的强度设计以满足实际需求	0.0015～0.015	16～25	（1）SY/T 6662.2—2012； （2）《油气田非金属管道应用导则》； （3）公司施工作业指导书
塑料合金 防腐蚀复合管 （DN40～150）	0.21	160	≤0.001	10～25	（1）SY/T 6769.3—2010； （2）SY/T 6770.3—2010； （3）《油气田非金属管道应用导则》； （4）公司施工作业指导书
高压玻璃钢管 （DN40～150）	0.23	73.8	≤0.001	10～24	（1）SY/T 6769.1—2010； （2）SY/T 6267—2006； （3）《油气田非金属管道应用导则》； （4）公司施工作业指导书

（2）维护方式对比见表 3-27。

柔性复合高压输送管、塑料合金防腐复合管及高压玻璃钢管需要专业设备、专业人员维护，维护工序较复杂。无缝钢管简单方便，成本低，运行单位可自行维护。

表3-27　维护方式对比表

管材	维护方式	优缺点
无缝钢管	焊接方式维护泄漏点	简单方便，成本低，速度快
柔性复合高压输送管、塑料合金防腐蚀复合管及高压玻璃钢管	短接置换方式维护泄漏点 （切割泄漏点管段→管段造扣→短接置换）	需要专业设备、专业人员；维护工序较复杂

（3）管材费用对比见表 3-28。

塑料合金防腐复合管、高压玻璃管、柔性复合高压输送管与钢管进行对比表明，柔性复合高压输送管材料费用高、安装费用低，施工完只需试压和密封检测，安全系数高。

表3-28　管材费用对比表

DN (mm)	压力 (MPa)	管材（保温）	费用（万元/km）						
			主　材	防腐保温	管　沟	安　装	水工保护	检　测	合　计
80	4.0	无缝钢管	5.64	5.91	2.05	4.18	2.5	0.92	21.20
		柔性复合高压输送管	13.58	—	2.05	0.93	2.5	—	19.06
		塑料合金防腐蚀复合管	14.16	—	2.05	1.17	2.5	—	19.88
		高压玻璃钢管	7.85	—	2.05	2.18	2.5	—	14.58
100	4.0	无缝钢管	7.40	7.15	2.55	5.41	3.5	1.74	27.75
		柔性复合高压输送管	19.57	—	2.55	1.16	3.5	—	25.62
		塑料合金防腐蚀复合管	20.16	—	2.55	1.31	3.5	—	27.52
		高压玻璃钢管	10.16	—	2.55	2.91	3.5	—	19.12

第六节　初步认识及技术展望

一、初步认识

低渗透油田与常规油田采出水在水质水型、回注标准、系统腐蚀结垢性、运行成本、地域特点等方面有着较大差异，因此，处理工艺也有其独有的特点。

1. 水质水型

低渗透油田因其地质特点及地域分布情况，通常来水水质较差，高矿化度、高 Cl⁻、高乳化率、高细菌含量、悬浮物含量总量大、粒径小。基于以上特点，工艺选取时就应考虑防腐蚀设备及管线、除垢工艺、分层处理分层回注工艺、杀菌工艺、高精度过滤设施等有针对性的处理工艺和设备。

2. 回注标准

低渗透油田,特别是超低渗透油田回注标准大大严于常规油田,要求提高,处理难度加大,工艺流程较之常规流程自然也复杂一些。回注标准要求高是造成低渗透油田采出水处理工艺较复杂的主因。

3. 系统腐蚀结垢

由于上游系统内加热、沉降、曝氧等工艺的影响，加速了系统的腐蚀结垢速率。因此，低渗透油田采出水处理的一项很重要的任务就是防止系统腐蚀过快、结垢过于严重，常见的做法是加除垢药剂、选用耐腐蚀内壁光滑防垢管材等。

4. 运行成本

低渗透油田因其单井产量低、万吨产能投资高等特点，采出水处理系统同样需考虑采用低成本原则，控制合理规模，尽可能缩短流程，这与低渗透油田回注标准较严格又互相矛盾，因此，需要在低成本与严要求之间找到一个合理的平衡点。

5. 地域特点

国内低渗透油田大多位于偏远地区，部分油田山大沟深，"地无三尺平"，这给采出水处理站选址工作带来了很大困难，点多面广规模小成了必然趋势，因此，低渗透油田采出水处理需积极研发小规模、可搬迁的智能站场，这其中各类一体化集成装置就成了必然选择。

二、技术展望

1. 不加药、少加药工艺

为满足低成本的需求，近些年逐渐发展了一些不加药或少加药采出水处理工艺流程，不加药除了降低成本外，还有降低劳动强度、减少污泥产生量、方便提高站场自动化水平等优势。但其不足也值得注意，如不加药或减少加药量在不提高药剂本身效能的情况下，实际上是牺牲了部分药剂处理效果，需要用加强其他处理单元处理效果的方式来弥补，如放大过滤器筒径、增加各类强化除油工艺、流程加长等措施。孰利孰弊，需要根据具体的水质情况及各油田实际运行状况经过技术经济比较后合理确定。

但总体而言，尽量减少系统加药量应该是一个大的趋势，未来也存在技术突破的可能。

2. 一体化集成处理装置

随着国内外油气田，特别是长庆低渗透油田一体化装置发展的如火如荼，采出水处理行业在这方面也同样有长足的发展，一体化装置与常规站场相比有着得天独厚的优势：工厂化预制、模块化施工、节省占地、高自动化水平、可搬迁、可批量生产等。但是，一体化装置也存在自身的先天不足，如按常规标准站场设备间防火间距考虑不到位、标准规范不统一、寒冷地区保温防冻问题突出、室外放置时噪声大、现场检修工作量加大、需进一步提高装置安全性和可靠性等。

加大站场的一体化集成装置应用是国内外石油天然气领域的共识，这也为标准化设计、工厂化预制、模块化施工、信息数字化管理打下了坚实的基础。

参考文献

[1] 王国柱，白剑锋，薛洁，等.低渗透油田采出水处理系统工程设计 [J].工业用水与废水，2009，40（2）：86-87.

[2] 苟利鹏，马骁骅，陈小兵.姬塬油田采出水处理工艺适应性评价 [J].石油化工应用，2013，32（1）：99-102.

[3] 杨德敏.MBR法在油田采出水处理中的应用现状 [R].2010年膜法市政水处理技术研讨会，2010：326-329.

[4] 崔斌，赵跃进，赵锐，等.长庆油田采出水处理现状及发展方向 [J].石油化工安全环保技术，2009，25（4）：59-61.

[5] 刘学虎.浅谈油田采出水处理新技术与新工艺 [J].化学管理，2015（2）：188.

[6] 杜杰.低渗透油田采出水处理技术现状及改进 [J].内蒙古石油化工，2015，5（2）：99-100.

[7] 闫旭涛，刘志刚.油田采出水处理复合阻垢缓蚀剂的研究 [J].表面技术，2014，43（6）：116-120.

第四章　化学驱采出水处理技术

随着油田开发的不断深入，石油开采已进入高含水和低渗透油层开发阶段，传统的注水开发方式已经很难进一步大幅提高油田采收率。因此，三次采油方法已经作为各开发后期油田保持稳定增产的主要技术被广泛应用。其中，化学驱是三次采油的主要技术。按化学助剂类型可分为聚合物驱、二元复合驱、三元复合驱，由于化学助剂的加入与常规水驱油田相比工艺相对复杂，采出液脱水和污水处理工艺技术及参数与常规水驱油田也有较大差异，因此开展化学驱采出水的处理技术研究、解决不同性质含油污水处理后的水质问题，对于提高原油采收率、降低注聚成本、减少含油污水排放对环境生态的破坏具有重要意义。

第一节　水源及水质特点

一、聚合物复合驱采出水

大庆油田 2005 年一季度的水质调查发现，采油一厂、二厂、三厂、四厂、六厂水驱采出水处理站处理液全部见聚。见聚后水质特性发生了如下变化：

(1) 黏度增加：由 $0.60 \sim 0.65$mPa·s 上升到 0.8mPa·s 以上，一般为 $1 \sim 2$mPa·s；

(2) 油珠颗粒变小：粒径中值由水驱 35μm 左右降到 10μm 左右；

(3) 污水的 Zeta 电位增大：由 -10.0mV 上升到 -20.0mV 以上；

(4) 油珠浮升速度降低：速度约为水驱的 1/10；

(5) 悬浮固体粒径变细：粒径中值大约为 $1 \sim 4$μm。

综合作用的结果是原油、悬浮固体乳化严重，形成稳定的胶体体系。常规处理工艺达标率低，其中悬浮固体达标率最低，主要是聚合物的影响。

为了进一步提高原油采收率，部分油田推广应用高浓度聚合物驱油技术，由原来常规聚合物驱技术的注入相对分子质量为 $1000 \times 10^{4} \sim 1500 \times 10^{4}$、浓度为 1000mg/L 的常规聚合物，转为高浓度聚合物驱油技术的注入相对分子质量为 $1500 \times 10^{4} \sim 3500 \times 10^{4}$、浓度为 2000mg/L 的抗盐聚合物。注入聚合物相对分子质量的增大以及浓度的升高，使高浓度聚合物驱油技术的采出水具有许多不同于常规聚合物驱采出水的特性。国胜娟通过对高浓度聚合物驱采出水性质的研究发现：

(1) 水质基本性质：高含聚采出水中聚合物的浓度较高，最高可达 1300mg/L 以上；黏度远远高于常规聚合物驱；Zeta 电位电负值较高，平均为 -34.45mV，由此可推断高含聚采出水处理难度较大，难于常规聚合物驱采出水。

（2）乳化性质：与常规聚合物驱采出水相比，高含聚采出水中初始油珠粒径较小、乳化程度较高，处理难度较高。

（3）油水分离性质：高含聚采出水在不同静沉时间下水中残余含油量均高于常规聚合物驱采出水，说明其油水分离较常规聚合物驱采出水困难，这是因为高含聚采出水黏度及乳化程度均高于常规聚合物驱采出水。

（4）悬浮固体沉降性质：与常规聚合物驱采出水相比，沉降 24h 后，高含聚采出水中聚合物含量较高，水中悬浮固体去除更难，高浓度聚合物驱采出水中悬浮固体去除率为34.6%，而常规聚合物驱采出水中悬浮固体去除率可达到 40% 以上。

二、二元复合驱采出水

二元复合驱开发主要是在注入水中添加两种化学剂，以改善水的驱油及波及性能，从而提高原油采收率的采油方法。一般这两种化学剂为高分子聚合物（PAM）和石油磺酸盐等表面活性剂。

在二元复合驱开发油田的采出液分离的采出水中含有高分子聚合物和表面活性剂，处理这些采出水称为二元复合驱含聚采出水处理。

随着聚合物驱的应用，含聚合物溶液大量注入地层，对应二元化学驱油井采出液中含有高分子聚合物和表面活性剂等杂质，污水性质发生了较大变化，乳化严重，形成乳化类型复杂的混合分散体系，由油/水、水/油以及多重乳化等不同类型的乳状液组成，乳化状态稳定。

二元化学驱采出液多呈现复杂的乳状液状态。乳状液中含有一定数量的聚合物，对乳状液性质造成较大影响。乳状液是一种液体在另一种与其不相溶液体中分散的多相分散体系。被分散成液珠的一相称为分散相，也称不连续相或内相，另一个液相被称为分散介质，或称连续相或外相。两个液相中往往有一个极性较强，常常是水或水溶液，故称水相；另一相非极性较强，常称油相。若分散相为油相，分散介质为水相，此乳状液被称为水包油型乳状液，或油/水型（O/W）乳状液。反之，若分散相为水相，分散介质为油相，此乳状液被称为油包水型乳状液，或水/油型（W/O）乳状液。当改变条件引起乳状液的类型从油/水型转变为水/油型，或反之，称为乳状液的变型。在某些特殊条件下，可能有稳定的多重乳状液存在。常见的多重乳状液有水/油/水型（W/O/W）和油/水/油型（O/W/O）两种。乳状液的基本特征在于其分散度及稳定性。大多数乳状液中分散相液珠直径在 100nm 以上，故在分散体系分类中属于粗分散体系，不属于胶体范畴。

在聚合物驱和调驱措施中所用聚合物多为水解聚丙烯酰胺（HPAM）。由于 HPAM 分子中既含有—COO^-，又含有—$CONH$，因而既是一种阴离子高分子聚合物，又是一种亲水性表面活性剂。聚合物驱和调驱水井对应的油井采出液中存在聚合物、碱和表面活性剂，使得含聚合物的含油污水成为一种复杂的油水体系，采出液黏度增大，原油乳化严重，油水很难靠自然沉降分离，其较注水驱采出液更加难以处理。在原油脱水方面表现为脱水率降低、污水质量下降、水中有杂质生成、油水界面不清晰且有中间层，电脱水系统不能正常运行的特点。在脱水后污水处理方面表现为采出液黏度增加，油水分离速度减慢、污水处理能力下降的现象。加之 O/W 型乳状液的形成，使处理后的污水含油超标，残留的 HPAM 与阳离子型絮凝剂和混凝剂共存时影响絮凝沉降效果，导致污水含油量和悬浮物含量严重超标。可见，聚合物的存在已严重影响了原油脱水和含油污水处理效果，使得污水站来水水质恶化。

图 4-1 是对某二元复合驱采出水进行电镜拍摄的图片。

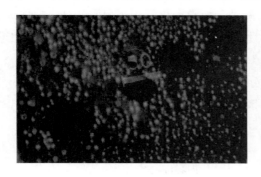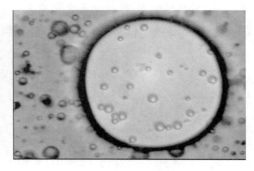

（a）聚合物驱：水相分散体系稳定，黏度大   （b）二元复合驱：油水乳化状态更加复杂

图4-1   二元复合驱采出水电镜照片

对含聚污水进行自然沉降试验，在沉降时间 5h、沉降温度 50℃的试验条件下，得出沉降结果如下图 4-2 和图 4-3 所示。

图4-2   二元复合驱采出水沉降照片

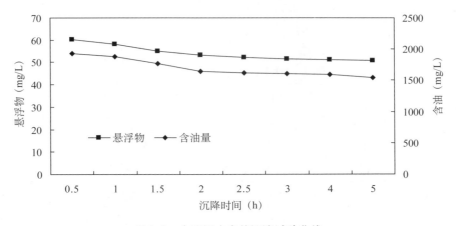

图4-3   含聚污水自然沉降试验曲线

由图 4-2 和图 4-3 可以看出，随着时间的增加污水中含油量及悬浮物含量变化不大，说明 O/W 型含聚乳状液乳化稳定性较强，这是引起联合站内外输污水含油升高的主要原因。

根据上述试验可见，含聚采出水与常规水驱采出水存在较大的性质差异，这主要由于化学驱采出液 O/W 型乳状液中含有大量聚合物等驱油剂所致，化学驱采出水特征主要体现在：

（1）油水界面张力低，负电性强，界面弹性模量和界面黏度大，界面膜强度高，油珠聚并困难；

（2）油水乳化程度高，油珠粒径小，油水分离速率低；

（3）机械杂质含量高，造成部分油珠之间聚并困难，静置沉降过程中在油水层之间出现 W/O 型或 O/W 型中间层；

（4）含聚合物采出液水相黏度大；

（5）采出液水相中存在聚合物的三维结构，不利于油珠的聚集和聚并。

（6）化学驱采出水乳化性质较水驱采出水相比有了本质的变化，经过常规流程处理，出现了污水净化（O/W 乳状液）困难等问题。

由于二元复合驱采出水中含有高分子聚合物和表面活性剂等杂质，使采出水发生严重乳化，也造成了采出液黏度增加，导致油水分离困难，同时采出液携带的细小悬浮物含量增加，最终采出水水质表现为油及悬浮物含量均较高、乳化严重，这给采出水处理带来了极大的困难。从胜利油田含聚污水的演变情况来看，特别是污水含聚量在 50mg/L 以上时，这种现象尤为突出，这也造成了二元采出水处理的复杂性。

三、三元复合驱采出水

三元复合驱采出水中同时含有驱油剂（聚合物、表面活性剂和碱）、油和悬浮物，驱油剂中的聚合物分子使水中的悬浮物和油类进一步分散。表 4-1 为大庆油田某三元复合驱含油污水处理站来水水质检测值。

表4-1 大庆油田某三元复合驱含油污水处理站来水水质

序　号	检测项目	检测值	序　号	检测项目	检测值
1	温度	36	11	钾离子（mg/L）	28.1
2	pH值	10.11	12	钡离子（mg/L）	0.642
3	色度	32	13	钠离子（mg/L）	4214
4	臭和味	明显	14	亚铁离子（mg/L）	0.11
5	肉眼可见物	黑色小颗粒悬浮物	15	钙离子（mg/L）	4.0
6	铝离子（mg/L）	0.036	16	镁离子（mg/L）	2.4
7	总铁（mg/L）	< 0.03	17	悬浮物（mg/L）	280
8	锰离子（mg/L）	< 0.01	18	石油类（mg/L）	250
9	铜离子（mg/L）	0.40	19	碳酸根（mg/L）	1782
10	锌离子（mg/L）	< 0.05	20	溶解性总固体	6534

序　号	检测项目	检测值	序　号	检测项目	检测值
21	总硬度（mg/L）	145.1	30	碱度	4739
22	聚丙烯酰胺	462	31	表面活性剂	25.1
23	游离氯	—	32	铵离子	42.3
24	亚硝酸根	0.006	33	硫化物	0.07
25	硝酸根	<0.07	34	耗氧量（mg/L）	63.2
26	氟离子	12.4	35	化学需氧量（mg/L）	2820
27	磷酸根	<0.12	36	硫酸盐还原菌（个/mL）	728
28	氯化物（mg/L）	728	37	铁细菌（个/mL）	2.5×10^5
29	硫酸盐（mg/L）	3.3	38	腐生菌（个/mL）	2.5×10^5

表面活性剂的加入及表面活性剂与原油中的石油酸等物质发生反应生成的表面活性物质则降低了油水间的界面张力，从而使各种污染物在水中的存在状态更加稳定，采出水的黏度、悬浮物浓度升高，乳化严重，造成油水分离和悬浮物去除比普通含油采出水处理难度更大。其水质特性如下：

（1）pH 值较高，在 9 ~ 11 之间。

① 碱同原油中的有机酸反应生成的烷烃链羧酸皂和环烷酸皂吸附在油水界面上，使油水界面张力降低。

② 碱同加入的表面活性剂产生协同作用，增大界面活性，碱作为一种"盐"迫使更多的表面活性剂分子进入油—水界面，从而增加界面层中表面活性剂浓度，拓宽表面活性剂活性范围。

③ 碱同油水界面处胶质、沥青质、石蜡、卟啉中的有机极性物反应，使得油水界面上的刚性膜破裂和有机物溶解。

④ 在碱作用下移动的油珠能够自发乳化成油滴大小不等的乳状液；

⑤ 污水中碱主要以 Na_2CO_3 和 $NaHCO_3$ 的形式存在。污水中 Na^+、HCO_3^- 和 CO_3^{2-} 随时间的推移基本呈上升的趋势，而其他离子浓度变化较小，说明矿化度的上升主要也是由于碱的加入而造成的。

（2）表面活性剂含量达到 50mg/L 以上。

① 表面活性剂胶束对原油有增溶作用，还可使原油乳化；

② 表面活性剂存在时，更有利于皂化反应进行，与碱的协同效应促使界面张力进一步降低；

③ 在离子浓度和二价阳离子浓度高时起补偿作用，拓宽体系界面活性范围和油水发生乳化的盐含量（或 pH 值）范围。

（3）聚合物浓度较高，达到 100 ~ 800mg/L。

① 其空间位阻、静电斥力和增黏作用严重影响油珠聚并、上浮和悬浮物沉降；

② 当聚合物浓度适中时，能够保护表面活性剂，使其不与 Ca^{2+}、Mg^{2+} 等高价阳离子反应而使表面活性剂失去表面活性。

（4）黏度变大。

污水黏度基本在 1.5 ~ 10mPa·s 之间，水的流变性较差，阻碍了小油滴转变为大油滴，减慢了大油滴聚结和分层的速度，而且易对过滤系统产生污堵现象。

（5）悬浮固体含量增大。

悬浮固体含量在 300mg/L 左右，变化幅度较大，在 100 ~ 400mg/L 之间波动。可溶性硅、铝、HCO_3^- 等浓度升高，持续生成微小的无机胶体颗粒，造成悬浮物浓度升高且难以去除。

（6）Zeta 电位高。

在采出水中，碱、表面活性剂、聚合物能够吸附在油珠表面，改变油珠的 Zeta 电位。导致污水中油珠粒径小，油珠直径大约为 3 ~ 5μm，难以聚并。

（7）污水温度在 35 ~ 45℃之间变化。

第二节　回用途径及水质标准

一、回用途径

油田化学驱开发一般是在经过水驱开发后进行的，化学驱采出水经处理后，主要有 2 个回用途径：回注地层和配聚稀释母液、替代清水稀释药剂。

在化学驱开发中为保证配置聚合物的浓度以满足开发效果，目前国内大多采用清水进行配置聚合物母液，然后用清水对聚合物母液进行稀释，再回注地层。在此过程中，清水被大量使用，造成采出液中污水富余，形成注采不平衡，因此部分油田污水需外排处理。随着国家环保政策的不断提高，油田采出水外排处理难度越来越大，为减少或取消外排污水，部分油田对化学驱采出水进行处理时，首先处理达到满足聚合物母液稀释的水质要求，然后为进一步减少清水用量，对化学驱采出水进行深度处理，满足替代清水配置聚合物母液的水质要求。

二、回用水质指标

1. 回注地层水质要求

由于各油田或区块油藏孔隙结构和喉道直径不同，相应的渗透率也不相同，因此注水水质标准也不相同。各油田制定的本油田注水水质标准虽然差异较大，但是都要符合注水水质基本要求。

表 1-5 为大庆油田含聚注入水水质指标。三元复合驱含油污水注水指标暂时也执行表 1-5 所列指标。

胜利油田对于油田二元复合驱开发区块回注地层的采出水，水质要求一般达到行业标准《碎屑岩油藏注水水质指标及分析方法》SY/T 5329—2012 中指标要求。

2. 稀释聚合物母液水质要求

采用油田采出水对聚合物母液进行稀释，处理水质首先达到行业标准 SY/T 5329—2012《碎屑岩油藏注水水质指标及分析方法》中对应该区块地层渗透率的要求，然后对稀释聚合物母液影响黏度的溶解氧、二价铁离子、二价硫离子等进行处理，在胜利油田采用企业标准Q/SH1020 1831—2015《聚合物配注用污水水质控制指标及分析方法》中的指标（表4−2）。

表4−2　聚合物配注用污水水质控制指标

水质项目	控制指标
化学需氧量（mg/L）	＜500
溶解氧含量（mg/L）	0
二价铁离子含量（mg/L）	＜0.5
硫化物含量（mg/L）	0

3. 配置聚合物母液水质要求

配置聚合物母液的采出水水质基本要求达到清水的水质，在胜利油田规定达到表 4−3 中指标。

表4−3　处理后清水水质

序　号	水质项目	水质指标	备　注
1	溶解氧（mg/L）	＜0.05	
2	总硬度（mg/L）	＜0.1	（以CaCO$_3$计）
3	总铁（mg/L）	≤0.05	
4	二氧化硅（mg/L）	＜50[①]	
5	悬浮物（mg/L）	＜2.0	
6	总碱度（mg/L）	＜2000	
7	油和脂（mg/L）	＜2.0	
8	可溶性固体（mg/L）	≤1000	
9	化学需氧量（COD）（mg/L）	≤3	
10	浑浊度（NTU）	≤1	
11	硫酸盐（mg/L）	≤250	
12	挥发酚（mg/L）	≤0.002	
13	水温（℃）	≤35	
14	pH值	≤6.5～8.5	

①当碱度大于 3 倍二氧化硅含量时，在不存在结垢离子的情况下，二氧化硅含量为 150mg/L。

第三节 处理工艺流程

一、聚合物驱采出水处理工艺流程

目前普通聚合物驱采出水主要处理工艺包括"两级沉降＋一级过滤"流程、"一级沉降＋气浮选＋一级过滤"流程和"横向流聚结除油器＋一级过滤流程"流程，如图4-4所示。

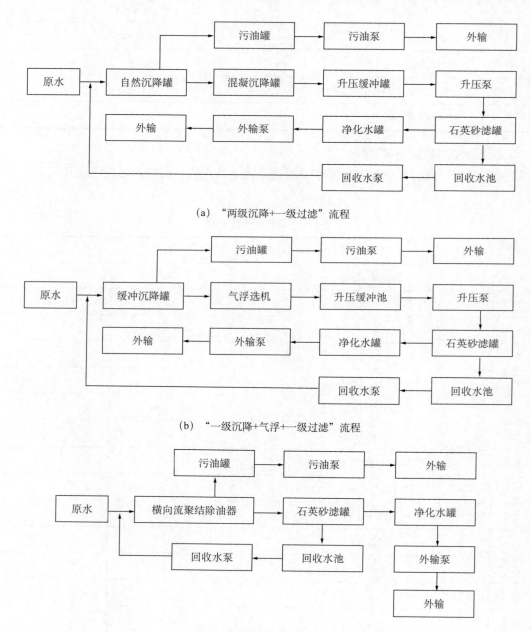

（a）"两级沉降＋一级过滤"流程

（b）"一级沉降＋气浮＋一级过滤"流程

（c）"横向流聚结除油器＋一级过滤"流程

图4-4 普通聚驱采出水处理主要工艺流程图

高浓度聚合物驱采出水处理工艺主要在"两级沉降＋一级过滤"的基础上在除油段增加气浮工艺，如图4-5所示。

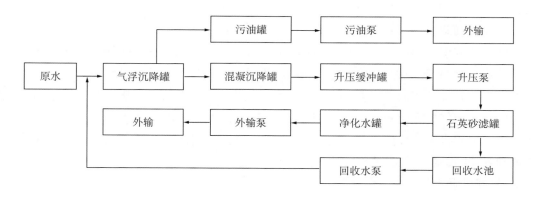

图4-5　高浓度聚驱采出水处理主要工艺流程图

二、二元驱采出水处理工艺流程

油田二元复合驱采出水处理一般分常规处理及深度处理两种。

1. 常规处理

常规处理工艺是将油田二元复合驱污水处理后达标回注地层。

1）二元复合驱低含聚污水处理

二元复合驱污水中聚合物含量在50mg/L以下时，通常污水乳化程度较低，处理工艺可与水驱油田采出水处理工艺相类似。

低含聚二元复合驱采出水处理工艺一般可采用"重力沉降＋过滤"工艺、"压力沉降＋过滤"工艺或"气浮＋过滤"工艺，具体处理工艺可参见第二章《中高渗透油田采出水处理与回注技术》的内容，但在处理过程中，一般二元复合驱采出水的设计停留时间取值较常规水驱大，表面负荷等参数较常规水驱小。

典型工艺流程如下：

　　油系统来水→除油罐→混凝沉降罐→缓冲罐→提升泵→过滤器→注水系统。

2）二元复合驱高含聚污水处理

二元复合驱采出污水中聚合物含量一般超过50mg/L时，污水乳化程度高，处理难度很大，仅靠自然沉降除油及过滤很难达到水质标准。二元复合驱采出污水处理工艺关键在于污水破乳，打破污水中O/W和W/O的稳定状态，处理的主要技术以气浮和加药破乳为主。

典型流程有：

（1）聚结气浮除油＋混凝沉降＋过滤。

主要工艺流程：油系统来水→聚结气浮除油装置→混凝沉降罐→缓冲罐→提升泵→过滤器→注水系统。

原油集输系统分离的二元复合驱含聚污水首先进入聚结气浮除油装置，去除绝大部分浮油和分散油，以及大部分的乳化油后，出水进入混凝沉降罐，通过药剂反应，在罐内进行沉降分离,去水中除剩余大部分原油和悬浮物,出水经过滤处理后达到注水水质指标。过滤工艺可根据回注地层注水水质要求选择核桃壳过滤器、石英砂过滤器、膜过滤器或多种过滤器的组合。

(2)除油(调储)+两级溶气气浮+过滤。

主要工艺流程:油系统来水→除油罐→一级溶气气浮装置→缓冲罐→提升泵→二级溶气气浮装置→缓冲罐→提升泵→过滤器→注水系统。

原油集输系统分离的二元复合驱含聚污水首先进入除油罐或调储罐进行均质、均量处置,然后进入一级溶气气浮装置,通过投加除油剂进行去除绝大部分浮油和分散油,以及大部分乳化油后,出水进入二级溶气气浮装置,再投加混凝剂、絮凝剂等药剂,去除水中剩余大部分原油和悬浮物,出水经过滤处理后达到注水水质指标。

2. 深度处理

深度处理工艺是将油田二元复合驱污水处理后进行资源化回用,包括注聚稀释母液、替代清水稀释药剂和回用锅炉。

污水深度处理工艺一般在常规污水处理的基础上进行,经过常规处理工艺的除油和除悬浮物后再进行深度处理。

1)注聚用母液污水处理

油田二元复合驱污水处理后部分用于注聚稀释母液配置,经相关部门研究得出污水中还原性物质(主要为 COD、Fe^{2+}、S^{2-})、溶解氧以及油、悬浮物等对注聚母液的黏度影响较大,因此,对注聚用母液的油田二元复合驱污水在除油、除悬浮物外还需去除还原性物质(COD、Fe^{2+}、S^{2-})和溶解氧。

污水中含有还原性物质(COD、Fe^{2+}、S^{2-})时,水中溶解氧含量一般较低,可以通过空气曝气来去除,去除还原性物质后水中还剩余少量溶解氧,应考虑投加除氧剂去除。若结合除油、除悬浮物工艺,采用聚结气浮除油装置或溶气气浮装置的气源可采用空气,可缩短处理流程。

2)资源化利用污水处理

二元复合驱油田开发通常采用清水配污水稀释,清水的加入容易造成了注采不平衡,污水大量富余,需无效回注,当污水富余量越来越大,无效回注地层无法消化时,富余污水需深度处理达到资源化处理利用。

油田二元复合驱污水资源化处理达到清水水质一般采用"生化+双膜"或"高级氧化+双膜"的处理工艺。

(1)生化+双膜处理工艺。

主要工艺流程:常规处理系统来水→生化装置→缓冲罐→提升泵→双膜(超滤膜和反渗透膜)→回用。

生化+双膜处理工艺处理油田二元复合驱污水需在常规处理的基础上进行,尽量使生化系统进水的含油、悬浮物均在 50mg/L 以下,同时水温在 50℃以下,以保证生化系统的稳定运行。生化工艺可采用"水解酸化+好氧生化"工艺或"多级好氧生化"工艺。通过生化处理能够有效去除污水中残余的聚合物、乳化油和溶解油,降低 COD 值,以减少污水中的杂质对双膜（超滤膜和反渗透膜）的污染，影响膜的处理量和使用寿命。

生化处理工艺需注意污水矿化度的高低，以保证生化处理过程中微生物的活性；在生化处理工艺后，可能会存在微生物的代谢产物，造成水中悬浮物含量较高，一般需在膜过滤前设置介质过滤器，以保证膜的使用寿命。

（2）高级氧化+双膜处理工艺。

主要工艺流程：常规处理系统来水→氧化装置→缓冲罐→提升泵→双膜（超滤膜和反渗透膜）→回用。

高级氧化+双膜处理工艺也需在常规处理的基础上进行，可与常规处理工艺相结合。高级氧化处理工艺也是主要去除水中的聚合物、乳化油和溶解油，以减少对后续处理工艺中双膜（超滤膜和反渗透膜）的伤害。高级氧化处理工艺一般采用强氧化剂，配合强酸处理污水，能够有效去除水中的油、聚合物，降低 COD 值，再投加碱液进行中和，然后再通过双膜过滤来保证水质。

三、三元复合驱采出水处理工艺流程

针对三元复合驱采出水的特点，根据注水地层的地质特性选择合适工艺实现污水达标处理后回注是主要出路。

1. 常规处理工艺

"十五"期间，大庆油田根据三元复合驱采出液处理先导性试验站的研究成果，在某采油厂建成一座国产重烷基苯磺酸盐表活剂强碱三元复合驱采出液处理试验站，针对采出水水质特性，开展了大量研究工作，提出了以"横向流聚结—气浮组合分离装置"为除油沉降分离设备、以石英砂磁铁矿双层滤料过滤设备为一级过滤、以海绿石磁铁矿双层滤料过滤设备为二级过滤的三段处理工艺。

"十一五"期间，大庆油田建设了 2 座强碱三元复合驱采出液处理生产性试验站，其中 1 座采用的工艺流程为"曝气沉降罐+横向流聚结气浮组合式沉降分离装置+石英砂磁铁矿双层过滤器+海绿石磁铁矿双层滤料过滤器"，另 1 座的工艺流程为"曝气沉降罐+三元高效油水分离装置+石英砂磁铁矿双层过滤器+海绿石磁铁矿双层滤料过滤器"。现场试验研究表明，这些处理工艺处理后的水质达到了大庆油田含聚污水高渗透油层回注水水质控制指标，实现了三元复合驱采出水的有效处理。但采出液中检测到表活剂以后，水质逐渐恶化，并且随着聚合物的含量达到 1000mg/L 左右时，如不投加药剂，则水质不能达标。

"十二五"期间，大庆油田针对黏度大、乳化程度高、含三元驱油剂的采出水处理，转变前期过于依赖投加药剂为主的研究思路，充分考虑物理化学的协同作用，提出了序批式的沉降处理工艺及由此产生的序批式油水分离设备，采用沉降时间长、耐冲击的沉降设备和降低过滤罐滤速的方法，同时当三元含油污水中出现离子过饱和现象时，配合投加药剂，来实现三元复合驱含油污水水质达标。在此期间，大庆油田进行了"序批式曝气沉降→一级双滤料过滤→二级双滤料过滤"的实验研究。图 4-6 为目前采用的连续流处理工艺和序批式处理工艺的主要流程。

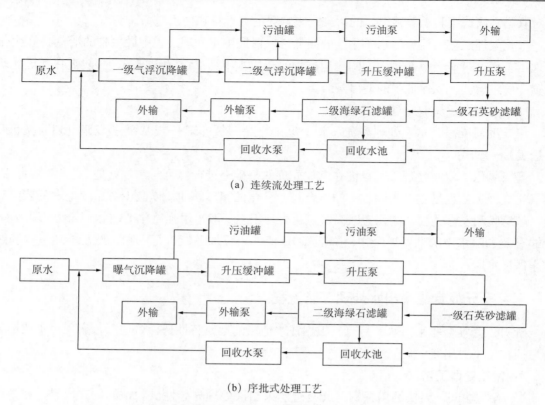

(a) 连续流处理工艺

(b) 序批式处理工艺

图4—6 三元复合驱污水处理站常规工艺流程图

2. 强碱与弱碱对处理效果的影响

自 2007 年起，大庆油田依托 4 座三元复合驱采出水处理试验站，对采出水基本性质的变化情况进行了长期跟踪监测。根据已建采出水处理站处理后水质达标情况，将三元复合驱采出水处理站运行概况分为四个阶段。

1）强碱三元采出水处理站各阶段特点

第一阶段，运行时间为 9 个月以内，强碱复合驱累计注入体积 0.3PV，聚合物含量达到 500mg/L 左右，未见表面活性剂，污水黏度小于 2mPa·s，未投加药剂的条件下，处理后采出水中含油量及悬浮固体含量均达标。第二阶段，运行时间为 10 ~ 19 个月，强碱复合驱累计注入体积 0.3 ~ 0.4PV，聚合物含量为 500 ~ 700mg/L，表面活性剂含量在 20mg/L 以内，污水黏度为 2 ~ 4mPa·s，未投加药剂的条件下，外输水含油量基本达标，悬浮固体含量超标。第三阶段，运行时间为 20 ~ 30 个月，强碱复合驱累计注入体积 0.4 ~ 0.6PV，聚合物含量为 700 ~ 1200mg/L，表面活性剂含量为 20 ~ 150mg/L，污水黏度为 2 ~ 10mPa·s，未投加药剂的条件下，外输水含油量和悬浮固体含量均超标。第四阶段，运行时间为 31 ~ 60 个月，强碱复合驱累计注入体积 0.6 ~ 0.8PV，聚合物含量由 1200mg/L 逐渐下降，表面活性剂含量由 150mg/L 逐渐下降，污水黏度由 10mPa·s 下降到 4mPa·s 左右的条件下，外输水含油量接近达标，悬浮固体含量超标。

2）弱碱三元复合驱采出水处理站各阶段特点

第一阶段，运行时间为 13 个月以内，弱碱复合驱在累计注入体积 0.35PV，聚合物含量由 200mg/L 达到 1000mg/L 左右，未见表面活性剂，污水黏度小于 1.5mPa·s，未投加药剂的条件下，处理后采出水中含油量及悬浮固体含量均达标。第二阶段，运行时间为 14 ~ 20 个月，弱碱复合驱在累计注入体积 0.35 ~ 0.5PV，聚合物含量为 850 ~ 1200mg/L，表面活性剂为 70mg/L 左右，污水黏度为 1.5 ~ 1.7mPa·s，未投加药剂的条件下，外输水含油量基本达标，悬浮固体含量超标。第三阶段，运行时间为 21 ~ 27 个月，弱碱复合驱在累计注入体积 0.5 ~ 0.6PV，聚合物含量为 800 ~ 1300mg/L，表面活性剂含量为 70 ~ 100mg/L，污水黏度为 1.5 ~ 2.1mPa·s，未投加药剂的条件下，外输水含油量和悬浮固体均超标。第四阶段，运行时间为 28 ~ 35 个月，弱碱复合驱在累计注入体积 0.6 ~ 0.7PV，聚合物含量为 1000 ~ 1200mg/L，表面活性剂为 50 ~ 80mg/L，污水黏度为 1.5 ~ 1.7mPa·s，未投加药剂的条件下，外输水含油量接近达标，悬浮固体含量超标。

3. 深度处理技术研究

三元复合驱采出水常规处理工艺建立在油田普遍应用的水驱、聚合物驱采出水处理工艺基础上，出水水质依据"20·20·5"（含油量 20mg/L，悬浮固体含量 20mg/L，悬浮固体粒径中值 5μm）标准设计，达到高渗透油层注水水质标准。这些工艺对油、悬浮物等污染物有一定的去除作用，但有机物、聚合物、矿化度等去除效果不是很理想。大庆油田水务公司结合常规处理工艺，开展了三元复合驱采出水的深度处理研究，出水水质达到"5·5·2"（含油量 5mg/L，悬浮固体含量 5mg/L，悬浮固体粒径中值 2μm）水质标准。其主要工艺路线为：

（1）以物理法、生物法为主的常规处理工艺强化方案。

高效溶气气浮除油装置产生气泡量大、直径小，对悬浮油、分散油去除效果良好，对乳化油具有一定的去除效果。生物降解法对乳化油具有良好的去除效果，对 PAM 有一定的去除功能。因此选定浮选法、生物法多组合优化联合使用，考查其除油、降黏的作用，同时利用两级过滤去除污水中悬浮物。工艺流程如下：

三元复合驱采出→气浮装置→生化降解→两级过滤→出水。

（2）以高级氧化为主的常规处理工艺强化方案。

由于三元复合驱所含各种有机成分复杂，且黏度、COD 较高，目前的常规处理和生物降解工艺都很难将其直接处理到"5·5·2"水质标准，利用高级氧化技术对有机物进行进一步分解，减少后续处理的有机负荷，进一步提高三元复合驱采出水的处理后的水质。工艺流程如下：

三元复合驱采出→气浮装置→高级氧化→两级过滤→出水。

目前该项目进入中试阶段。

第四节　关键处理技术及设备

一、聚合物驱采出水处理

1. 横向流聚结除油器

横向流聚结除油器主要利用聚结元件的聚结作用，将小粒径的油滴和悬浮物聚结成大粒径的油珠, 通过上浮由收油系统排出。聚结除油器结构如图 4-7 所示。

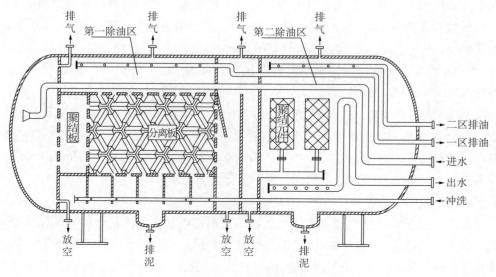

图4-7　横向流聚结除油器结构示意图

除油器由聚结区和分离区组成。聚结板组采用以聚丙烯为主的复合材料, 其形状由一系列正交的梯形板组成。含油污水在其中发生碰撞、聚结, 并以正弦波路流动。分离板组与油田常用的斜板除油相似, 但水流状态、除油方式、板型结构完全不同, 它由三维六边形模块化的聚丙烯复合材料板组成, 这些板 "面对面" 且与水平成一定角度黏接到一起, 形成了一个特殊形式的空间立体通道。这个基本空间有大、中、小三个通道口, 水流在其中流速不断地变化, 致使经过聚结变大的油珠及固体物质颗粒再次发生碰撞, 聚并及分离。

2. 旋流除油器

水力旋流器按照分离的介质类型可分为固—液、液—液、气—液、气—固、气—液—固等几种。在大庆油田试验应用的为液—液型水力旋流器, 这里重点介绍液—液型水力旋流器。

液—液型水力旋流分离技术是一种新型、高效的油水分离技术, 利用油水不互溶介质间的密度差进行离心分离。在离心力的作用下, 密度较小的油粒向设备中心运动, 形成 "油柱"; 另一部分密度大的污水则向设备内壁运动及旋转, 最终分别由不同出口排出设备外, 达到油水分离的目的。

水力旋流器的功能是油水分离。水力旋流器不宜单独使用, 在与气浮机 (池)、沉降罐等配合使用时, 水力旋流器应放置在气浮机 (池)、沉降罐前。水力旋流器适用于油水密度差大于 $0.05g/cm^3$、原水含油量高且乳化程度较低、设备安装空间小等条件。

3. 沉降罐加气浮技术

沉降罐加气浮技术是在现有的沉降罐中增加气浮设施, 利用气液多相混合泵, 产生许多微小气泡, 在沉降罐中均匀释放, 微小气泡吸附在油珠和悬浮固体表面, 带动油珠和悬浮固体浮升, 使油珠和悬浮固体上浮去除, 提高沉降罐的处理效率。沉降罐加气浮技术既利用了沉降罐工艺简单、耐冲击负荷的特点, 同时又增加气浮设施, 提高了沉降罐的分离效率, 是结合沉降罐结构进行的技术改造, 实现两者的有机结合。该技术可解决生产实际问题, 在不改变污水站原处理工艺的前提下，通过对现有沉降罐改造和完善，可有效提高沉降段对油、悬浮固体的去除能力，从而减轻过滤段的处理负担，从整体上提高了处理后出水的质量。图4-8为沉降罐加气浮原理流程。

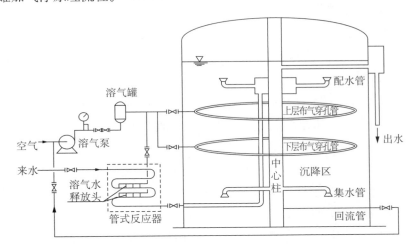

图4-8　沉降罐加气浮原理流程图

大庆油田采油二厂某聚合物驱污水处理站取样数据显示：来水含油量平均为3934.4mg/L、悬浮固体平均为43.1mg/L时，自然沉降罐出水含油量平均为101.0mg/L，悬浮固体平均为26.2mg/L；实施管式反应器和上层穿孔管气浮的自然沉降罐出水含油量平均为73.8mg/L，悬浮固体平均为19.2mg/L，与不加气浮自然沉降罐相比，含油量去除率提高了26.9%，悬浮固体去除率提高了26.8%。

二、二元复合驱采出水处理

二元复合驱采出水与常规水驱采出水的区别主要是二元复合驱采出水乳化程度高、水中含油量高、水中含有聚合物，对于二元复合驱采出水处理主要是除油、破乳（混凝沉降）。

1. 除油

除油设备主要有除油罐、溶气气浮装置、聚结气浮除油装置等。

1）除油罐

二元复合驱采出水除油构筑物一般采用除油罐，除油罐不仅能够有效去除水中大部分浮油和分散油，还能够均衡水质，减少水质的波动冲击。

除油罐主要靠油、水密度差自然分离浮油和分散油，也能够去除部分悬浮物。除油罐的结构设计可参考《除油罐设计规范》（SY/T 0083—2008），主要运行参数可参照《油田采出水处理设计规范》（GB 50428—2015）中的规定，也可根据实验进行确定。

除油罐为自然除油，不投加药剂，因此进、出水中聚合物含量基本没有变化，除油和除悬浮物的效率与水中聚合物的含量关系较大，聚合物含量在50mg/L以下时，除油罐的去除效率较常规水驱处理稍差；聚合物含量在50mg/L以上时，除油罐的去除效率较低。

2）溶气气浮装置

溶气气浮除油技术原理是通过投加一定的破乳剂，利用水在不同压力下溶解度不同的特性，对全部或部分待处理（或处理后）的水进行加压并加气，增加水的空气溶解量，通入加过破乳剂的水中，在常压情况下释放，气体析出形成小气泡，黏附在油珠上，造成油珠整体密度小于水而上升，从而使油水分离。溶气气浮除油技术能够去除水中绝大部分原油，出水指标能够达到含油 100mg/L 以内。

3）聚结气浮除油装置

HCF 高梯度聚结气浮除油技术结合水力旋流技术、溶气气浮技术、填料聚结技术等工艺技术组合而成，该技术分为三级：

一级聚结，采用水平侧向波折流板式聚结，使水中部分分散油和乳化油发生聚并，形成大油珠，与浮油共同去除。同时，通过采用特殊的聚结区与污泥区的连通结构，去除部分悬浮物。

二级高梯度聚结＋气浮，一级聚结后的污水进入此区域，该区域采用中速旋流，建立高梯度流场，使小颗粒油滴再次产生碰撞聚结形成大油滴，同时采用溶气气浮，离心力的作用加速了油滴与气泡的黏附，进一步提高了油滴的上浮速度。

三级油水分离，采用辐流式低表面负荷油水重力分离方式，使油水快速分离，经中心区气浮配水涌出大量气泡的扰动作用，将水中上层浮油推至中心收油槽，使污油得以去除。此区域同时可去除大部分悬浮物。出水一部分进入下一级构筑物，另一部分回流至溶气系统，经加压溶气后再进入二级聚结气浮区。经过 HCF 高梯度聚结气浮除油技术处理后的采出水，出水指标含油基本在 30 ～ 100mg/L 以内。

2．混凝沉降

混凝沉降设备主要有混凝沉降罐、溶气气浮装置等。

1）混凝沉降罐

二元复合驱采出水混凝沉降罐，是通过加药去除水中的悬浮物。在混凝沉降罐前投加混凝剂和絮凝剂等药剂，打破水中胶体的稳定性，增加絮粒相互接触碰撞的概率，达到去除水中悬浮物的目的。二元复合驱采出水投加混凝剂和絮凝剂能够同时去除水中的聚合物，药剂投加量大，造成污泥量大。混凝沉降罐出水指标能够达到含油和悬浮物均在 30mg/L 以内，基本达到过滤器的进水条件。

2）溶气气浮装置

采用溶气气浮装置加强混凝沉降，去除悬浮物和剩余水中原油，主要通过投加混凝剂和絮凝剂等药剂，利用水在不同压力下溶解度不同的特性，对全部或部分待处理（或处理后）的水进行加压并加气，增加水的空气溶解量，通入加过混凝剂、絮凝剂的水中，在常压情况下释放，气体析出形成小气泡，黏附在杂质絮粒上，造成絮粒整体密度小于水而上升，从而使固液分离。目前油田二元复合驱含聚污水处理基本采用压力溶气气浮技术，出水指标能够达到含油和悬浮物均在 30mg/L 以内，基本达到过滤器的进水条件。

三、三元复合驱采出水处理

1．沉降工艺

常规连续流沉降罐是针对某一沉降罐而言，采用连续进水、连续出水方式，实现该沉降罐的进水、沉降和排水过程。序批式沉降罐也是针对某一沉降罐而言，采用间歇进水和间歇出水方式，实现该沉降罐的进水、静沉和排水过程。而对于整个处理站，仍然是连续进水和连续排水，只是由不同的序批式沉降设备来实现整个处理站水量的连续运行和处理。采用的序批式沉降流程的沉降罐个数一般为4座，来水首先满负荷进入4个沉降罐中的1个，与此同时，另外2座沉降罐静止曝气沉降，剩下1个沉降罐排水；当第1个沉降罐进满水后开始进行静止曝气沉降，与此同时，原先进行静止曝气沉降的2座沉降罐其中1座已经沉降12h，开始排水，另外1座继续静止曝气沉降，剩下的1个沉降罐已排空，开始进水，然后依次循环来实现序批式静止曝气沉降。序批式沉降罐运行机制如图4-9所示。

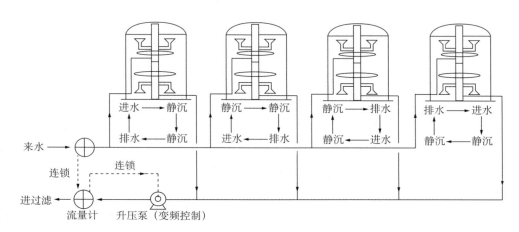

图4-9　序批式沉降罐运行机制

序批式静止曝气沉降的特点为每座沉降罐个体为间歇式运行，但整体为连续运行，即连续进水、连续排水。序批式处理流程中沉降罐排水不经过滤前缓冲罐，直接用过滤提升泵加压依次进入一级过滤罐和二级过滤罐进行过滤处理，使最终出水水质达到注水水质指标；净化后的污水进入外输水罐，由外输泵加压后外输。序批式沉降罐与连续流沉降罐相比，优点如下：

（1）连续流沉降罐因水流方向与油珠浮升方向相反，使已经很难聚并分离的油珠经常被出水带出，导致分离效率不高，而序批式沉降罐由于不受水体向下流速干扰，因此分离效率较连续流沉降高（图4-10）。

（2）连续流沉降罐处理时，特别是罐体直径较大时，布水及集水很难做到均匀，致使罐内有效容积变小，进而短流造成实际有效沉降时间要小于设计沉降时间，且水流向下流速要大于实际设计向下流速。序批式沉降罐因采用静止沉降，在沉降时间上能得到充分保证。

（3）自2012年开始，大庆油田序批式沉降罐经过多次优化，具备序批沉降、曝气、连续收油等功能，简化了序批式沉降罐的内部结构，优化了罐内曝气系统的布置，缩短了污油在罐内的停留时间（不会形成老化油层），提高了设备含油的处理效率。大庆某站试验结果表明，序批式沉降罐比油田常用的连续流沉降罐除油率提高了近20%。

2. 过滤工艺

在三元复合驱采出水处理的过滤工艺研究中，大庆油田从"十五"至"十二五"期间逐步确定了相对于聚合物驱污水处理增加一级过滤，即采用"一级石英砂磁铁矿双层滤料过滤罐＋二级海绿石磁铁矿双层滤料过滤罐"处理工艺。

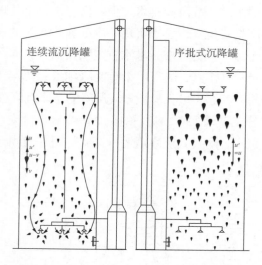

图4-10　连续流沉降罐与序批式沉降罐沉降对比

随着水中聚合物和含油量的增加，三元复合驱采出水处理工艺中存在颗粒滤料过滤器反冲洗再生效果差、过滤效果不好和反冲洗过程中的憋压、跑料等问题。例如，大庆油田某二元复合驱污水站自 2011 年 7 月以来，超高含油污水进入污水系统后，使过滤罐滤阻增加，反冲洗效果变差；12 月中下旬滤阻逐渐加大，到 2012 年 2 月压差达到 0.26MPa，滤罐出现反冲洗水量减少、憋压不走水现象。对滤罐依次开罐检查发现滤料污染严重，并有 50cm 滤料板结。图 4-11 是采用常规水反冲洗的滤罐污染情况。

（a）罐壁污染状况滤料污染情况

（b）污染滤料水洗后烘干滤料

图4-11　常规水反冲洗滤罐污染情况

　　针对这些问题，开发了气—水反冲洗再生新技术。气—水反冲洗再生技术是用高速的气体冲击剥落和去除黏附在滤料上的污染物，同时高速的气体能够彻底击碎滤料污染块，将击碎的破碎污染物冲起来带出罐外。因此气—水反冲洗再生能够去除污染滤料上的表面黏附物以及滤料中的非滤料粉末状物质和有机物。

　　该技术利用原有过滤器的大阻力布水系统就可实现布气、布水功能，与纯水反冲洗相比，节省反冲洗自耗水量40%，可以将聚合物驱、三元复合驱采出水处理工艺中其他反冲洗再生方法不能再生出来的污染颗粒滤料干净彻底地再生出来，使滤料表面残余含油量达到0.04%，滤料中污染物的质量分数由2%左右降到0.2%以下。此技术更适用于聚合物驱、三元复合驱、低温污水处理等难清洗的颗粒滤料反冲洗。该技术在原工艺流程中接入供气设备就可以实现气—水反冲洗再生，工艺和过滤器内部都不需改造，适用性强。图4-12是气—水反冲洗原理流程，图4-13是采用气—水反冲洗的滤罐污染情况。

　　气—水反冲洗参数的设定需要对单台滤罐运行情况进行摸索，根据实际处理负荷率、滤前水质、滤罐的水头损失及滤后水质情况，结合不同阶段，调整合理的气—水联合反冲洗标准，并制定各台滤罐合理的反冲洗时间、周期及排量，以提高滤罐去除悬浮物的效率，改善处理效果。

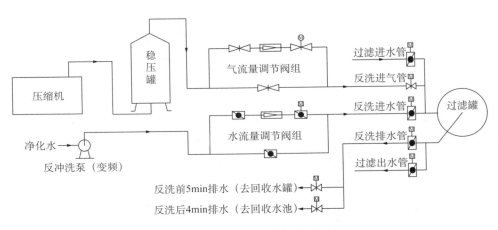

图4-12　气—水反冲洗原理流程

(a) 罐壁污染情况滤料污染状况

（b）气—水洗后烘干滤料

图4-13　气—水反冲洗滤罐污染情况

第五节　工程应用案例

一、聚合物驱采出水处理工程案例

以大庆油田某高含聚污水处理站为例。该站主要处理高浓度聚合物污水（聚合物浓度＞450mg/L），设计规模30000m³/d，以实验站的运行参数为基础，确定了该高含聚污水处理站采用两级沉降、一级压力过滤处理工艺，并且为保证更稳定、更可靠的处理效果，在沉降段加入溶气气浮工艺，借助气泡的浮升作用加快油水分离、强化除油效果。该站2012年1月建成投产。

1. 水质控制指标

（1）原水水质。

含聚浓度≤800mg/L，含油量≤1000mg/L，悬浮固体含量为≤200mg/L。

（2）气浮除油沉降罐出水水质。

含油量≤200mg/L，悬浮固体含量≤80mg/L。

（3）混凝沉降罐出水水质。

含油量≤50mg/L，悬浮固体含量≤50mg/L。

（4）过滤段出水水质。

含油量≤20mg/L，悬浮固体含量≤20mg/L，悬浮固体粒径中值≤5.0μm。

2. 主要工艺流程

该含聚污水处理站采用的工艺流程为"气浮除油→混凝沉降→一级过滤"的三段处理工艺。主要流程示意图如图4-14所示。

（1）沉降分离部分：油站来液首先进入气浮除油沉降罐，在污水与微气泡充分接触的情况下，油珠与微气泡黏结，增加其浮升速度，从而去除分散油、乳化油；出水进入混凝沉降罐，投加混凝剂，悬浮物下沉；然后通过缓冲升压泵进入过滤系统。气浮沉降除油罐采用固定式收油设施，实现连续收油。

（2）过滤部分：采用石英砂磁铁矿双层滤料过滤罐进行一级过滤。

（3）污油回收流程：一、二次沉降罐顶部分离出的污油，自流进入污油罐，经污油泵提升送至站外污油管道系统。

（4）反洗流程：双滤料过滤罐反冲洗时，由反冲洗泵从净化水罐吸水，升压后分别对每台滤罐进行反冲洗，反冲洗排水进入回收水池。回收水池中的水经回收水泵提升后送至一次沉降罐重新处理。

（5）污泥处理流程：沉降罐底部排泥进储泥池，经调质罐沉降分离、离心机脱水后产生的污泥装车外运至污泥堆放场。

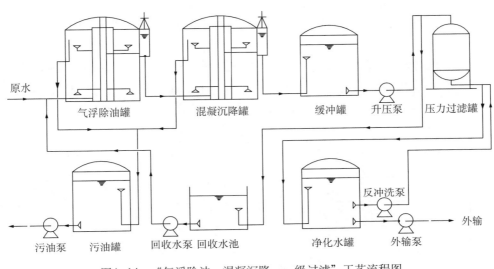

图4-14　"气浮除油→混凝沉降→一级过滤"工艺流程图

3. 主要经济技术指标

该站工程总投资 12550.86 万元，其中土建投资 1668.77 万元，设备投资 6725.31 万元。

污水处理的运行费用包括药剂费、电费和人工费，其中药剂费 0.05 元 /m³，电费 0.42 元 /m³，人工费 0.07 元 /m³，合计污水运行成本 0.54 元 /m³。

二、二元复合驱采出水处理工程案例

1. 常规处理工程案例——孤六污水处理站

孤六污水处理站隶属于胜利油田孤岛采油厂，1986 年建成投产，污水处理总规模为 20000m³/d。该站污水处理后全部用于回注，出水水质主要指标为含油 ≤ 50mg/L、悬浮物 ≤ 50mg/L。孤六污水处理站进站污水中聚合物含量约 300mg/L，进水含油量在 3000 ~ 5000mg/L 之间，悬浮物含量在 200 ~ 300mg/L 之间。

站内常规污水处理主要工艺流程为：油站来水→一次除油罐→一级气浮装置→中间缓冲罐→提升泵→二级气浮装置→外输缓冲罐→提升外输。

流程说明：

原油集输系统分离污水首先进入一次除油罐，进行均质、均量，并去除大部分浮油后，进入一级溶气气浮装置去除大部分分散油和乳化油，出水水质达到含油 ≤ 300mg/L、悬浮物 ≤ 80mg/L 后进入中间缓冲罐，经提升泵提升进入二级溶气气浮装置，在二级溶气气浮装置之前投加混凝剂和絮凝剂，出水水质达到含油≤50mg/L、悬浮物≤50mg/L后进入外输缓冲罐，经外输泵提升外输。

2. 深度处理工程案例——孤三污水处理站

孤三污水处理站也隶属于胜利油田孤岛采油厂，1988年建成投产，污水处理总规模为20000m³/d。

站内常规污水处理主要工艺流程为：油站来水→一次除油罐→一级气浮装置→中间缓冲罐→提升泵→二级气浮装置→外输缓冲罐→提升外输。

常规污水处理系统运行较为稳定，出水水质基本达到了含油≤30mg/L、悬浮物≤50mg/L的指标。

根据区块注聚规划对清水量的要求，确定工程资源化处理后产水规模为3000m³/d，主要用于配聚合物母液和给注汽锅炉供水，故处理后水质指标参考《生活饮用水卫生标准》（GB 5749—2006）和《稠油注汽系统设计规范》（SY 0027—2007），确定处理后清水水质见表4-4。

表4-4　处理后清水水质

序　号	水质项目	水质指标
1	溶解氧（mg/L）	＜0.05
2	总铁（mg/L）	≤0.05
3	二氧化硅（mg/L）	＜50①
4	悬浮物（mg/L）	＜2.0
5	总碱度（mg/L）	＜2000
6	油和脂（mg/L）	＜2.0
7	可溶性固体（mg/L）	≤1000
8	化学需氧量（COD）（mg/L）	≤3
9	浑浊度（NTU）	≤1
10	硫酸盐（mg/L）	≤250
11	挥发酚（mg/L）	≤0.002
12	水温（℃）	≤35
13	pH值	≤6.5～8.5

注：当碱度大于3倍二氧化硅含量时，在不存在结垢离子的情况下，二氧化硅含量为150mg/L。

深度处理工艺主流程为：孤三污水站外输水→DAF进水罐→提升泵→DAF溶气气浮→AOP高级氧化→混凝澄清→MF微滤→RO反渗透→反渗透产水罐→外输泵→外输。

流程说明：

孤三污水处理站外输水经提升泵提升进入DAF溶气气浮装置，在DAF溶气气浮装置之前投加硫酸，调节pH值为酸性，经DAF溶气气浮装置进一步去除水中含油和悬浮物后，出水水质达到含油≤0.5mg/L、悬浮物≤15mg/L后进入AOP高级氧化装置，通过H_2O_2、超声波及催化剂的联合作用下产生的羟基自由基（·OH），将大分子有机物降解为小分子物质，降低COD，AOP出水再经加碱回调pH值为7.5左右再进入混凝澄清池，使水质得以进一步净化，达到含油≤0.1mg/L，悬浮物≤10mg/L，出水进入微滤，使悬浮物含量≤0.1mg/L，最后经反渗透除盐，净水达到资源化用水的水质要求。

孤三污水处理站经历了多次小试、中试，在试验中处理后水质一直稳定达到指标要求，目前工程正在建设中。

三、三元复合驱采出水处理工程案例

以大庆油田某三元复合驱污水处理站为例，采出水产量预测见表4-5。根据开发预测，该站驱油剂返出高峰期在2019年，次高峰期为2018年。根据污水处理系统能力核算及适应性分析，新建三元复合驱污水处理站1座，设计规模为$1.2 \times 10^4 m^3/d$。该站于2015年11月建成投产。

表4-5 产水量预测表

项目	2015年	2016年	2017年	2018年	2019年	2020年	2021年	2022年	2023年	2024年
处理量（m³/d）	11492	9806	7451	7978	8259	8645	8857	7767	5974	6115
采出液聚合物浓度（mg/L）		50	600	650	700	550	350	50	600	650
采碱浓度（mg/L）			200	650	700	600	500		200	650
采表浓度（mg/L）			45	100	100	80	50		45	100

1．水质控制指标

（1）原水水质。

含油量≤3000mg/L，悬浮固体含量≤200mg/L。

（2）沉降罐出水水质。

含油量≤100mg/L，悬浮固体含量≤50 mg/L。

（3）一次过滤段出水水质。

含油量≤50mg/L，悬浮固体含量≤30mg/L。

（4）二次过滤段出水水质。

处理后采出水水质指标达到水驱高渗透水质指标，即含油量≤20mg/L，悬浮固体含量≤20mg/L。

2．工艺流程

（1）主流程：采用"序批沉降罐→一级石英砂—磁铁矿双层滤料过滤罐→二级海绿石—磁铁矿双层滤料过滤罐"的三段处理工艺。序批式静止曝气沉降包括三个阶段，即进水阶段→静止曝气阶段→排水阶段。采用的沉降罐个数为4座，序批式沉降运行方式的循环周期为24h，即进水6h，静止沉降12h，排水6h。

（2）反冲洗流程：一、二级滤罐选用了气水联合反冲洗方式，"空气"由空气压缩机供给，反冲洗水泵提升外输及反冲洗水罐中净化后的合格污水，分别对两级过滤罐进行反向冲洗。

同时在常规气水反冲洗的基础上，采用定期热洗。

前5min反冲洗排水进入回收水罐，后4min反冲洗排水排入回收水池。将前5min的反冲排水及各沉降罐底泥排入回收水罐，静沉一段时间后上清液用泵排至回收水池，底部浓缩液用泵提升至污泥处理系统，分离出的污水排入回收水池。

（3）污油回收流程：曝气沉降罐收油槽的污油回收至收油罐再由污油泵加压后，送至转油站。

（4）热洗流程：在常规气水反冲洗的基础上，采用定期热洗技术。将反冲洗水加温升至60℃。单独设置1座热洗水罐，每天洗4座滤罐，5天洗完，每月热洗一次。

3．运行效果

目前该站来水量为10411m³/d，负荷率86.8%，沉降段采用序批式沉降罐。原水聚合物含量149mg/L，总碱度2811mg/L，表面活性剂未见，黏度0.762mPa.s。该站水质情况见表4-6。

表4-6　三元复合驱污水处理站进出水含油、悬浮固体监测结果

污水处理站（mg/L）		滤前（mg/L）		外输水（mg/L）	
含油	悬浮物	含油	悬浮物	含油	悬浮物
91.0	55.7	10.3	13.6	2.67	3.40

第六节　技术展望及建议

随着油田的开发进入中后期及化学驱技术的推广应用，采出水量会越来越大，成分会越来越复杂，处理难度也会越来越大，需要加快先进设备的研制和新技术的应用。

（1）水处理药剂的研制和开发。目前化学驱采出水系统进入水处理站，水中含油基本在1000mg/L以上，处理难度大，运行成本高，水中聚合物大多数被去除后形成了污泥，造成污泥量大。胜利油田开发了油水综合处理剂，从源头上处理，油、水一体化治理，使进入污水处理站的水中含油基本在300mg/L以下，减少了污水处理站的运行负荷，同时无须去除水中聚合物，减少了污泥量的产生。

（2）微生物处理技术。采用生物降解含聚污水是近年研究的热点，国外水处理研究者实验中发现细菌的生命活动可以聚丙烯酰胺降解物为营养物质，反过来又可以促进聚丙烯酰胺的降解。刘洪锋在大庆某含聚污水处理站内对现有处理工艺进行改造，选择在其中一组设备横向流和两级压力滤罐之间增加微生物处理工艺。经过处理后的污水均由原来含油117～192.2mg/L，悬浮物38.7～61.23mg/L达到"1·5·2"（含油量1mg/L，悬浮物含量5mg/L，悬浮物粒径中值2μm）指标，硫酸盐还原菌降低了86.44%，腐生菌降低了92.22%，铁细菌降低了83.33%，有效地抑制了细菌的滋生。

（3）膜分离技术。膜处理技术用于油田采出水回注处理已有广泛的研究，并且已在部分工程中应用，显示出良好的应用前景，但在三元复合驱采出水处理上还处于尝试阶段。大庆

油田水务公司正在进行"双膜"工艺处理三元复合驱采出水技术研究。

参考文献

[1] 国胜娟.油田高含聚采出水水质特性及其处理技术研究 [J] .工业用水与废水，2014（5）：27−30.

[2] 赵秋实.三元复合驱采出水的处理工艺 [J] .油气田地面工程，2013（6）：68−69.

[3] 谢怡宁，等.回收与降解聚驱采出水的工艺探讨 [J] .油气田环境保护，2012（2）：25−28.

[4] 刘洪峰.含聚污水微生物处理技术 [J] .油气田地面工程，2011（6）：96−97.

第五章 稠油热采采出水的处理与回用

稠油中沥青质和胶质含量较高，黏度较大，因此需要热力开采，生产成本高，采出水温度高，经处理后回用于热采锅炉。本章主要介绍了稠油采出水的来源、水质特点、回用途径、回用水质标准以及回用处理典型工艺流程、关键技术和设备，同时对稠油污水回用技术进行总结及新技术展望。

第一节 来源及水质特点

一、稠油采出水的来源

重质沥青质原油俗称稠油，需热力开采，即热采锅炉将水加热至温度为315℃、压力为17MPa、干度为80%左右的饱和蒸汽，注入油层提高油层温度，降低稠油黏度，通过采油设备把稠油提升到地面。从采油井口采出的油和水混合物称为原油采出液。用各种方法对采出液进行油水分离，分离出的水称为稠油污水。

二、稠油采出水的特点

稠油污水与稀油污水、炼厂废水以及其他含油污水相比，具有如下特点：

（1）稠油污水的油水密度差小。稀油，即低密度原油的密度在880kg/m³以下，通常约为840kg/m³；稠油平均密度为950kg/m³，一些特稠油的密度为990kg/m³以上。

（2）稠油污水具有较大的黏滞性，特别在水温低时更显著。

（3）稠油污水具有较高温度，在开发稠油过程中为降低原油黏度往往将温度提高到70～80℃，而稀油的输送温度只有50℃左右。

（4）稠油污水易形成水包油型乳状液。

含油污水，特别是稠油污水不是由纯油和纯水构成，而是一种由油、水和其他物质组成的复杂液体。稠油自地下上来时要经过窄隙，与水和汽混合一起，同时稠油中含有较多的乳化剂（沥青、胶质、酚类、金属类、细砂、黏土及人为加入的降黏剂、解堵剂和乳化剂），又经地面集输系统泵的搅动等，这些因素都有利于水包油型乳状液的形成。

从胶体表面电荷情况分析，构成乳状液的原因在于电荷效应，即稠油污水中细分散油珠表面带有负电荷，产生双电层现象并吸附有坚固的水化膜，使油粒相互不易接触和聚结；这种水包油型乳状液借助一些乳化剂使体系能量维持在最低水平，保持稳定，给稠油污水处理带来了困难。

（5）稠油污水成分复杂性和多变性。

稠油污水具有更多的杂质，除自身的胶质、沥青质外还携带较多的泥沙，在开采、作业和集输中又往往加入各种化学药剂，使稠油污水成分更加复杂。由于在稠油生产过程中变化因素较多，导致稠油污水成分在时间和空间上有较大变化；水质的复杂性和多变性对污水处理工艺有较大影响。

辽河油田稠油采出水典型水质见表5-1。

表5-1　辽河油田稠油采出水典型水质

序　号	参　数	普通稠油污水	超稠油污水
1	水型（苏林分类法）	$NaHCO_3$型水	$NaHCO_3$型水
2	水温（℃）	55～60	吞吐：80～90；SAGD：120～140
3	水中原油密度（g/cm³）	0.92～0.98	＞0.99
4	油（mg/L）	500～1000	2000～5000
5	悬浮物（mg/L）	500～1000	10000～20000
6	二氧化硅（mg/L）	80～250	
7	总硬度（mg/L）	100～300	
8	总碱度（mg/L）	800～2400	
9	总矿化度（mg/L）	1500～6000	
10	pH值（25℃）	7.5～8.5	
11	COD_{Cr}（mg/L）	250～350	

注：总硬度和总碱度含量以$CaCO_3$计，下同。

新疆油田稠油采出水水质特点见表5-2至表5-7。

表5-2　稠油区块采出水水质特性表

油　区	温度（℃）	原油密度（g/cm³）	污水密度（g/cm³）	pH值	水　型	SiO_2（mg/L）
九区	75	0.92～0.96	1.0032	8.52	$NaHCO_3$	82～90
六区	55	0.9169	1.008	8.3	$NaHCO_3$	88
红浅	65	0.956	1.006	8.76	$NaHCO_3$	89.40
百重7	60～80	0.9346	1.0027	7.0	$NaHCO_3$	98
克浅10	55～70	0.965	1.0055	7.58～8.49	$NaHCO_3$	75.80～88.53
风城超稠油	85～90	0.978	1.007	7.67～8.45	$NaHCO_3$	124～150

表5-3　含油污水油珠粒径分布测定结果表

单位：%

油区	<80μm	<60μm	<40μm	<20μm	<10μm
六九区	98.45	93.8	83.7	76.1	64.1
红浅	98.32	94.2	86.2	75.3	56.61
克浅10	98.12	90.6	77.9	74.2	44.6
百重7	98.67	97.44	96.00	90.55	76.61
风城	98.54	95.45	91.3	86.2	77.2

表5-4　油田采出水特性表

污水站	六九区	百重7	红浅	克浅10
ζ电位（mV）	−23.62	−27.82	−30～−22	−31～−23

表5-5　六九区污水处理站采出水处理前后水质指标

项　目	来　水	净化水	SY/T 0097—2016
矿化度（mg/L）	3400	3200	7000
总硬度（mg/L）	62.11	80	0.1
暂硬（mg/L）	7.11		
负硬（mg/L）	29.15		
pH值	8.52	9.0	7.5～11
水型	$NaHCO_3$		
溶解氧（mg/L）	0.5	0.5	0.05
硫化物（mg/L）	0.1		
总铁（mg/L）	0.00	0.3	0.05
悬浮物（mg/L）	40.0	1.6	2
含油（mg/L）	512.2	0.5	2
TGB（个/mL）	—		
SRB（个/mL）			
二氧化硅（mg/L）	87.1	80	50
OH⁻（mg/L）	—		
COD（mg/L）	832	107	

表5-6　风城1号稠油联合站采出水水质分析结果表

样品项目	调储罐进水	净化水软化器出水
pH值	7.70	7.94
碳酸根（mg/L）	未检出	未检出
碳酸氢根（mg/L）	455.2	357.2
氢氧根（mg/L）	未检出	未检出
钙离子（mg/L）	25.6	未检出
镁离子（mg/L）	1.7	未检出
氯离子（mg/L）	1475.7	1576.7
硫酸根离子（mg/L）	77.9	91.2
钾+钠离子（mg/L）	1133.8	1201.3
矿化度（mg/L）	2942.3	3047.7
水型	重碳酸钠	重碳酸钠
总硬度（以$CaCO_3$计）（mg/L）	70.9	未检出
总碱度（以$CaCO_3$计）（mg/L）	373.4	293.0
总铁（mg/L）	未检出	未检出
二氧化硅（mg/L）	324.1	284.1
悬浮物（mg/L）	109	5
含油（mg/L）	1296.6	未检出

表5-7　风城2号稠油联合站采出水水质分析结果表

样品项目	调储罐进水	净化水软化器出水
pH值	8.36	8.34
碳酸根（mg/L）	11.4	12.7
碳酸氢根（mg/L）	410.1	364.9
氢氧根（mg/L）	未检出	未检出
钙离子（mg/L）	0.9	未检出
镁离子（mg/L）	未检出	未检出
氯离子（mg/L）	1882.5	2235.9
硫酸根离子（mg/L）	123.8	131.3
钾+钠离子（mg/L）	1442.9	1660.8
矿化度（mg/L）	3666.6	4223.2

续表

样品项目	调储罐进水	净化水软化器出水
水型	重碳酸钠	重碳酸钠
总硬度（以$CaCO_3$计）（mg/L）	2.3	未检出
总碱度（以$CaCO_3$计）（mg/L）	355.4	320.5
总铁（mg/L）	未检出	未检出
二氧化硅（mg/L）	204.4	208.4
悬浮物（mg/L）	111	1
含油（mg/L）	1318.6	未检出

第二节　回用途径及水质标准

一、回用途径

在稠油开采初期，由于产量和含水率较低，产生的稠油污水量也较少。目前我国陆上大部分稠油开发已进入中后期，综合含水率为 70%～80%，随着产量和含水率的增加，产生的稠油污水量大大增加。开采初期，由于污水量较少，所以国内油田一般采取将稠油污水处理达到注水水质指标后回注，基本不存在多余稠油污水问题；到了开采后期，由于污水量大大增加，将其处理后回注已抵消不了污水量的增加，势必产生大量多余的稠油污水，回用热采注汽锅炉势在必行。

二、回用水质指标及分析方法

1. 回用水质指标

我国稠油采出水回用热采注汽锅炉（也称热采湿蒸汽发生器）给水指标见表 5-8。

表5-8　国内稠油热采注汽锅炉给水指标

指　标	数　值	
	石油行业标准 （SY/T 0027—2014[①]）	辽河企业标准 （Q/SY LH 0233—2007[②]）
溶解氧（mg/L）	0.05	0.05
总硬度（以$CaCO_3$计）（mg/L）	0.1	0.1
总铁（mg/L）	0.05	0.05
二氧化硅（mg/L）	50[③]	100
悬浮物（mg/L）	2	2[④]或5[⑤]

续表

指　标	数　值	
	石油行业标准 （SY/T 0027—2014）	辽河企业标准 （Q/SY LH 0233—2007）
总碱度（以$CaCO_3$计）（mg/L）	2000	2000
油和脂（mg/L）	2	2
总矿化度（mg/L）	7000	7000
pH值（25℃）	7.5—11	7.5—11

① SY/T 0027—2014 为《稠油注蒸汽系统设计规范》；
② Q/SY LH 0233—2007 为《辽河油田热采湿蒸汽发生器给水指标》企业标准；
③ 当碱度大于 3 倍二氧化硅含量时，在不存在其他结垢离子的情况下，二氧化硅含量为 150mg/L；
④ 采用强酸树脂软化；
⑤ 采用大孔弱酸树脂软化。

国外稠油采出水回用热采注汽锅炉给水指标见表 5—9。

表5—9　国外稠油热采注汽锅炉给水指标

序　号	项　目	加拿大 莫尼柯	美国 石油学会	加拿大 锅炉制造厂家	加拿大 经验规定
1	溶解氧（mg/L）	0.005	0.1	0.01	0.05
2	总硬度（以$CaCO_3$计）（mg/L）	0.1	1.0	0.01	测不出
3	总铁（mg/L）	0.05	0.1	0.05	0.1
4	二氧化硅（mg/L）	100	150	50	50
5	悬浮物（mg/L）	1	5.0	基本为0	5.0 最好1.0
6	总碱度（以$CaCO_3$计）（mg/L）		最大2000		最大2000
7	油和脂（建议不包括溶解油）（mg/L）	1.0	1.0	1.0	1.0
8	矿化度（mg/L）	10000	最大7000	≤8000	溶解度决定
9	pH值	8.5～9.5	7～12	7～12	7.5～9.1

2．水质分析方法

稠油采出水处理回用热采注汽锅炉给水我国起步较晚，《稠油注汽系统设计规范》和《稠油油田采出水用于蒸汽发生器给水处理设计规范》对水质分析方法没有明确规定。辽河油田稠油采出水处理回用热采注汽锅炉给水指标分析方法是参照《碎屑岩油藏注水水质推荐指标及分析方法》和国标有关水质分析方法制定的，详见表 5—10。

表5—10　热采注汽锅炉给水水质分析方法

序　号	分析项目	分析方法
1	溶解氧	SY/T 5329—2012（测氧管比色法）

序　号	分析项目	分析方法
2	总硬度	SY/T 5523—2016（络合滴定法）
3	总铁	SY/T 5329—2012（硫氰酸盐法）
4	SiO$_2$	GB 8538—2016（钼黄比色法）
5	总碱度	SY/T 5523—2016（容量法）
6	悬浮物	SY/T 5329—2012（重量法）
7	油和脂	SY/T 5329—2012（光电比色法）
8	可溶性固体	SY/T 5523—2016（容量法）
9	pH值	SY/T 5523—2016（pH计法）

第三节　水型分类及典型处理工艺流程

一、水型分类及评估

根据稠油采出水所含污染物种类和数量及热采注汽锅炉给水指标，污水处理工艺主要去除水中的油、悬浮物、硬度三类污染物，以及总铁、二氧化硅、溶解氧。碱度和矿化度一般不超标，故不需处理。

稠油采出水去除油和悬浮物为常规处理工艺，较成熟，工程一次性投资和处理成本较低；而稠油采出水的软化、除硅、脱盐工艺较复杂，工程一次性投资和处理成本较高，是影响整个回用处理工艺的关键因素。因此，按影响稠油采出水软化工艺选择的主要水质指标（总溶解固体 TDS 和硬度），把稠油采出水分为 6 种类型，见表5–11。不同种类稠油采出水回用技术经济性初步评估见表5–12。

表5–11　稠油采出水分类

序　号	类　型	总矿化度（mg/L）	总硬度（mg/L）
1	低含盐、低硬度	≤5000	≤300
2	低含盐、中等硬度	≤5000	300～800
3	低含盐、高硬度	≤5000	≥800
4	中含盐、低硬度	5000～7000	≤300
5	中含盐、中等硬度	5000～7000	300～800
6	高含盐、高硬度	≥7000	≥800
7	其他类型	（含较高氯根、二氧化硅和硫化物）	

表5-12　稠油采出水回用热采注汽锅炉给水初步评估表

序　号	污水类型	评　估
1	低含盐和低硬度	易软化，不需预软化，处理成本低，宜作为锅炉回用水
2	低含盐和中等硬度	易软化，需预软化，处理成本较低，宜作为锅炉回用水
3	低含盐和高硬度	需特殊预软化，处理成本较高，可作为锅炉回用水
4	中含盐和低硬度	较难软化，需脱盐，处理成本较高，稀释后可作为锅炉回用水
5	中含盐和中等硬度	较难软化，需脱盐，处理成本较高，稀释后可作为锅炉回用水
6	高含盐和高硬度	难软化，需脱盐，处理成本很高，不宜作为锅炉回用水

目前，辽河油田、新疆油田、胜利油田大部分稠油采出水属于低矿化度（TDS 小于 7000mg/L），中、低硬度稠油污水，胜利油田少数稠油采出水矿化度大于 7000mg/L。

二、典型处理工艺流程

1. 辽河油田典型处理工艺流程

1）不除硅流程

不除硅处理流程如图 5-1 所示。

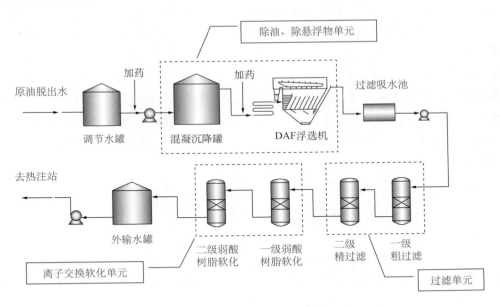

图5-1　辽河油田不除硅回用热采注汽锅炉工艺流程

2）除硅流程

除硅处理流程如图 5-2 所示。

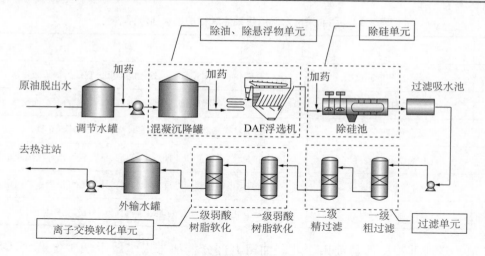

图5-2　辽河油田不除硅回用热采注汽锅炉工艺流程

2. 新疆油田典型处理工艺流程

采用"重力除油—高效反应—混凝沉降—两级过滤—两级树脂软化"工艺处理稠油油田采出水，产品水回用注汽锅炉。

1）水质净化工艺

主要工艺流程：采出水（含油＜1000mg/L、悬浮物＜300mg/L、硬度＜300mg/L、温度55～85℃）自流进入调储罐，去除大部分油和悬浮物，调储罐出水经反应泵提升进入反应罐，并加入水处理药剂，使乳状液破乳，悬浮固体颗粒聚并，油水固液迅速分离，去除部分乳化油及悬浮物，出水（含油＜15mg/L、悬浮物＜15mg/L）至2座混凝沉降罐，进一步降低水中的油及悬浮物，出水（含油＜10mg/L、悬浮物＜10mg/L）进入2座过滤缓冲罐，再经过滤泵提升进入一级双滤料过滤器(出水含油＜5mg/L、悬浮物＜5mg/L)，二级多介质过滤(出水含油＜2mg/L、悬浮物＜2mg/L、硬度＜300mg/L)，过滤器出水直接进软化水处理系统，软化水处理系统（出水含油＜2mg/L、悬浮物＜2mg/L、硬度＜0.5mg/L、溶解氧＜0.05mg/L）出水供给注汽锅炉。

工艺流程如图5-3所示。

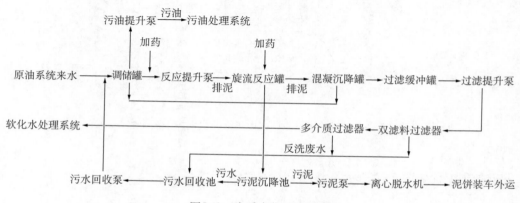

图5-3　水质净化工艺流程

2）水质软化工艺

主要工艺流程：过滤器出水（含油＜ 2mg/L、悬浮物＜ 2mg/L、硬度＜ 300mg/L）进入 2000m³ 净化水罐储存，通过管道输送至钠离子软化装置进行软化，软化合格的水进入 2000m³ 净化软化水罐储存，辅助加药除氧（出水含油＜ 2mg/L、悬浮物＜ 2mg/L、硬度＜ 0.5mg/L、溶解氧＜ 0.05mg/L），通过外输泵供给注汽锅炉。

软化水处理工艺流程如图 5—4 所示。

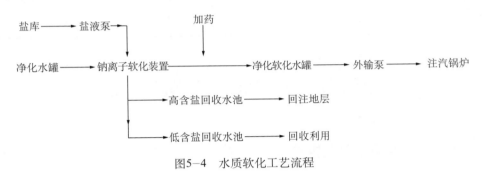

图5—4　水质软化工艺流程

3）技术特点

主要特点如下：

（1）污水中加入特定的离子调整剂，压缩污水胶粒的双电层，大幅度的降低胶粒表面的 ζ 电位，调整污水的 pH 值，并通过高效旋流反应器加强药剂反应强度、调整药剂投加时间间隔，破乳除油、除悬浮物，并控制腐蚀结垢，抑制细菌生长，达到净化和稳定水质的目的。处理后的净化水再经软化达到了《稠油注汽系统设计规范》（SY/T 0027—2007），回用注汽锅炉。

（2）水质软化采用固定床软化，再生为逆流再生；软化树脂采用强酸钠离子交换树脂，该树脂采用 NaCl 再生，操作运行安全。

（3）采用不除硅工艺。当稠油采出水碱度较高时，二氧化硅在水中的溶解度降低，热采注汽锅炉炉管的结垢情况减轻。当原水碱度是硬度的 3 倍以上，且不存在其他结垢离子的条件下，二氧化硅浓度可以放宽到 150mg/L。

（4）自动化控制有效保证生产工艺的安全，有足够的操作灵活性。

4）适用范围

本技术适用于稠油油田地面工程新建、扩建或改建的采出水处理站，处理后采出水回用于稠油热采注汽锅炉。适用于蒸汽干度小于或等于 80% 的直流锅炉给水。

适用的进水水质条件如下：

（1）介质：稠油采出水；

（2）温度 55 ～ 85℃；

（3）主要进水水质指标见表 5—13。

表5—13　稠油采出水处理站进水水质指标

序　号	项　目	指　标
1	油和脂（mg/L）	＜1000

序 号	项 目	指 标
2	悬浮物（mg/L）	<300
3	溶解性固体（mg/L）	<7000
4	硬度（以$CaCO_3$计）（mg/L）	<300
5	二氧化硅（mg/L）	<150
6	总碱度（以$CaCO_3$计）（mg/L）	<2000

第四节　关键处理技术及设备

一、辽河油田回用工艺关键技术及设备

1. 调节和缓冲

前面已提到，由于稠油污水客观上存在水质、水量波动。在工艺设计过程中，必须充分考虑这些变化因素的影响，并尽量使处理工艺在相对均衡稳定的状态下运行。可供选择的对应措施包括适当的调节容积，均质均量。

水量变化应根据生产情况实测，根据实际调查，调节水量一般为处理规模的10%～15%可满足要求。均质措施主要是确定次流程出水达到一定含油和悬浮物指标，送回主流程时不会对主流程水质产生冲击。

调节罐宜设置2座，已备1座检修清泥。罐内设伴热和收油设施。

废水经调节罐后，均质、均量供给后段工艺。

2. 除油罐

重力除油一直是国内外含油污水处理首选的初级处理单元，其效率高，运行稳定。通过这一单元处理，可以去除大部分浮油和分散油；加入适当的破乳剂，可去除部分乳化油。

斜板除油罐有重力式和压力式，重力式斜板除油罐上部设有收油设施和给油加热设施；中部为设置斜板的沉降区；底部设置锥型排泥斗；罐中心设反应筒。

斜板除油罐主要运行参数如下：

（1）停留时间：1～2h；

（2）药剂反应时间：10～15min；

（3）投加破乳剂量：10～20 mg/L。

处理指标如下：

（1）进口含油：1000mg/L；

（2）出口含油：100～200mg/L；

（3）进口悬浮物：300～400mg/L；

（4）出口悬浮物：150～200mg/L。

3．浮选

20 世纪 80 年代末期,为适应稠油污水处理的要求,辽河油田首先引进了国外诱导浮选机,并对其进行了测试和研究。试验和实践均证明,诱导浮选（IGF）十分适用于油水密度差小的稠油污水处理。近年来,溶气浮选（DAF）和涡凹浮选（CAF）也引入油田废水处理。

现以处理水量 5000m³/d 的浮选设备进行综合对比,见表 5-14。

表5-14　几种浮选机综合对比

对比项目	IGF浮选机	压力浮选机	CAF浮选机	DAF溶气浮选机
设备价格（万元）	55	120	83.14	59
占地面积（m²）	23	7.1	36	43
运行功率（kW）	40	20	5.135	60
配套设施	一般	少	少	多
自动控制	较易实现	较易实现	较易实现	较难实现
维护工作量	较大	小	小	大
产生气泡大小	最大	小	较大	小
在含油污水使用情况	国内外较多	国内较少	国内较少	国内一般
停留时间（min）	15	5	10	15
国内能否制造	能	不	不	能
产品质量	国内一般	较好	较好	国内一般

前段来水加浮选剂,经浮选处理后,出口含油基本小于 10mg/L,悬浮物在 50 ~ 100mg/L。诱导浮选,浮选剂加到浮选机进水管线经静态混合器混合后可直接投加,不需特制药剂反应装置;溶气浮选,最好在进浮选机前设药剂混合和反应装置,国产浮选剂投加量一般为 10 ~ 20mg/L。

4．过滤

经浮选处理后,污水进入核桃壳过滤器,进一步除油和悬浮物。全自动核桃壳压力过滤器工作滤速 25 ~ 30m/h,强制滤速 35 ~ 40m/h。反洗时,反洗水中投加 5mg/L 的滤料清洗剂在滤料搅拌装置的作用下,对核桃壳进行彻底反洗。

核桃壳过滤器出水含油小于 5mg/L,悬浮物在 10 ~ 20mg/L。

废水经核桃壳过滤器后,加入助滤剂 1 ~ 5mg/L 进入全自动双滤料（无烟煤和石英砂）压力过滤器进行微絮凝过滤,进一步去除悬浮物和油。

双滤料过滤出水含油小于 2mg/L,悬浮物小于 5mg/L。双滤料过滤器设空气压缩机对滤料进行表面和深层辅助清洗。

废水经双滤料过滤器处理后,进入软化处理部分。

5．软化

选择稠油污水离子交换软化工艺取决下列因素：锅炉给水标准、废水 TDS、硬度、硬度与碱度之比。选择软化工艺一般原则见表 5-15。

表5-15　选择离子交换软化工艺的一般原则

序　号	TDS（mg/L）	硬度（mg/L）	软化工艺
1	≤2000	≤100	强酸聚合母体单床树脂
2	700～5000	≤2000	上流式串联床强酸树脂
3	5000～10000	≤500	单床弱酸树脂
4	5000～10000	500～2000	强酸树脂+弱酸树脂串联
5	10000～50000	≤2000	串联床弱酸树脂
6	≥50000	≤500	单床螯合树脂

注：此表为参照美国两家设计公司选择软化数据，国内还无稠油废水离子交换选择条件。

是否进行化学沉降分离预软化处理，还取决于原水中 TDS、总硬度、碱度、SiO_2 和金属离子的含量。

辽河油田曙四联稠油污水离子交换软化的工业试验和工程实践证明，总矿化度小于 7000mg/L、硬度小于 500 mg/L 时：

（1）001×7 强酸阳离子树脂和大孔弱酸树脂 D113 能与稠油采出水相适应，软化后可达到进热采锅炉水质指标。

（2）树脂可承受一定量的有机物，这种暂时性污染对交换过程影响不大，但悬浮物含量不应过高（不宜超过 10mg/L）。

（3）稠油采出水中 COD 小于 300mg/L 时对树脂没有明显污染作用。

（4）稠油采出水 001×7 强酸阳离子树脂软化过程中，工作滤速可按清水软化设计滤速设计；树脂装填高度应高出清水软化树脂装填高度 200～300mm；再生液浓度和再生液用量应比清水软化设计时高出 1.2～1.5 倍。

（5）大孔弱酸树脂 D113 用于稠油采出水软化的交换容量可高出 001×7 树脂 1～1.5 倍，抗污染能力强于 001×7 树脂，具有再生彻底等特点，它适用于废水中含长链有机物。

（6）移动床软化与固定床软化相比，可提高交换效率 0.5～1.0 倍，再生与清洗彻底，可防止树脂板结，适用于含污染物多的稠油采出水。

二、新疆油田回用工艺关键技术及设备

1. 离子调整旋流反应技术

通过加入以 Ca^{2+}、Zn^{2+} 为主要成分的离子调整剂，调整污水的 pH 值，使乳状液破乳，悬浮固体颗粒聚并，油—水—渣迅速分离，水质得到净化，并通过改变离子调整剂的配方以适应油田采出水水质的变化及不同油田的采出水处理。

通过压缩污水胶粒双电层、大幅度降低胶粒表面的 ζ 电位，使乳状液破乳，悬浮固体颗粒聚并，油水固液迅速分离，水质得到净化。

与传统的采出水处理工艺不同，离子调整旋流反应法技术通过除去或降低污水中的铁、硫、钙、二氧化碳等引起腐蚀和结垢的离子或化学成分，降低油田污水腐蚀结垢倾向，使污水的腐蚀速率低于 0.076mm/a，结垢趋势下降。

碳酸钙溶解度和析出曲线如图 5-5 所示，污水结垢机理如下：

$$HCO_3^- + Ca^{2+} = CaCO_3 \downarrow + H^+$$

加入 OH^- 和 Ca^{2+}，诱导和催生结垢反应发生，实现新的平衡，使结垢倾向重新回零。化学反应如下：

$$Ca(OH)_2 + 2HCO_3^- = 2H^+ + 2CO_3^{2-} + Ca^{2+} + 2(OH)^-$$

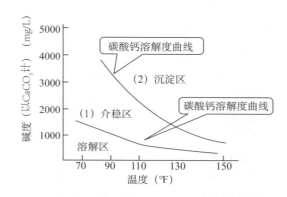

图5-5　碳酸钙的溶解度曲线和碳酸钙析出曲线图

2．一体化除硅技术

超稠油采出水具有高温、高含硅特点，若不除硅直接回用过热锅炉，会因为过热蒸汽无法携带盐分，造成注汽管道和井筒结垢、结盐严重，生产中存在安全隐患。

国内外稠油采出水除硅通常是在混凝沉降后单独设置除硅设施，混凝沉降＋除硅工艺技术存在所投加的药剂种类多、成本高、除硅反应时间长，需要建造大体积的澄清池等问题，除硅设施排出污泥轻且不易沉降，总产泥量是混凝沉降的 3 倍以上。

针对超稠油采出水高温、高含硅特点，在"离子调整旋流反应净水技术"基础上优化创新，研发了"一体化除硅"工艺，将水质净化与化学除硅紧密结合，解决了传统化学除硅加药量大、成本高、污泥量大等问题，实现了净化水回用注汽锅炉。

采出水一体化除硅流程为：反相破乳＋自然沉降除油→旋流反应化学除硅→旋流反应、混凝沉降净水→过滤→软化，如图 5-6 所示。

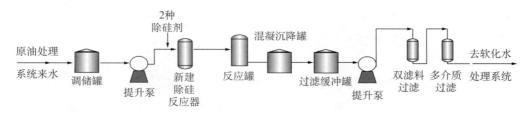

图5-6　采出水一体化除硅流程图

3. 主要设备

标准 10000m³/d 稠油采出水处理站主要设备如下。

1）高效旋流反应器

旋流反应器是药剂反应的主要场所，由罐体、中心反应筒体、进出水管汇、加药管汇、排油、排泥管等组成。据污水的特性，筛选出投加药剂，同时试验出药剂投加时间间隔与混合反应强度，再利用旋流反应器的紊流逐级变小的涡流场，在工艺上为药剂混合提供了动力。

反应器主要由罐体、中心反应筒体、进出水管汇、加药管汇、排油、排泥管等组成（图 5-7）。

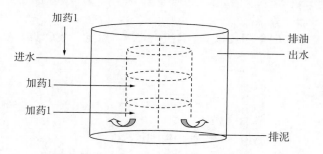

图5-7 反应器结构示意图

2）调储罐

新建 2 座 2000m³ 调储罐，直径 =15.7m，高 =11.2m，调储罐中主要对来水中较大粒径的油、悬浮物与水进行分离，同时调节峰值水量，保证后续系统平稳运行。正常情况下串联使用，一座起沉降分离作用，另一座调节水量，也可并联使用。单罐污水停留时间：4h。另外，罐内安装了负压排泥器，可根据情况定期排泥排污。

3）反应罐

反应罐是药剂反应的主要场所，设计污水反应罐 3 座。主要技术参数如下：

（1）单罐处理量：170m³/h；

（2）直径：6.0m；

（3）罐高：13.5m；

（4）进水含油：＜ 200mg/L；

（5）出水含油：＜ 15mg/L；

（6）进水悬浮物：＜ 200mg/L；

（7）出水悬浮物：＜ 15mg/L；

（8）水头损失：＜ 5m；

（9）出水水样静置：5min；

（10）透光率：≥ 85%；

（11）反应器工作压力：0.60MPa。

4）混凝沉降罐

设计 1000m³ 混凝沉降罐 2 座，罐采用喇叭口集、配水方式，喇叭口均匀布置，2 座罐正常情况下并联使用，罐直径：11.3m；高：10.9m；污水沉降时间：2h；进水含油：＜ 30mg/L；

出水含油：＜10mg/L；进水悬浮物：＜30mg/L；出水悬浮物：＜10mg/L。

5）过滤缓冲罐

2座500m³过滤缓冲罐，2座罐正常情况下并联使用，直径8.92m，高8m，缓冲时间2h。

6）一级过滤器

一级过滤器选用7台全自动双滤料过滤器，滤料采用石英砂和无烟煤，总填装高度≥1000mm。滤料层由上至下依次为：无烟煤，粒径0.8～1.2mm，厚700mm；石英砂，粒径0.4～0.8mm，厚500mm；垫层石英砂，粒径1～2mm。主要技术参数如下：

（1）单台处理量：80m³/h；

（2）过滤器直径：3.2m；

（3）正常滤速：10.0m/h；

（4）水反冲洗强度：15L/（s·m²）；

（5）气反冲洗强度：15～20L/（s·m²）；

（6）反冲洗周期：24h；

（7）进水含油：＜15mg/L；

（8）出水含油：＜5mg/L；

（9）进水悬浮物：＜15mg/L；

（10）出水悬浮物：＜5mg/L。

7）二级过滤器

二级过滤器选用7台全自动多介质过滤器，该过滤器采用的滤料为核桃壳、精细滤料、磁铁矿，总填装高度≥1000mm。滤料层由上至下依次为：核桃壳，粒径0.4～0.8mm，厚300mm；精细滤料，粒径～0.1mm，厚500mm；磁铁矿，粒径1～2mm，厚300mm；垫层石英砂，粒径1～2mm。主要技术参数如下：

（1）单台处理量：80m³/h；

（2）过滤器直径：3.2m；

（3）正常滤速：10.0m/h；

（4）水反冲洗强度：13L/（s·m²）；

（5）气反冲洗强度：15～20L/（s·m²）；

（6）反冲洗周期：24h；

（7）进水含油：＜10mg/L；

（8）出水含油：＜2mg/L；

（9）进水悬浮物：＜10mg/L；

（10）出水悬浮物：＜2mg/L。

8）周边传动刮泥刮渣机

2座污泥沉降池上设周边传动刮泥刮渣机1台，直径12m，单台功率4kW，池内设刮油板及收油斗。

9）离心脱水机

采出水处理系统储罐排泥选择2台离心脱水机，1用1备，单台处理量为15m³/h，功率 37kW；离心机进料为含水含油泥沙或含水含油污泥，含固率 1%～5%、污泥含油量 20%～50%；脱出泥沙含水率＜70%，固相回收率≥95%。配螺旋输送机 1 台、加药装置 2 套。

10）软化水处理装置

水处理间设 6 台软化水处理设备，采用强酸性钠离子交换树脂。单台设备处理能力为 72m³/h。配套 2 台加药装置（Na_2SO_3 除氧）、2 台空压机。

第五节 应用实例

一、辽河油田应用实例

辽河油田自 2000 年开始应用稠油采出水处理回用热采注汽锅炉技术，已累计建成 7 座稠油采出水深度回用注汽锅炉给水处理站，总设计规模为 $9.3×10^4m^3/d$，目前运行规模为 $7.8×10^4m^3/d$。处理后水质满足热采锅炉行业和企业标准。处理单位水量电耗约 1kW·h/m³，电费 0.62 元/m³，药剂费约 2.00 元/m³（不除硅）或 5.00 元/m³（除硅）。直接经济效益可达 9 亿元/年，节约清水 $3000×10^4m^3$/年，节约燃料油 $14×10^4t$/年，回收原油 $10×10^4t$/年，COD 减排 $2.0×10^4t$/年，具有良好的经济效益、环境效益和社会效益。辽河油田应用实例详见表 5-16。

表5-16 辽河油田稠油采出水处理站基本情况统计表

序 号	处理站	设计规模（$10^4m^3/d$）	运行规模（$10^4m^3/d$）	备 注
1	欢三联污水深度处理站	2	1.2	普通稠油污水
2	欢四联污水深度处理站	1.8	1.5	普通稠油污水
3	曙四联污水深度处理站	2.2	2.0	超稠油吞吐和SAGD污水
4	冷一联污水深度处理站	0.7	0.6	特稠油污水
5	曙一区污水深度处理站	2.2	2.2	超稠油吞吐和SAGD污水
6	洼一联污水深度处理站	0.3	0.2	普通稠油污水
7	海一联污水深度处理站	0.2	0.1	普通稠油污水
合 计		9.4	7.8	

二、新疆油田应用实例

1. 回用规模

经过十几年的发展，新疆油田逐步形成了具有自身特色的采出水处理和资源化利用技术，从 2001 年至今，已陆续建成了 7 座稠油采出水处理站，总设计处理规模达 $17.5×10^4m^3/d$，新疆油田应用实例详见表 5-17。

表5-17　新疆油田稠油采出水处理站基本情况统计表

序　号	处理站	设计规模 ($10^4 m^3/d$)	运行规模 ($10^4 m^3/d$)	处理工艺	用途及去向
1	六九区稠油采出水处理站	4.2	3.2	调储重力除油—旋流反应—斜板沉降—两级过滤	回用、回注
2	百联站稠油污水处理站	1.3	0.7	调储重力除油—旋流反应—斜板沉降—两级过滤	回用
3	九1—九5区污水处理站	2.0	1.4	调储重力除油—旋流反应—斜板沉降—两级过滤	回用
4	克浅10稠油污水处理站	1.5	0.5	调储重力除油—旋流反应—混凝沉降—两级过滤	回用、回注
5	红浅稠油污水处理站	2.5	1.8	调储重力除油—旋流反应—混凝沉降—两级过滤	回用、回注
6	风城1号稠油采出水处理站	2.0 +1.0	2.2	调储重力除油—除硅—旋流反应—混凝沉降—两级过滤 调储重力除油—除硅—溶气气浮—两级过滤	回用
7	风城2号稠油采出水处理站	3.0	2.6	调储重力除油—除硅—旋流反应—混凝沉降—两级过滤	回用、回注
	合　计	17.5	12.4		

2.回用经济效益

新疆油田稠油污水处理后回用经济效益见表5-18。

表5-18　2001—2010年新疆油田累计稠油采出水处理效益统计表

项目内容	数　量	经济效益（亿元）	备　注
污水处理量	$4.7 \times 10^8 m^3$		
污水处理率	100%		
回用率	90.7%		
节约清水量	$3.2 \times 10^8 m^3$	7.2	
节约燃料费		5.0	回收污水余热利用
回收原油	$7 \times 10^4 t$	2.2	
效益合计		14.4	

3.主要进出水水质指标

新疆油田稠油污水回用处理进出水设计指标见表5-19。

表5-19 采出水处理站净化水及软化水出水水质指标

序 号	项 目	进 水	水质净化出水	软化出水
1	溶解氧（mg/L）	<0.5	<0.5	<0.05
2	硬度（$CaCO_3$）（mg/L）	<200	<200	<0.1
3	总铁（mg/L）	<0.3	<0.05	<0.05
4	pH值	7～9	7～9	7.5～11
5	二氧化硅（mg/L）	<150	<150	<150
6	总碱度（$CaCO_3$）（mg/L）	<2000	<2000	<2000
7	油和脂（mg/L）	<1000	<2	<2
8	悬浮物（mg/L）	<300	<2	<2
9	总可溶性固体（mg/L）	<7000	<7000	<7000
10	温度（℃）	55～85	55～85	55～85

4. 主要技术经济指标

新疆油田稠油污水回用处理主要技术指标见表5-20。

表5-20 采出水处理站主要技术指标表

序 号	项目	指标	
1	建设规模（m^3/d）	10000	20000
2	产品产量及质量		
2.1	采出水回收利用率（%）	95	95
2.2	出水含油（mg/L）	2	2
2.3	出水悬浮物（mg/L）	2	2
2.4	出水硬度（mg/L）	0.1	0.1
3	占地面积（m^2）	23000	32000
4	建筑面积（m^2）	4900	6300
5	消耗指标		
5.1	电力（kW·h/a）	4.38×10^6	8.1×10^6
5.2	新鲜水（m^3/a）	7300	14600
5.3	净水剂（t/a）	438	876
5.4	离子调整剂（t/a）	256	512
5.5	助凝剂（t/a）	30	60
5.6	固体NaCl（t/a）	2000	4000

序　号	项目	指标	
6	水系统吨液能耗（MJ/t）	13.08	12.09
7	单位污水处理费用（药剂费及电费）（元/m³）	2.2	2.0

5. 超稠油采出水一体化除硅工艺

完成了 $5 \times 10^4 m^3/d$ 规模的采出水一体化除硅装置的设计和建设工作，形成了采出水一体化除硅工艺技术。

采用"离子调整旋流反应法净水技术"分别在风城油田 1 号、2 号稠油联合站建成 20000m³/d 和 30000m³/d 采出水处理系统，在常规流程基础上增加了采出水一体化除硅装置，同时完成水质净化和化学除硅。

采用一体化除硅后，加药成本增加约 2.35 元 /m³ 水，除硅成本低于国内同行业。

新疆油田稠油污水处理除硅前后药剂成本对比见表 5-21。

表5-21　除硅前后药剂成本对比

药剂名称	除硅设备投入前		除硅设备投入后	
	加药浓度	加药成本	加药浓度	加药成本
净水剂	140mg/L	0.86元/m³	300mg/L	1.87元/m³
絮凝剂	15mg/L	0.30元/m³	16mg/L	0.32元/m³
助沉剂	50mg/L	0.31元/m³	—	—
2#调剂	—	—	200mg/L	0.8元/m³
除硅剂	—	—	220mg/L	0.83元/m³
总成本	1.47元/m³		3.82元/m³	

第六节　技术总结及展望

一、几点认识

辽河油田稠油污水处理回用热采锅炉技术的试验研究已有 20 年历史，生产应用已满 16 年。通过多年的研究和应用，初步认识如下。

1. 工艺

（1）稠油污水的复杂性和多变性是稠油污水的典型特征，是决定稠油污水处理工程成败的关键。

（2）水质、水量调节是整个污水处理系统成功的基础。

（3）高效化学药剂、良好的水力条件及可靠适用的处理设备是污水处理系统成功的保障。

（4）强化先除油、针对性加药、分段控制、全面达标是污水系统设计原则。

（5）DAF高效浮选机是稠油污水处理的核心关键设备，起到承上启下作用，是后段过滤、软化等工艺正常运行的保障；冬季寒冷地区宜室内安装。

（6）大孔弱酸树脂软化系统具有交换容量大（质量全交换容量大于11mmol/g）、抗污染能力强（进水悬浮物最高5mg/L），最适合高矿化度（TDS大于4000mg/L）污水；软化器宜采用固定床，再生宜采用顺流再生；再生用酸液、转型用碱液宜采用水射器密闭投加；转型碱液宜用软化污水配置；酸碱废水宜返回除硅系统或单独处置。

（7）稠油污泥宜采用离心脱水，自动化水平高、卫生条件好；

（8）除硅工艺复杂，运行成本高，并对后段工艺带来不利影响，应进一步优化、简化。

（9）当污水的总矿化度超过7000mg/L时，污水需要脱盐处理。目前国内还没有该方面工程实例，需进一步试验研究。

2．热采锅炉水质标准及分析方法

1）我国的热采锅炉水质标准需进一步统一、验证和完善

我国热采锅炉水质标准是参照国外（美国、加拿大等）相关标准制定的，有些指标的经济性、合理性需要进一步验证与完善。

（1）国内行业标准总硬度、总铁、油、悬浮物以及pH值数值不一致，需统一。

（2）二氧化硅指标的经济性有待进一步实验验证。

（3）总硬度指标有待进一步确认，因为离子交换树脂软化出水硬度一般小于1mg/L。

（4）悬浮物指标有进一步放宽的可能。

（5）TDS指标各国不尽相同，进炉前是否需处理，应进一步明确。

2）热采锅炉水质分析方法需进一步明确

（1）现行行业标准《稠油集输及注蒸汽系统设计规范》（SY/T 0027—2007）、《稠油油田采出水用于蒸汽发生器给水处理设计规范》（SY/T 0097—2016）和《油田专用蒸汽发生器安全规定》（SY/T 5854—2012）都没给出对应水质分析方法。

（2）不同的分析方法适用范围、检测精度（上下限）皆不同。如检测悬浮物的重量法和分光光度法（包括紫外、可见光和红外法等）；检测二氧化硅的钼黄法和钼蓝法；检测总硬度的EDTA容量法（该法最低检测浓度1.0mg/L）和等离子体发射光谱法。

二、技术展望

稠油污水处理回用热采锅炉技术在辽河油田已成功应用多年，随着重力除油、浮选、除硅、过滤、软化等单元技术的不断完善和发展，该技术也在不断发展和完善。

1．热采锅炉二氧化硅给水指标研究

由于稠油污水除硅工艺运行成本（药剂费）高、对后续工艺有影响以及产生的硅泥对环境的影响等。为此，中油辽河工程有限公司自2000年开展了热采锅炉二氧化硅给水指标实验研究和工程应用，从放宽二氧化硅含量入手，简化处理工艺，降低工程投资及运行成本。

2．高矿化度稠油污水回用热采锅炉技术研究

辽河油田和新疆油田相继开展了机械压缩蒸发法（简称MVC）处理稠油污水的现场中试。

该技术成功后，可以实现高矿化度稠油污水回用吞吐和蒸汽驱用注汽锅炉以及超稠油 SAGD 开采用汽包锅炉。

辽河油田 MVC 中试装置设计蒸发量 20t/h，MVC 装置分别处理过 SAGD 采出水经气浮预处理后污水及 SAGD 高温分离水，MVC 处理后水质指标见表 5−22，MVC 处理污水回用 1 台 20t/h、14MPa 汽包锅炉。

目前，MVC 中试装置正在运行，已累计运行 1 年以上，中试取得较好效果。

表5−22　MVC中试出水指标

序　号	项　　目	数　值
1	硬度（μmol/L）	2
2	总铜（μg/L）	5
3	总铁（μg/L）	30
4	pH值（25℃）	8.8～10
5	油（mg/L）	0.3
6	电导率（25℃）（μS/cm）	60
7	二氧化硅（mg/L）	0.2
8	浊度（NTU）	1

参考文献

[1] 李化民，等.油田含油污水处理 [M].北京：石油工业出版社，1992.

[2] M.帕拉茨.热力采油 [M].北京：石油工业出版社，1989.

[3] 倪怀英.陆上油田含油废水的处理 [J].石油与天然气化工，1988，17（4）：51−58.

第六章　气田开发污水处理技术

气田开发过程中产生的采出水、气井完井过程中的压裂返排液以及天然气净化过程中产生的污水水性复杂：水中都含有大量盐分，同时有些水中含有大量 CO_2、H_2S，有些含有大量难处理药剂，有些含有重金属离子等，污水处理难度大。本章针对气田开发过程中不同阶段产生的污水，根据其水性特征进行分析、研究，并提出了相应的处理方法，以达到气田污水回注或资源化利用的目的。

第一节　气田开发中污水的水源及特性

根据污水的来源及污染物特点，通常将气田开发污水分为两大类，一是天然气井场完井产生的污水（主要为钻井过程产生的压裂返排液），二是天然气气田生产污水（包括气田采出水、天然气净化厂生产阶段的正常生产污水、生产废水、生活污水以及检修时所产生检修污水、事故状态时所形成的事故废液等）。

一、天然气井场钻井压裂液水性及特点

天然气井场钻井过程产生的压裂返排液成分复杂，处理难度大。

压裂返排液是人为添加成分（压裂液残留、钻井液残留）与开采地层水成分混合液体。由图 6-1 可知，在清水压裂液组分中清水占 90.6%，支撑剂占 8.95%，其他占 0.44%，其中支撑剂中包括种类繁多的各种添加剂，如降阻剂、表面活性剂、防垢剂、缓蚀剂、交联剂等。

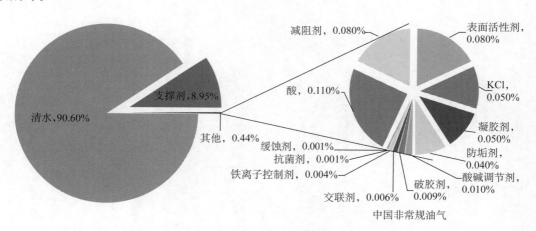

图6-1　压裂液体积组分

以长宁威远区块页岩气开发为例，在现场中试实验过程中发现，污水性质会随存储时间发生改变：颜色由黄褐逐渐变为黑色，COD 由 1300mg/L 左右逐渐会有所降低，采出水中氨氮偏高，可达 70mg/L 以上。这些都符合压裂液残留、钻井液残留成分在存储条件改变后发生的一系列化学反应。表 6-1 是典型水基压裂液和磺化钻井液成分，可以看出，含氧量增加，二价铁被氧化成三价铁，水由黄褐色变为黑色；酰胺类大分子水解和一些小分子醇类挥发引起 COD 变化；降阻剂聚丙烯酰胺造成氨氮超标；大分子纤维素、酰胺类物质和阴性、阳性及中性表面活性剂的存在，使得采出水胶体非常稳定。最终采出废水可以看作是由细小黏土、支撑剂和大分子有机物、表面活性剂形成的稳定胶体，一般处理工艺不能脱稳。处理好采出水的关键是找到一种经济可行的氧化手段，脱除胶体稳定性，然后才能应用常规水处理程序。页岩气井水力压裂添加剂类型及作用见表 6-1。

表6-1　页岩气井水力压裂添加剂类型及作用表

添加剂类型	主要化合物	作　用	比例（%）
酸	盐酸	有助于溶解溶液和造缝	0.123
杀菌剂	戊二醛	清除产生腐蚀性产物的细菌	0.001
破胶剂	过硫酸铵	使冻胶类压裂液降解破胶，降低储层伤害	0.010
缓蚀剂	甲酰胺	放置套管腐蚀	0.002
交联剂	硼酸盐	当温度升高时保持压裂液的黏度	0.007
降阻剂	原油馏出物	减小压裂液与套管的摩擦力减小压力损失	0.088
凝胶	瓜胶或羟乙基纤维素	增加清水的浓度以便携砂	0.056
金属控制剂	柠檬酸	防止金属氧化物沉淀	0.004
防塌剂	氯化钾	使携砂液卤化以防止流体与地层黏土反应	0.060
pH值调整剂	碳酸钠或碳酸钾	保持其他成分的有效性，如交联剂	0.011
防垢剂	乙二醇	防止管道内结垢	0.043
表面活性剂	异丙醇	减小压裂液的表面张力并提高其反液率	0.085
支撑剂	石英砂，二氧化硅	支撑裂缝	8.950

通过对水质指标的分析可知，污染物主要分成以下几类：有机物污染（油、TOC、COD 等），重金属污染，盐类污染（氯化物等），物理污染（色度、臭味等）。

同时井场污水具有以下特点：（1）污染物质成分复杂。气田采出水中含有大量添加剂，主要表现为 COD、悬浮物和矿化度，其中矿化度在几万到几十万毫克每升。（2）水质波动大。不同地区和不同地层地质不同，导致各个井口采出水水质都有很大差别。（3）COD 成分复杂。气田采出水中的 COD 源成分较为复杂。（4）污水中均含有 H_2S 或 CO_2 等物质，水质呈酸性，腐蚀性强。

二、天然气气田采出水水性及特点

气田采出水是随着天然气开发携带出的地层水，气田采出水一般含盐量比较高，矿化度一般在 10000mg ／ L 以上，水中含有油、砷、铬、硫化物及多种微生物，同时，还含有在气田开发生产过程中加入的缓蚀剂、甲醇、起泡剂和消泡剂等药剂，使气田采出水组分更加复杂，难于处理。因气田区域分散，站场采出水水量一般介于 200 ～ 1000m³/d 之间，其处理规模相应较小。

气田地层水水性主要以 $CaCl_2$ 为主，兼有 $NaHCO_3$、Na_2SO_4 等水性，普遍呈现偏酸性胶体状态，成分复杂，具有高浊度、高矿化度、高腐蚀性、pH 值低等显著特点，pH 值基本介于 5.5 ～ 6.5 之间。以长庆气田为例，典型水质特性见表 6-2。

表6-2　长庆气田典型气田水质特性

指标	靖边气田	榆林气田	苏里格气田
pH值	5.0～6.0	6.0～6.5	6.0～7.5
HCO_3^-（mg/L）	426	421	294
Cl^-（mg/L）	41000	43000	24000
SO_4^{2-}（mg/L）	490	38.3	1850
K^++Na^+（mg/L）	8500	1063	4340
Ca^{2+}（mg/L）	15010	1534	5720
Mg^{2+}（mg/L）	1752	129	249
总硬度（以CaO计，mg/L）	54	187	7570
总铁（mg/L）	115	38.9	17.5
矿化度（mg/L）	75000	7086	38976
含油量（mg/L）	270	350	365
悬浮物含量（mg/L）	1000	200	482

三、天然气处理厂污水水性及特点

1. 生产污水的主要来源

虽然天然气处理厂的处理方法、工艺设备和工艺流程不尽相同，工业污水的排放点和排放方式也不一样，但各厂生产污水主要来自以下几方面：

（1）原料气的分离过滤排水；

（2）机泵冷却水；

（3）场地冲洗水；

（4）工艺设备检修洗涤水；

（5）锅炉房、软化水站、化验室、循环冷却水系统等辅助装置的污水。

2．天然气处理厂生产污水特性

天然气处理厂的生产污水依据其天然气的处理工艺不同有较大差异。含硫原料天然气在脱硫、脱水、脱烃等处理过程中产生的含硫污水是含硫天然气处理厂生产污水的主要来源，主要包括原料气分离过滤设施的排放液、胺法脱硫溶液再生塔回流罐和硫黄回收装置的酸气分离器排放的含硫污水、还原吸收法尾气处理装置的含硫污水等。此外，生产污水还来源于分析化验室、空氮站、锅炉房及循环水场等辅助设施。其水质具有硫化物、油、COD、BOD、氨氮、机械杂质、悬浮物等均远远高于污水排放标准的特点，属于难降解的有机废水。采用甲基二乙醇胺（MDEA）脱硫和三甘醇（TEG）脱水工艺方法的，生产污水中一般都含有 TEG、MDEA 及硫化物等污染物，此类污染物具有毒性大、难降解等特点。

第二节　气田开发中污水的处理技术

根据最终去向不同，井场污水的处置方式分高压回注地层、自然蒸发、达标排放、零排放等多种处置方式。早期处置方式通常为简单处理后就回注或自然蒸发，随着环保要求日趋严格，近几年逐渐向回用、达标排放、零排放等处置方式转化。

一、气田采出水处理水质指标

气田采出水回注处理指标一般执行《气田水回注方法》（SY/T 6596—2004）中的推荐指标要求（表6-3）。

表6-3　气田水回注推荐水质指标

参　数	指　标	
悬浮固体含量（mg/L）	$K>0.2\mu m^2$时	<25
	$K\leqslant0.2\mu m^2$时	≤15
悬浮物颗粒直径中值（μm）	$K>0.2\mu m^2$时	<10
	$K\leqslant0.2\mu m^2$时	≤8
含油（mg/L）	<30	
pH值	6～9	

注：K—渗透率。

气田采出水经处理后回用需满足回用企业工艺设施的水质要求，对于回用天然气净化厂循环冷却水的水质要求一般执行《炼化企业节水减排考核指标与回用水质控制指标》（Q/SH 0104—2007），见表6-4。

表6-4　回用水质控制指标表

项　目	数　值
pH值	6.5～9.0

项　目	数　值
氨氮（mg/L）	≤10.0
COD_{Cr}（mg/L）	≤50.0
悬浮物（mg/L）	≤30.0
浊度（NTU）	≤10.0
硫化物（mg/L）	≤0.1
油含量（mg/L）	≤2.0
氯离子（mg/L）	≤200.0
硫酸根离子（mg/L）	≤300.0
总铁（mg/L）	≤0.5
电导率（μS/cm）	≤1200
水温（℃）	≤30

气田采出水经处理后外排除需满足国家污水排放指标外，还应符合当地环保部门制定的相关污水排放指标。

二、气田采出水处理技术

气田可分为非含硫气田、中低含硫气田、高含硫气田三种，根据气田采出水处理后最终的排放和处置方式可以选择不同的处理工艺，如回注、达标外排等；中低含硫气田、高含硫气田的采出水处理技术不仅包括气田水本身的处理，还包括处理过程脱出的酸性气体的处理，酸性气田水必须经过脱气处理，充分分离液体中的 H_2S 等有毒气体。

从宏观的角度上看，当前气田采出水处理工艺水平仍然比较简单落后，只在近年来有些改观。目前气田采出水处理的一个难点在于污水中的特征污染物难以确定，表现得最突出的是对控制指标的认识。由于该指标本身是一个综合值，并非具体指某一特征污染物，所以在当前的治理工作中并未针对污染源进行深入认识、细化、量化，而是在客观上强调控制指标量化达标。

由于气田地域广泛，涉及的地质构造较多，在气田采出水方面的表现为不同气田其水质迥异。同一气田随着产气周期的不同，产水量极不均衡，大量气田采出水的治理将加重天然气开采成本，因此在实际操作中都依据尽量节省投资的原则，简化气田采出水处理工艺，目前最常采用的处置方式为过滤处理后回注地层。对于酸性气田，还考虑了闪蒸方式进行气液分离，再过滤后回注地层。

1. 中低含硫气田采出水处理技术

1）工艺原理

（1）闪蒸。

从原料气中分离出的气田采出水，当压力降低时，H_2S 和 CO_2 在气田采出水中的溶解度下降，大部分气体被释放出来，所释放的气体中 H_2S 和 CO_2 的浓度相当高，通常都先通过闪蒸进行脱气处理。

闪蒸的原理是通过减压，使高压状态溶解的气体在低压状态下溢出，根据亨利定律，不同温度与分压下气相溶质在液相溶剂中溶解度不同。当溶剂压力降低时，溶剂中的溶质就会迅速地解吸而自动放出，形成闪蒸。闪蒸的能量由溶剂本身提供，故闪蒸过程中溶剂温度有所下降。从较高的压力到较低压力，达到解吸平衡时解吸的溶质量是一定的，对应溶剂中剩余的溶质量也是一定的。

（2）汽提。

高压分离出的气田采出水中溶解有饱和态的各种气体组分，当压力降低时，大部分气体都会从水中溢出，而闪蒸气中含有高浓度的 H_2S 等毒性气体，只有将这些有毒气体与气田采出水尽量分离，后续的处理才更加安全，不然将会成为制约气田采出水处理的关键因素，这是整个气田开发中一个重要的安全环保因素，因此闪蒸就是要预先分离出 H_2S，使后续的处理和输送更为安全。

气田采出水闪蒸是比较复杂的过程，受各种因素影响，原料气中 H_2S 和闪蒸气中 H_2S 浓度成正比，原料气中 H_2S 含量越高，闪蒸气中的 H_2S 也就会越高；分离压力也是决定闪蒸气量的关键因素，分离器压力越高，溶解的量越大，闪蒸时释放出的 H_2S 量也就越大；在原料气压力与浓度均不变的情况下，温度与闪蒸气中 H_2S 的浓度成反比，即温度越高，闪蒸气中 H_2S 的浓度越低，浓度越高影响越显著。

在高酸性气田生产运行过程中，产生的酸性水含有 H_2S、CO_2 等有害成分，若直接排往污水处理装置进行处理，由于 H_2S 挥发会影响大气质量，还可能造成人员中毒，因此需要对酸性水进行处理，脱除 H_2S。再将处理后的非酸性水排往污水处理装置进行处理。酸性水汽提塔作为酸性水汽提装置最核心设备，对整套装置的运行效果和能耗有很大影响。

酸性水中主要污染组分为 H_2S、CO_2。这两种物质构成 H_2S—H_2O 和 CO_2—H_2O 两个二元体系，该体系为溶质挥发性弱电解质溶液体系，不仅存在相平衡，同时还存在电离平衡。酸性水汽提实质是要使弱酸体系中已经生成的离子转变为分子，并向气相移动，通过不同方法将易挥发组分由液相转为气相。

汽提可以采用不同的汽提介质，通常在气田采出水处理中采用两种汽提介质：低压蒸汽汽提，即通过低压蒸汽在汽提塔重沸器中间接加热酸性水，脱除 H_2S 和 CO_2；燃料气汽提，即直接通入燃料气或其他惰性气提介质到汽提塔中进行汽提。采用不同的汽提介质其原理略有不同。

（3）低压蒸汽作为汽提介质。

低压蒸汽汽提法主要是利用混合物中各组分挥发能力的差异，通过液相和气相的回流，使气、液两相逆向多级接触，在热能驱动和相平衡关系的约束下，使得易挥发组分（轻组分）不断从液相往气相中转移，而难挥发组分却由气相向液相中迁移，从而使混合物不断分离，其影响因素主要为进料温度和蒸汽通量。

进料温度：对汽提塔的操作影响很大。进料温度太低，将增加塔底重沸器的热负荷，影响净化水的效果；进料温度太高，则可能汽化，从塔顶直接出汽提塔。同时，进料温度的变化幅度过大，也会影响整个塔身的温度，从而改变气液平衡组成。通常，将原料水与汽提后的净化水进行换热，提高原料水的进塔温度，减少塔釜的蒸汽用量。低压汽提工艺原料水进塔温度一般维持在 90 ~ 95℃。

蒸汽通量：汽提塔主要利用蒸汽的相变潜热加热酸性水，使 H_2S、CO_2 等有害组分从酸性水中分离。当蒸汽流量太小时，无法使 H_2S、CO_2 脱除干净，影响净化水的质量。当蒸汽流量过大时，会使出塔气体夹带大量的蒸汽，增大塔顶冷凝器的负荷，也增大了能耗。因此，实际操作过程中，应根据现场情况，在保证净化水质量合格的基础上，尽量降低蒸汽通量。

（4）燃料气作为汽提介质。

燃料气汽提根据气液之间达到相平衡时，溶质气体在气相中的分压与该气体在液相中的浓度成正比的原理，通过提高一项分压来降低另一相分压，达到分离 H_2S、CO_2 的目的。基本操作是向汽提塔中通入燃料气或原料气，降低 H_2S 和 CO_2 的分压，使有害组分从酸性水中析出来。其过程遵循亨利定律：

$$p=Ex$$

式中　p——溶质气体在气相中的平衡分压，Pa；

　　　x——溶质气体在液相中的平衡浓度，摩尔分数；

　　　E——比例系数，称亨利系数，Pa。

汽提脱气用于脱除水中溶解气体和某些挥发性物质，即将气体（载气）通入水中，使之相互充分接触，使水中溶解气体和挥发性物质穿过气液界面，向气相转移，从而达到脱除污染物的目的。汽提塔的原理和分馏塔的原理一样，通过塔盘上气液两相的接触实现传质传热，使不同挥发度的组分分离。这种方法主要用在缺少低压蒸汽或原料酸性水中高含盐类，受热易解析出来的场合。

其影响因素综合起来考虑有 4 个：废水流量、汽提气流量、水的 pH 值及进水含硫量。试验表明，影响出水硫化物含量的因素大小顺序是：pH 值 > 进水含硫量 > 废水流量 > 汽提气流量，其中尤其以 pH 值的影响最大。这主要是由于水中硫化物以 H_2S 形式存在的量是随 pH 值变化的。当 pH 值大于 5 时，水中 H_2S 含量占总硫化物的百分数随 pH 值增加而急剧降低，到 pH 值为 9.0 时，水中 H_2S 的量基本为零，这时水中硫化物主要以 S^{2-} 的形式形在。对于汽提（吹脱）来说，它是利用水中 H_2S 的溶解度小的特点，用汽提气来将水上部空间中的 H_2S 带走，从而降低了水上部空间中 H_2S 的分压，使 H_2S 在气液两相中的平衡被打破，从而水中的 H_2S 不断析出。因此，为了保证吹脱降硫效果，水中硫化物以 H_2S 形式存在的量越多越好，也就是要求废水的 pH 值至少要小于 5。

2）工艺流程介绍

（1）闪蒸 + 过滤的工艺。

气液分离器产生的气田采出水通过调压阀控制并调节出流量，调压阀后的压力控制在 0.2MPa 左右，保证气田采出水排液稳定地进入闪蒸罐，闪蒸罐内的压力维持在 0.2MPa，可将闪蒸后的污水压至水罐中储存，同时在水罐中可以进行二次闪蒸，水罐的压力为 0.1MPa，同时储存一定量的污水，通过高低液位控制提升泵的启停，将气田采出水通过机械过滤器或篮式过滤器进行过滤后进行回注。

典型案例：

① 七里气田：规模 10m³/h，2004 年 9 月投产；

② 龙岗气田：规模 10m³/h，2004 年 9 月投产。

（2）闪蒸 + 过滤 + 汽提工艺。

气液分离器产生的气田采出水通过调压阀控制并调节出流量，调压阀后的压力控制在 0.2MPa 左右，保证排液稳定地进入闪蒸罐，闪蒸罐内的压力维持在 0.2MPa，可将闪蒸后的污水压至水罐中储存，同时在水罐中可以进行二次闪蒸，气田水罐的压力为 0.1MPa，同时储存一定量的污水，通过高低液位控制提升泵的启停，将气田采出水提升至汽提塔进行进一步的脱硫处理，针对进水的水质情况，过滤器可以采用二级串联的方式。当气田采出水处理装置外部有蒸汽依托时，优先采用低压蒸汽进行汽提，流程如图 6-2 所示；当无依托时，可以采用净化天然气作为汽提气，流程如图 6-3 所示。

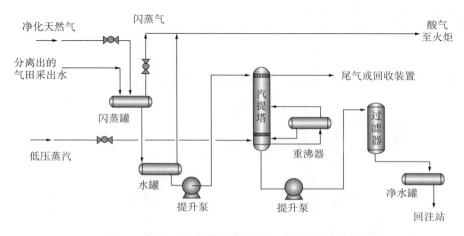

图6-2　气田采出水处理典型程图（低压蒸汽汽提）

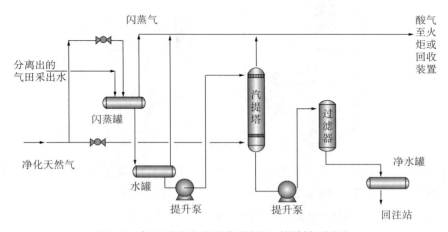

图6-3　气田采出水处理典型程图（燃料气汽提）

技术特点：

① 调压：分离器分离出高压状态下的气田采出水通过调压进入闪蒸罐中。

② 气田采出水在闪蒸罐内完成气体闪蒸后再进入水罐，闪蒸罐和水罐内的闪蒸气收集

调压进入闪蒸气压缩机。

③ 气田采出水再经汽提进一步脱除 H_2S。

④ 汽提尾气及闪蒸气进入火炬系统。

⑤ 汽提塔根据处理量的不同，选择合适的塔的型式和尺寸。当气田采出水或酸性水的处理量较大，汽提塔塔径大于 800mm 时，一般选择板式塔中的浮阀塔，要比填料塔更为经济。当处理量较小，塔径较小时，一般选择散堆填料式的填料塔。填料塔效率较高，压降较小，同时安装维修更方便。

⑥ 一般优先采用低压蒸汽作为汽提气，而在没有蒸汽系统可依托的工艺站场，汽提气只能选择燃料气，这是由于站场内本身设置了燃料气系统，便于使用。但是汽提用的燃料气耗量较大，能耗较高。汽提后的燃料气含有 H_2S，较难回收利用，通常通入火炬燃烧排放，在实际工程中应用很少。

2. 高含硫气田采出水处理技术

1）闪蒸、汽提技术

（1）工艺原理。

高含硫气田采出水处理包括闪蒸、汽提及闪蒸气回收三部分。闪蒸、汽提的原理同中、低含硫气田水的处理。

（2）工艺流程介绍。

高含硫气田水脱气处理工艺流程如图 6-4 所示。

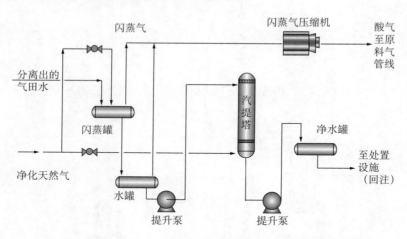

图6-4　高含硫气田水脱气处理工艺流程图

气液分离器产生的气田采出水通过调压阀控制并调节出流量在 0.5 ～ 1m³/h 的范围内，调压阀后的压力控制在 0.2MPa 左右，保证排液稳定地进入闪蒸罐，闪蒸罐内的压力维持在 0.2MPa，可将闪蒸后的气田采出水压至水罐中储存，同时在水罐中可以进行二次闪蒸，水罐的压力为 0.1MPa，同时储存一定量的气田采出水，通过高低液位控制提升泵的启停，将气田采出水加压至汽提塔进行脱气处理，经过脱气后的气田采出水中 H_2S 含量约在 5mg/L 以内，为控制汽提塔尾气的流量，应控制泵进入汽提塔的流量在 1m³/h 左右，可将闪蒸罐、水罐及汽提的尾气都送入酸性气压缩机内，进行增压后的酸性气返回至气液分离器的入口。

压缩机为金属隔膜式压缩机，是一种特殊结构的容积式压缩机，具有压缩比大、密封性好等特点。每台压缩机配置进口过滤器和级间分离器各 1 台、缓冲器 1 套。

（3）技术特点。

① 调压：分离器分离出高压状态下的气田采出水通过调压进入闪蒸罐中；

② 气田采出水在闪蒸罐内完成气体闪蒸后再进入水罐，闪蒸罐和水罐内的闪蒸气收集调压进入闪蒸气压缩机；

③ 气田采出水再经汽提进一步脱除 H_2S；

④ 汽提尾气及闪蒸气经过压缩机增压返回至原料气管线中；

⑤ 采用闪蒸气压缩机收集闪蒸尾气，避免站场 H_2S 的排放，减少了燃烧气中 SO_2 的排放量，有显著的环境效益。

高含 H_2S 的气田，由于气体中含有较高浓度的 H_2S，若通入火炬燃烧，已超过国家的排放标准，因此针对此工况，也提出新的工艺方案，即将汽提尾气及闪蒸尾气一同压缩至原料气进行回收，这也对站场采用燃料气作为汽提介质的方案有了较好的推广空间。

（4）典型工程介绍。

部分应用：川东北高含硫气田宣汉开县区块；

情况说明：在集气站的闪蒸气处理中应用了压缩机回流段工艺；

投产时间：2015 年 12 月。

2）沉淀、氧化技术

（1）工艺原理。

高含硫气田采出水先进行汽提处理后，再投加氧化剂氧化，然后再加药沉淀、过滤回注。

氧化剂可采用 $HClO$、ClO_2 等，氧化剂与水中 S^{2-} 发生反应，大部分 S^{2-} 可生成硫黄或硫化物，水中少量残余 S^{2-} 可再投加锌盐进行去除。

（2）工艺流程。

高含硫气田采出水氧化、沉淀处理工艺流程如图 6-5 所示。

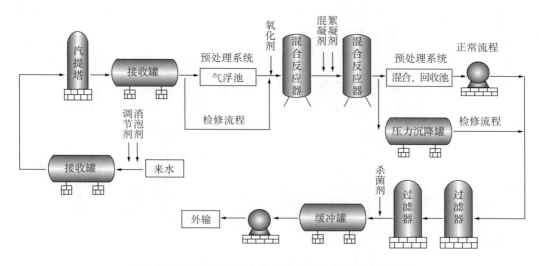

图6-5　高含硫气田采出水氧化、沉淀处理工艺流程图

从原料气中分离出的气田采出水，当压力降低时，H_2S 和 CO_2 的溶解度下降，大部分气体释放出来，通过汽提去除大部分 H_2S 和 CO_2，然后通过气浮池去除生产过程中加入的柴油，再进行氧化、沉淀处理，然后过滤、回注。

（3）技术特点。

处理工艺全程密闭，包括气浮池、混合回收池等均采用外罩与空气隔绝；

水质可控，能够有效保障处理效果；

逸出的 H_2S 气体在工艺中设置了回收装置进行回收，不对环境造成污染。

（4）典型工程介绍。

部分应用：中石化西南分公司普光 1 号污水处理站；

情况说明：在污水处理站应用了氧化、沉淀工艺；

投产时间：2009 年 10 月。

三、特殊废水处理技术

1. 含汞废水处理技术

随着含汞气田的生产和开发，带来了含汞污水的处置等环保问题。汞及其化合物具有高毒性和腐蚀性，同时汞具有挥发性和迁移性。含汞气田采出水中的汞能在常温常压下挥发到空气中，进入空气的汞一部分能在排放源附近的局部地区或区域范围内随降尘、降水沉降到地面和海洋，一部分随大气环流在全球范围内流动，导致环境污染，因此气田污水含汞存在破坏环境、影响正常生产及危害操作人员健康等问题。我国《污水综合排放标准》（GB 8978—1996）要求排放水中不得检出烷基汞，总汞含量不高于 0.05mg/L。

含汞污水处理技术指采用相应的铁碳微电解、催化氧化、絮凝沉淀、生物化学、吸附等处理工艺将气田含汞污水中的汞脱除并达到要求指标的技术。

1）工艺流程

该工艺采用物化和生化联用技术，以脱无机汞、有机汞和降 COD 为主要目的，主要特点在于采用了铁碳微电解、催化氧化、沉淀、活性炭吸附技术，通过 4 种关键技术的脱汞，使出水总汞、烷基汞达标。含汞污水处理工艺流程如图 6-6 所示。

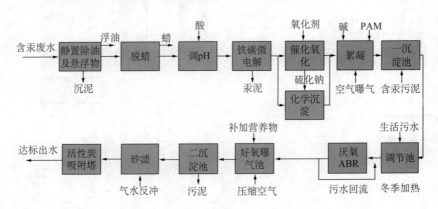

图6-6 含汞污水处理工艺流程框图

本工艺流程可分为三个部分：物化处理阶段、生化处理阶段、吸附处理阶段。

（1）物化处理阶段。

气田含汞污水通过预处理（气浮除油、除蜡，过滤除去部分悬浮物）得到相对含油、含悬浮物量少的污水，在污水计量配置槽中进行调节 pH 值，使其 pH 值符合进入铁碳微电解规定值。调整好 pH 值的气田污水通过泵定量输送到铁碳塔中，气田污水从铁碳塔中通过铁碳填料进行微电解反应，把有机物降解，同时污水中的无机汞与铁碳填料反应，形成汞泥沉淀，从而除去大部分无机汞。气田污水通过铁碳塔后，进入反应槽。在反应槽中先后进行催化氧化和絮凝沉淀工序，先在反应槽中加入催化剂和双氧水进行催化氧化反应，进一步氧化降解有机物，同时将烷基汞进行氧化，转化为无机汞。在催化氧化结束后，在反应槽中加入混凝剂并调节 pH 值到碱性，搅拌混合反应规定时间，再加入絮凝剂反应均匀，在脱汞的同时脱除 COD，并通过絮凝形成矾花，有利于沉降分离。反应结束后把污水放入一沉淀池中，进行静置沉淀、固液相分离，出水则可作为生化处理原水。固相沉渣进行脱水，作为危废渣处理。

（2）生化处理阶段。

通过物化处理后去除部分有机物，抑制细菌物质、重金属有毒物质等的物化出水进入调节池中，按照生化厌氧进水要求进行调配水质。调配后的污水进入生化处理系统。

可生化处理的污水先进入污水计量槽内。污水计量槽内的污水经恒流泵连续稳定的送入 ABR 反应器。在 ABR 反应器各隔室内作上下折流流动，ABR 反应器内的微生物将污水中的大分子难降解有机物水解、酸化、乙酸化、甲烷化为小分子有机物。经处理后的污水从 ABR 反应器最后的隔室的排出口自然流入一沉淀池内。经沉降后的污水从一沉淀池流入恒流提升泵入口。一沉淀池内底部的沉淀污泥经污泥泵返送回 ABR 反应器的进水口处循环处理。

污水经一沉淀池连续送入生化曝气池内。生化曝气池内设置有曝气器和曝气头，池内污水连续好氧曝气，污水经活性污泥代谢除去污水中的小分子有机物、氨氮等，降低污水中的 COD、氨氮含量。生化曝气池上部的排水口将污水自然排入二沉淀池内。污水在二沉淀池内沉淀，二沉淀池内的清水分别从上部排水口自然排出。二沉淀池内沉积的部分污泥回用定量输送到生化曝气池作为污泥补充，多余的污泥作为固废处理。

（3）吸附处理阶段。

二沉池的上清液通过过滤器，除去微量的悬浮物后经泵加压输送入活性炭吸附塔上部，水自上而下通过活性炭填料进行过滤吸附，再次除去水中微量的烷基汞和无机汞，同时吸附微量有机物，去除 COD，使出水达到排放要求。

2）工艺原理

（1）铁碳微电解。

铁碳微电解是基于电化学中的原电池反应。当铁和碳浸入电解质溶液中时，由于铁和碳之间存在 1.2V 的电极电位差，因而会形成无数的微电池系统，在其作用空间构成一个电场。阳极反应产生的新生态二价铁离子具有较强的还原能力，可使某些有机物还原，也可使某些不饱和基团（如羧基—COOH、偶氮基—N＝N—）的双键打开，使部分难降解环状和长链有机物分解成易生物降解的小分子有机物而提高可生化性。此外，二价和三价铁离子是良好的絮凝剂，特别是新生的铁离子具有更高的吸附—絮凝活性，调节废水的 pH 可使铁离子变成氢氧化物的絮状沉淀，吸附污水中的悬浮或胶体态的微小颗粒、有机高分子及重金属离子，同时去除部分有机污染物质，使废水得到净化。阴极反应产生大量新生态的活性组分，在偏酸性的条件下，这些活性成分均能与废水中的许多组分发生氧化还原反应，使有机大分子发生断链降解，使汞形态发生变化，达到脱除汞和降解有机物的目的。

铁碳微电解技术具有脱除汞及脱 COD 的双重功能，同时具有产生的汞泥量较少的优点，此技术为研究路线中的重点技术。

（2）催化氧化。

催化氧化是污水处理的高级氧化技术，其中湿式均相催化氧化反应条件更加温和，不需要高温、高压，氧化分解能力强。应用催化剂能加快反应速度，缩短反应时间，减少反应器容积和降低运行成本。目前应用于湿式氧化的催化剂主要包括过渡金属及氧化物和盐类。

Fenton 试剂法是目前在高浓度难降解污水处理中应用较多、较广泛的一种均相催化湿式氧化法。它将可溶性亚铁盐和双氧水按一定比例加入，能氧化分解许多有机分子，且系统不需要高温高压。其反应原理是：利用 Fe^{2+} 对 H_2O_2 的催化分解，产生羟基游离基（·OH），发生自由基链式反应，从而达到氧化分解污水中有机物的目的。Fenton 试剂法主要的问题是处理成本较高，但对于毒性大、一般氧化剂难氧化和生物难降解的有机废水处理仍是一种较好的方法。

本污水脱汞工艺选用 Fenton 试剂法，通过投加低剂量氧化剂来控制氧化程度，使气田污水中的难降解有机物发生部分氧化、偶合或聚合，形成分子量不太大的中间产物，提高它们的可生物降解性，改变其溶解性及混凝沉淀性，再与絮凝沉淀法联用，不仅可以拓宽 Fenton 试剂的应用范围，还可以降低污水处理成本。

（3）絮凝沉淀。

絮凝沉淀法是废水处理中最常用的方法之一，该法由三步不同的操作组成：①混凝；②絮凝；③沉淀。

该法的优点是：操作运行简单，反应时间短，投药量少，脱悬浮物、胶体、高分子物质及脱色效果好，沉淀分离容易；缺点是产生的沉渣较多。在污水处理中通常与其他物化法联合使用，成为最常用、最广泛的方法。其原理是通过双电层作用使胶体、悬浮物脱稳而相互凝聚，通过高分子物质的吸附、架桥、网捕作用等黏结过程而絮凝，从而去除重金属离子和有机污染物，最后形成矾花、絮体再通过静置、沉降分离，达到净化的目的。

（4）活性炭吸附。

活性炭具有极大的表面积，在活化过程中形成一些含氧官能团，使活性炭具有化学吸附和催化氧化、还原的性能，能有效去除重金属。用活性炭处理含汞量较高的废水，可以得到很高的去除率。我国有些工厂已采用此法处理含汞废水，但该方法只适用于处理低浓度的含汞废水。废水含汞浓度高时，可先进行一级处理，降低废水中汞浓度后再用活性炭吸附。将含汞量 1～2mg/L 以下的废水通过活性炭滤塔，排出水含汞量可下降至 0.01～0.05mg/L 水平。

本工艺采用活性炭主要作用一是脱除烷基汞；二是进一步吸附脱除 COD。

采用活性炭作为含汞污水的三级处理，属于污水处理的高级处理技术，是作为处理后的污水达标排放的保障手段。

3）处理后水质指标

本工艺针对气田含汞污水中汞含量在低到高之间波动、高含盐、高氨氮的有机废水水质，处理后的水质指标执行 GB 8978—1996《污水综合排放标准》的一级标准。处理后水质指标见表6-5。

表6-5　气田含汞污水处理后的指标要求

项　目	污水综合排放标准（一级最高排放标准）
总汞	0.05mg/L
烷基汞	不得检出
化学需氧量（COD）	100mg/L
氨氮	15mg/L
悬浮物	70mg/L

4）各处理单元处理效果分析

通过各处理单元的有效处理，污水中汞、COD、氨氮含量等均有效降低。各处理单元处理效果见表6-6。

表6-6　各处理单元处理效果分析

项　目	原水（mg/L）	去除率（%）					出水（mg/L）
		铁碳微电解	催化氧化	絮凝沉淀	生化处理	活性炭吸附	
总汞	10	60	>95		17.5	24.4	0.05
无机汞		60	>95		17.5	24.4	0.05
烷基汞		60	>95		17.5	24.4	不得检出
COD	3000～5000	18	>23		92	24.4	100
氨氮							15
悬浮物							70

5）技术特点

（1）适用于气田高含汞、高含氯离子的难降解有机废水。

（2）能脱除无机汞和有机汞，达到国家排放标准。

（3）具有脱汞同时脱 COD 的双重功能的技术。

6）推荐组合工艺

根据处理后水质不同的指标要求，将处理工艺进行优化、整合、集成，在充分考虑各个单元处理技术的互补性和协同效应的基础上推荐组合工艺如下：

（1）工艺流程（一）如图 6-7 所示。

① 出水要求。

出水的总汞达到排放要求（≤0.05mg/L）。

② 气田水水质条件。

总汞小于 10mg/L，油含量小于 10mg/L，悬浮颗粒小于 70mg/L。

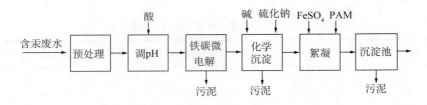

图6-7　污水脱汞工艺流程（一）

③ 工艺流程。

本工艺流程主要为铁碳微电解处理单元、化学沉淀处理单元和絮凝处理单元。

含汞气田污水先用成熟的工艺进行除油、除蜡、除悬浮物的预处理，降低污水中的油、蜡和悬浮物，得到符合铁碳微电解进水要求指标的污水。

在污水配置槽中进行调节 pH 值，使其 pH 值符合进入铁碳微电解规定值。

调整好 pH 值的气田污水通过计量泵定量输送到铁碳塔中，气田污水从铁碳塔中自上而下通过铁碳填料进行微电解反应，把有机物降解，同时污水中的无机汞与铁碳填料反应，形成汞泥沉淀，从而除去大部分无机汞。

气田污水通过铁碳塔后，进入化学沉淀反应槽。控制合适的 pH 值，加入硫化钠溶液进行反应，再进行沉淀，进而固液分离。

气田污水从化学沉淀池进入絮凝装置，在反应槽中加入混凝剂并调节 pH 值到碱性，搅拌混合反应规定时间，再加入絮凝剂反应均匀，在脱汞的同时脱除 COD，并通过絮凝形成矾花，有利于沉降分离。反应结束后把污水放入一沉淀池中，进行静置沉淀、固液相分离，出水则可作为生化处理原水。固相沉渣进行脱水，作为危废渣处理。

（2）工艺流程（二）如图 6-8 所示。

① 出水要求。

出水的总汞、烷基汞达到排放要求。

② 气田水水质条件。

进入铁碳微电解的水质条件：总汞小于 10mg/L，油含量小于 10mg/L，悬浮物小于 70mg/L。

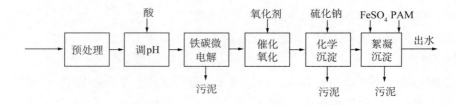

图6-8　污水脱汞工艺流程（二）

③ 工艺流程。

在图 6-7 所示流程中增加了催化氧化单元。气田含汞污水通过铁碳塔后到催化氧化反应器中，先在反应槽中加入催化剂和双氧水进行催化氧化反应，进一步氧化降解有机物，同时将烷基汞进行氧化，转化为无机汞。出水再进行化学沉淀。

以上两种处理工艺出水的汞含量指标均能达到 GB 8978—1996《污水综合排放标准》一级标准。

2. 含醇污水处理技术

1）工艺原理

在采气过程中需向井口注入甲醇，以防止水合物产生，故分离出的污水为含甲醇气田水或污水（以下简称甲醇污水）。井口注醇量随季节有所不同，夏季温度较高，注醇量小，冬季注醇量大，故水中甲醇含量亦随季节存在差异。

甲醇污水矿化度及含油量高，水中离子成分复杂，含醇量大，需对该类污水进行处理后回注地层，并回收水中甲醇，为此工程中将分别建设 1 套甲醇污水预处理装置和甲醇回收装置。

甲醇回收工艺要求回收甲醇 ≥ 95%（质量分数），脱甲醇废水含醇量 ≤ 0.1%（质量分数）。回收后的甲醇继续当作水合物抑制剂使用，脱醇水进入不含醇处理系统达标回注。

甲醇回收工艺对水质要求较苛刻，因此应设置成熟可靠的预处理工艺以保证甲醇回收装置平稳高效运行，须在进精馏塔前进行预处理，去除水中 Fe^{2+}、含油、悬浮物和硬度等，以解决设备、管道腐蚀，精馏塔填料堵塞，换热设备结垢等问题。甲醇污水水质成分复杂，不同站场污水存在较大差异，普遍呈现偏酸性胶体状态，具有以下共性：成分复杂，具有高浊度、高矿化度、高腐蚀性、低 pH 值等显著特点，pH 值在 5.5 ~ 6.5 之间。

甲醇回收装置采用精馏塔精馏工艺回收甲醇，其精馏塔分离甲醇的工作原理是依据组分挥发度不同而达到分离目的。甲醇回收塔进料为含甲醇 8% 的水溶液，经高温蒸馏分离，将甲醇和水分开，塔顶为含 99% 以上的甲醇，塔釜为含 99.9% 以上的水，从而达到回收甲醇的目的。

2）工艺流程

（1）西南气田甲醇污水处理。

① 处理工艺。

甲醇污水采用预处理及甲醇回收两段工艺模式进行处理，预处理工艺采用"曝气—除油—反应—混凝沉降—粗滤—精滤"流程，含醇污水先经曝气、加破乳剂，再进入沉降罐去除油和悬浮物，出水加碱和絮凝剂，经管式混合器充分混合后，再进入油水分离器进一步除油和悬浮物，出水再经微孔陶瓷过滤器粗过滤、精细过滤器精滤，使出水最终达到甲醇回收装置进水要求（表 6-7）。含甲醇污水预处理装置方框简易流程如图 6-9 所示。

表6-7　甲醇回收装置进水指标

pH值	Fe^{2+}	透光率	含油
7~7.5	<0.5mg/L	>98%	<10mg/L

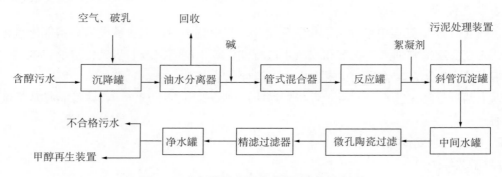

图6-9　含甲醇污水预处理装置方框流程图

② 技术特点。

a. 由于高温精馏过程中污水中悬浮物容易富集堵塞精馏塔塔盘，故要求进水的透光率＞98%，为此本技术采用微孔陶瓷过滤（粗滤）＋滤芯过滤（精滤）工艺；

b. 为防止高温精馏过程中水中 Fe^{2+} 高温氧化，生成氢氧化铁沉淀堵塞塔盘，故要求进水 $Fe^{2+} < 0.5mg/L$，为此采用了充分曝气氧化技术；

c. 为避免水中硬度物质生成沉淀堵塞塔盘，本技术采取了除硬度工艺；

d. 由于进口采出水为高盐分污水，容易腐蚀系统管阀件（尤其是精馏高温段），本技术采用了防腐蚀材料；

e. 针对甲醇极易伤害眼睛的毒性特点，工程中采取一系列安全防护措施。

③ 典型案例。

案例：子洲天然气处理厂；

情况说明：厂内建成甲醇回收装置和甲醇污水预处理装置各 1 套；

投产时间：2016 年 2 月。

（2）长庆气田甲醇污水处理。

长庆气田天然气水合物的生成平均温度为 23℃，而井口的天然气温度一般只有 15 ~ 18℃，很容易生成水合物，因此需注醇以防止水合物的生成。注入的大部分甲醇与管线中游离水互溶，在集气站、天然气处理厂与天然气分离后便产生了气田含甲醇污水。为降低采气成本，需回收甲醇循环利用，实现地面零排放。含醇污水处理全流程如图 6-10 所示。

长庆气田含醇污水处理工艺技术基本采用"一级沉降＋一级过滤"和"一级油浮选＋一级过滤"两种处理工艺。有效处理天然气生产过程中所产生的含醇污水，做到高效回收醇，避免了生产过程中的环境污染。

①沉降工艺。

该工艺适合投加药剂后悬浮物下沉的含醇污水处理，工艺核心为涡流反应沉降罐的污泥循环混凝沉淀废水处理技术，充分利用不断累积、循环的高浓污泥吸附、拦截作用，对进水水质波动适应性强，节约药剂投加量，出水水质稳定。取出全部或部分污泥，重新返回到来水中循环运行，利用活性污泥絮体的网捕及吸附、过滤作用处理气田含醇污水。沉降工艺流程如图 6-11 所示。

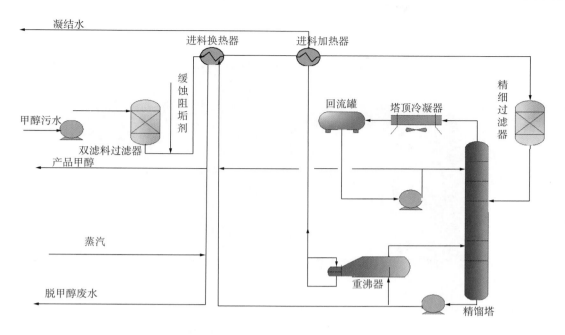

图6-10　甲醇回收工艺流程图

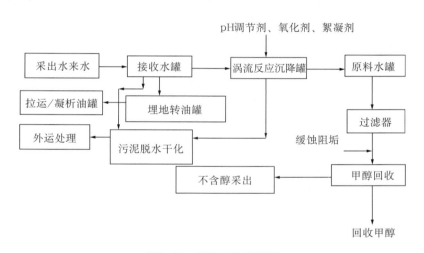

图6-11　沉降工艺流程图

2008年，靖边气田第二天然气净化厂甲醇污水处理装置扩建，该厂每天处理约200m³污水，该工艺对来水水质波动适应能力强，出水水质稳定。定期每个月排泥一次，一次约15m³，沉降污泥通过泵在设备内强制循环、高度浓缩，每处理100m³排泥约0.3～0.5m³，排泥含水率约90%。

② 上浮工艺。

随着近年来气井投加大量化学药剂，包括泡排剂、缓蚀剂、阻垢剂等，集气站产出水的性质发生了很大变化（图6-12），含醇污水中泡沫类物质明显增加，明显呈乳化及上浮现象，导致原设计混凝沉降工艺无法正常运行。鉴于此，开发了油浮选工艺，用以处理加入大量压裂液、缓蚀剂、阻垢剂、泡排剂等高分子有机物的气田采出水。不同时段投加药剂水样如图6-12所示。

图6-12　不同时段投加药剂水样

油浮选水处理技术，即向采出水中投加一定量的轻质油，如利用站内回收污油，并经乳化，再按常规水处理方法投加混凝剂、絮凝剂及其他辅助药剂，如pH值调整剂、氧化剂等，投加药剂生成的矾花在吸附水中杂质的同时，也吸附所投加的乳化油，因油的密度小，矾花吸附了足够多的油后，其整体密度变小，当整体密度小于水的密度时，矾花即上浮，亦即达到净化污水的目的。油浮选工艺流程如图6-13所示。

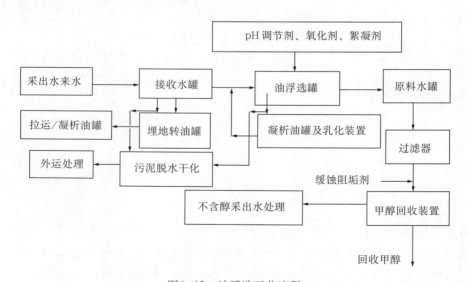

图6-13　油浮选工艺流程

2009年，对大牛地气田第二甲醇污水处理站含醇污水处理工艺进行了改造，预处理工艺由原来的下沉工艺改为上浮工艺，总体运行状况良好，水质较以前有明显改善，水质透光率达到90%以上，较好地满足了甲醇再生装置的进料要求。目前该工艺已在中石化华北油田大牛地甲醇污水处理工程中全面应用，与传统工艺相比，水处理的效率大大提高，出水含油、悬浮物含量均小于10mg/L。

第三节 天然气处理厂污水处理技术

一、生产污水常规处理技术

1. 污水处理主要方法

1) 水质、水量均衡

天然气处理厂脱硫脱水等工艺生产过程中，因胺、醇溶剂泄漏或溶液过滤器反洗等情况造成冲击负荷，水质变化较大，因此，污水在进入处理装置前要进行水质、水量的调节，确保处理系统的正常运转。调节的方法有两种，一是各类污水分别设置缓冲池，二是合并设置污水调节池。调节池一般设在污水处理装置其他构筑物之前，调节池也可设置曝气装置，作为预曝气调节池，可降低污水的 COD 等污染物的浓度，降低污水处理装置的负荷，同时起到污水水质水量的混合均匀的作用。

2) 除油

当污水含有大量油时，应采用除油的预处理工艺。

3) 浮选

重力分离只能分离污水中颗粒较大的浮油、杂质，对粒径较小的悬浮颗粒、胶体物质和乳化油等，多采用浮选法去除。为提高处理效果，有时要投加混凝剂。

采用加压溶气浮选法除油，进水含油量不应大于 100mg/L，去除率可达 75% ~ 90%。

4) 生物氧化法

污水生化处理属于二级处理，以去除不可沉悬浮物和溶解性可生物降解有机物为主要目的，是利用微生物新陈代谢功能，使污水中呈溶解和胶体状态的有机污染物被降解并转化为无害的物质，使污水得以净化。

生物化学处理的主体是微生物，生物降解过程本身以微生物的代谢为核心，在实际应用中，微生物一般主要对污水有害化合物中的有机物质起降解、转化的作用。

由于生物氧化法是利用微生物和细菌的作用处理污水，因此对进水水质要求较严格。在天然气净化处理中，污水经均衡、隔油、浮选等预处理后，采用生物接触氧化法作为污水的二级处理，进水 COD 浓度一般不超过 600mg/L，BOD 不超过 200mg/L，油含量不超过 10mg/L。

天然气净化处理工艺中污水经均衡、隔油、浮选、生物氧化处理后，出水一般可以达到国家排放标准。

5) 深度处理方法

根据生产污水的最终出路和回用途径，采用不同的深度处理方法，主要有活性炭吸附法、臭氧氧化法以及过滤等处理方法。

活性炭吸附法对水溶性微量有机物有良好的吸附特性，同时具有脱色、脱臭的功能，但投资和运转费用较高。

臭氧氧化法作为深度处理方法的一种，投资和运行费用比活性炭吸附法还高，目前较少采用。

当污水作为绿化、地面冲洗等回用水时，采用过滤法去除残留的胶体和悬浮物，达到回用水质要求。

2. 工艺原理

以胺法脱硫（碳）为主体工艺装置的天然气处理厂，污水处理工艺通常选用生物氧化法，根据污水处理的深度要求还可采用活性炭吸附法、臭氧氧化法以及过滤等深度处理方法。

生物氧化处理工艺是将前段缺氧段和后段好氧段串联在一起，在缺氧段 DO 不大于 0.2mg/L，好氧段 DO=2 ~ 4mg/L。在缺氧段异养菌将污水中的淀粉、纤维、碳水化合物等悬浮污染物和可溶性有机物水解为有机酸，使大分子有机物分解为小分子有机物，不溶性的有机物转化成可溶性有机物，当这些经缺氧水解的产物进入好氧池进行好氧处理时，可提高污水的可生化性及氧的效率；在缺氧段，异养菌将蛋白质、脂肪等污染物进行氨化（有机链上的 N 或氨基酸中的氨基）游离出氨（NH_3、NH_4^+），在充足供氧条件下，自养菌的硝化作用将 NH_3-N^-（NH_4^+）氧化为 NO_3^-，通过回流控制返回至缺氧池。在缺氧条件下，异氧菌的反硝化作用将 NO_3^- 还原为分子态氮（N_2），完成 C、N、O 在生态中的循环，实现污水无害化处理。

天然气处理厂生产污水生物氧化工艺采用预处理—水解酸化—缺氧—好氧生物处理工艺，除了使有机污染物得到降解以外，还具有一定的脱氮除磷功能。污水预处理阶段包括物化预处理和生物预处理，目的是调节和均衡污水水质，通过预曝气等物理化学方法去除污水中大部分硫化物，降低污水中有害物质毒性，从而大大提高污水的可生化性，同时降低有机物浓度，并使得后续好氧生化处理更顺利地进行，大大提高了天然气净化厂污水的生物降解率。通过水解酸化来实现的生物预处理阶段，有效调节水质与水量，大大提高污水的可生化性，为后期污水处理创造了有利条件。在后续生物处理工段，采用缺氧—好氧工艺，大大缩短了污水停留时间，处理构筑物容积相应减小，从而节省了工程投资，减少维护管理工作量。污水生物处理通过缺氧池的反硝化和好氧池的高效生物分解来实现。污水生物处理将有机碳化物尽可能分解为 CO_2 和 H_2O，将有机氮化物依次降解为 NH_3-N，NH_3-N 氧化并在缺氧池内完成反硝化变成 N_2 溢入空气中。通过以上工艺过程，最终使天然气处理厂含硫污水全面达到国家《污水综合排放标准》规定的第二类污染物最高允许排放浓度的一级标准。

3. 工艺流程

采用"预曝气—气浮—水解酸化—缺氧—好氧—沉淀"生物处理工艺，处理后水质达到国家《污水综合排放标准》第二类污染物最高允许排放浓度的一级标准。工艺流程如图 6-14 所示。

在污水处理装置中，包括依次连接的检修水储水池、格栅池、曝气调节池、混凝气浮装置、水解酸化池、缺氧池、好氧池、沉淀池和清水池；清水池还通过管道与曝气调节池连接，用于将不合格水引入曝气调节池；鼓风机向曝气调节池与好氧池曝气；设置污泥浓缩池分别与混凝气浮装置、缺氧池、沉淀池连接，收集污泥进行浓缩；污泥浓缩池进而与脱水间连接。同时还设置有污水回用设备，用于将处理后的污水进行重复利用。工艺流程说明如下：

1）污水预处理

针对含 H_2S 气田天然气净化厂污水水质水量波动严重，在传统生物处理工艺上对预处理阶段进行创新与改良，污水预处理包括物化预处理与生物预处理两个阶段。

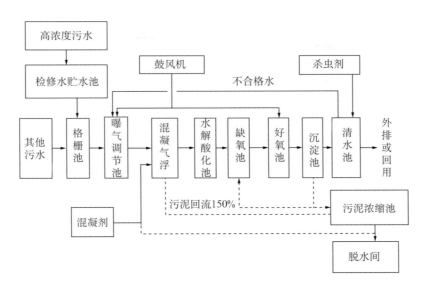

图6-14　天然气处理厂含硫污水处理工艺流程图

（1）物化预处理。

工艺正常生产污水、生活污水和检修污水由厂区相应排水管经过格栅池进行汇集后，分别自流进入污水处理装置的曝气调节池，检修污水逐步掺入正常生产污水系统的曝气调节池，曝气调节池中 COD_{Cr} 浓度控制在 600mg/L 以内，停留时间为 10 ~ 14h（最佳时间为 12h），气水比为 5 ~ 8：1（最佳气水比为 5：1）；从曝气调节池出来的污水经加压后送入混凝气浮装置，混凝气浮装置采用撬装式加压溶气气浮设备，集反应池、溶气罐、投药装置、空气压缩机等为一体，占地面积小，操作管理较为方便。混凝气浮装置的处理量为 $20m^3/h$，停留时间 15 ~ 20min，对进水中悬浮物含量无限制，出水悬浮物含量 ≤ 20 ~ 30mg/L，污水在混凝气浮装置停留时间较原工艺减少 20min，出水悬浮物含量也大为减小。混凝气浮装置的出水自流进入水解酸化池进行生物预处理。

（2）生物预处理。

生物预处理针对常规工艺生化性不好、处理效果不佳的特点，在原有工艺上进行创新，新增设了水解酸化池，水解酸化池大小为 300 ~ 500m³（最佳为 400m³），分为两间，处理水量为 $20m^3/h$，停留时间 13 ~ 15h（最佳停留时间 13.3h），池内填料为组合填料（ϕ 15mm）。通过本工艺的生物预处理可去除污水中大部分硫化物，降低污水中有害物质毒性，提高污水的可生化性，同时降低有机物浓度，并使得后续好氧生化处理更顺利地进行。

2）污水生物处理

污水生物处理阶段是将传统生物处理工艺基础上的厌氧好氧段改为缺氧段与好氧段，在缺氧段内 NH_3–N 氧化并完成反硝化后变成 N_2 溢入空气中，从而达到去除氨氮的目的，缺氧池有效体积为 140 ~ 160m³（最佳为 147m³），分为两间，停留时间为 4 ~ 6h（最佳为 4.9h），DO ≤ 0.5mg/L。

生化池中的好氧段将有机碳化物分解为 CO_2 与 H_2O，好氧池有效体积为 $700 \sim 900m^3$（最佳为 $780m^3$），分隔为两间，停留时间 $24 \sim 28h$（最佳 $26h$），采用推流式接触氧化池的鼓风微孔曝气方式，充分供氧，气水比为 $40 \sim 60:1$（最佳为 $50:1$），生物载体采用球型填料，出口 DO 为 $3.5 \sim 7mg/L$。

好氧段出水进入沉淀池，沉淀池表面积 $40 \sim 60m^2$（最佳为 $49m^2$），设计最大进水流量 $40m^3/h$，上升流速 $0.8 \sim 1m/h$（最佳为 $0.816m/h$），泥水回流比 $120\% \sim 160\%$（最佳为 150%）。污泥回流使得系统能够维持所需污泥浓度，有助于降解进入系统中的有机物质，同时使得矾花密度、体积增大，增强絮凝体的网捕卷扫作用。污水经沉淀池处理后进入清水池，经消毒杀菌检验合格后可加压外排或通过回用设备进行重复利用。

污水处理工艺过程中产生的少量污泥（主要为泥沙、微生物尸体，无重金属）排入污泥浓缩池进行浓缩，然后进入脱水间经脱水后，外运填埋。

4．技术特点

（1）效率高。该工艺对废水中的有机物、氨氮等均有较高的去除效果。

（2）流程简单，投资省，操作费用低。该工艺以废水中的有机物作为反硝化的碳源，故不需要再另加碳源。

（3）缺氧反硝化过程对污染物具有较高的降解效率。

（4）容积负荷高。

（5）缺氧/好氧工艺的耐负荷冲击能力强。当进水水质波动较大或污染物浓度较高时，本工艺均能维持正常运行，故操作管理简单。

5．典型工程

1）工程一

应用：忠县天然气净化厂；

规模：装置处理量为 $480m^3/d$；

投产时间：2005 年 6 月。

2）工程二

应用：同福场铁厂沟天然气净化厂；

规模：装置处理量为 $480m^3/d$；

投产时间：2006 年 12 月。

二、高浓度废水的高效深度处理技术

1．工艺原理

高浓度生产废水 $COD_{Cr} \leqslant 10000mg/L$，加入双氧水和硫酸亚铁进行催化氧化反应，再加入硫酸亚铁和聚丙烯酰胺进行絮凝沉淀反应，反应后脱除了重金属、悬浮物、大分子有机物等有毒有害物质的分离清液与低浓度工艺污水和生活污水进行配置，进入生化处理系统。

可生化处理的污水先进入废水计量槽内，废水计量槽上设置有管状远红外（电）加热器，可将污水加热至 $30 \sim 35℃$。废水计量槽内的污水经恒流泵连续、稳定的送入 ABR（厌氧折板反应器）反应器第一隔室内。

ABR 反应器内设有 6 个隔室，每个隔室又分为下降段和上升段。连续、稳定进入 ABR 反应器内的废水，在 ABR 反应器各隔室内作上下折流流动，ABR 反应器内的污泥细菌将污水中的大分子难降解有机物水解酸化、甲烷化为小分子有机物。经处理后的污水从 ABR 反应器最后隔室的排出口自然流入中间沉淀池内。经沉降后的污水从中间沉淀池流入恒流提升泵入口。中间沉淀池内底部的沉淀污泥经污泥泵返送回 ABR 反应器的进水口处循环处理。

污水经泵连续送入生化曝气池内。生化曝气池内设置有曝气器和曝气头，池内污水连续好氧曝气，污水经活性污泥分解除去废水中的小分子有机物、氨氮等，降低 COD、氨氮含量。生化曝气池上的排水口将污水自然排入沉淀池内。根据沉淀情况，沉淀池内的清水分别从上部排水口自然排出，排放水符合国家污水排放标准。物化处理流程如图 6-15 所示，生化处理流程如图 6-16 所示。

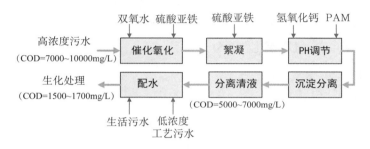

图6-15 物化处理流程

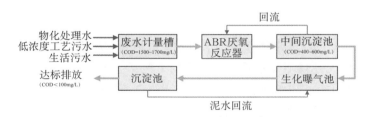

图6-16 生化处理流程

2. 技术特点

（1）整个工艺进水 COD 浓度可以达到 10000mg/L，即天然气处理厂内的高浓度生产废水可以直接进入该装置；

（2）整个工艺出水水质达到国家污水综合排放标准要求，主要污染物去除率达到 99%。

（3）处理的废水来源复杂，如检修污水：$COD_{Cr} \leqslant 10000mg/L$，气田废水：$COD_{Cr} \leqslant 10000mg/L$，工艺废水：$COD_{Cr} \leqslant 2500mg/L$ 等，即抗冲击负荷强；

（4）预处理采用絮凝加氧化，大幅度降低了药剂使用量，降低了运行成本；

（5）厌氧段采用 ABR 反应器，运行温度低于普通中温厌氧运行温度，降低了运行能耗；

（6）厌氧段采用 ABR 反应器，COD 平均去除率达到 65.29%，业内平均水平是 40% ~ 50%。

整个工艺现已集成到一个装置橇，确保了工艺的可靠性，提升了现场安装效率，缩短了调试时间。

第四节　气田开发中污水资源化利用处理技术

一、气田含盐废水资源化利用技术

天然气处理厂中的含盐废水包括循环水系统排污水和锅炉系统排污水等，该部分污水排污量较大，盐分含量较高。含盐废水资源利用是根据回用对象对水质的要求，选择适宜的"电极絮凝沉淀＋气浮氧化"预处理工艺、超滤预处理工艺、电渗析脱盐工艺（EDR）、反渗透脱盐工艺（RO）等组合工艺将以上污水经行妥善处置，达到循环冷却水系统补充水或其他生产用水、消防用水的要求后进行回用，达到节水减排的目的。

1."电极絮凝沉淀+气浮氧化"预处理工艺

1）技术原理

（1）电活性絮凝作用。

（2）电气浮氧化作用。

（3）沉淀过滤作用。

2）技术特点

（1）进水指标宽泛，抗冲击能力强，出水水质稳定，无须投加絮凝药剂，不产生对水体的二次污染。

（2）水回收率高：反冲洗水再处理，水回收率可达到98%以上。

（3）设备投资低，针对不同水质采用不同的工艺单元灵活组合，模块化、标准化设计，采用一体化的结构形式，投资低于传统的工艺流程组合所需的总体投资。

（4）运行成本低，对于总硬度、悬浮物含量较高的水，具有较好的处理效果和较低的运行成本。

（5）设备占地面积小，集成度高，运行可靠，操作维护简单。

（6）全流程自动化控制，便于规范管理，无须增加人工成本。

2.超滤预处理工艺

1）工艺原理

超滤是一种与膜孔径大小相关的筛分过程，以膜两侧的压力差为驱动力，以超滤膜为过滤介质，在一定压力下，当原液流过膜表面时，超滤膜表面密布的许多细小的微孔只允许水及小分子物质通过而成为透过液，原液中体积大于膜表面微孔径的物质则被截留在膜的进液侧，成为浓缩液，因而实现对原液的净化、分离和浓缩的目的。

2）技术特点

（1）具有优良的化学稳定性，有耐酸、耐碱以及耐水解的性能，能广泛应用于各种领域。

（2）膜丝具有很好的强度和柔韧性。

（3）经过亲水改性，具备很强的抗污染性。

（4）耐紫外线，有优良的耐污染和化学侵蚀性能。

（5）能在较宽的 pH（1～13）范围内使用。

3）倒极电渗析工艺（EDR）

（1）工艺原理。

在直流电场的作用下，利用离子交换膜的选择透过性，即阳膜只允许阳离子通过，阻止阴离子通过，而阴膜只允许阴离子通过，阻止阳离子通过，把带电组分和非带电组分进行分离。阳膜和阴膜交替排列在正负两个电极之间，相邻的两种膜用隔板隔开，水在隔板间流动，通过加电使水中阴阳离子在电场作用下分别向正负两极迁移，由于离子交换膜的选择透过性，从而在隔板层间形成浓水室和淡水室，实现了水与盐的分离。

（2）工艺特点。

① 进水指标宽泛，$SDI_{15} < 5$，余氯 0.1～0.3mg/L，总 Fe < 0.3mg/L 等。

② 预处理流程短，常规预处理即可满足要求。

③ 抗污染性能强，膜性能恢复能力强。

④ 运行压力低，一般进水压力 < 3bar。

⑤ 水回收率高，离子选择性好。

4）反渗透工艺（RO）

（1）工艺原理。

反渗透又称逆渗透，是一种以压力差为推动力，从溶液中分离出溶剂的膜分离操作。对膜一侧的料液施加压力，当压力超过其渗透压时，溶剂会逆着自然渗透的方向作反向渗透，从而在膜的低压侧得到透过的溶剂，即渗透液；高压侧得到浓缩的溶液，即浓缩液。

（2）工艺特点。

① 反渗透对预处理的要求较高，进水指标必须满足要求，因此多与超滤组合；

② 工艺简单、操作简便等；

③ 核心设备标准化、模块化，设备体积小、占地较少；

④ 反渗透系统脱盐率达到 97% 以上；

5）"电极絮凝沉淀 + 气浮氧化" + 倒极电渗析（EDR）组合工艺

待处理污水通过泵提升进入"电极絮凝沉淀 + 气浮氧化"一体化预处理设备，设备为钢结构一体化形式，分为电絮凝反应池、斜板沉淀池和多介质过滤池三个部分。在电场作用下，电絮凝反应池内产生高活性吸附基团，吸附水中的胶体颗粒、悬浮物等杂质，形成较大的絮凝体结构从水中析出。同时，水中钙、镁离子以不溶态化合物析出，再被电解析出的高效吸附基团吸附，形成较大絮体团，从而与水分离去除。反应池处理后水进入一体化装置的沉淀池中，反应形成的絮凝体经沉淀池的沉淀，大部分沉淀下来，剩余的少量细小絮体进入高效过滤池中。

经预处理后的出水进入中间水池，滤后出水经杀菌后，增压进入保安过滤器（5μm），保安过滤器出水即进入电渗析脱盐设备进行脱盐。电渗析产出的淡水进入成品水池，可回用于厂内。组合工艺流程如图 6-17 所示。

6）"电极絮凝沉淀 + 气浮氧化" + 超滤 + 反渗透（RO）组合工艺

待处理污水经"电极絮凝沉淀 + 气浮氧化"一体化预处理设备处理后，产水进入中间水池，预处理出水作为超滤进水。经过超滤提升泵进入超滤膜系统，经过自清洗过滤器，以截留较大颗粒的悬浮物、胶体和纤维等，起到保护超滤膜丝的作用。为了保障超滤膜的运行通量（一般为 5 ~ 40℃），当水温较低时，原水经过提升泵进入板式换热器，出水再进入自清洗过滤器，过滤出水进入膜系统。

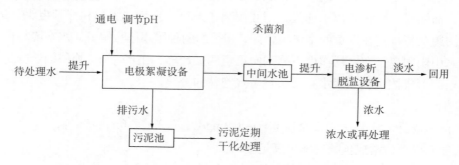

图6-17　电渗析组合工艺流程图

为了防止反渗透系统结垢和污染，超滤产水在进入系统前通过计量泵向原水中投加阻垢剂、非氧化性杀菌剂、还原剂；超虑产水加药混合后进入保安过滤器，进一步去除水中大颗粒物质；过滤出水经高压泵增压后进入 RO 系统的压力容器。一段产水与二段产水汇总后进入母管，一段的浓水经过段间增压泵进入二段，反渗透浓水进入浓水储罐，经浓水泵进入下一个工艺段。组合工艺流程如图 6-18 所示。

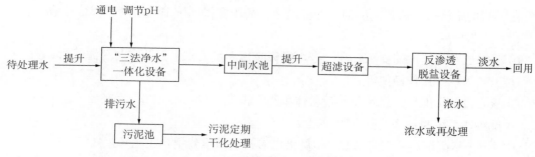

图6-18　反渗透组合工艺流程图

7）预处理 + 高级氧化 + 膜浓缩 +MVR 组合工艺

经过预处理后的污水进入均质平衡单元进行均质混合，然后经过臭氧催化单元、除硬过滤单元、膜浓缩单元进一步处理。膜浓缩单元产成品水进入成品水单元，浓水进入 MVR 蒸发单元进行进一步浓缩。MVR 蒸发产成品水进入成品水单元，浓水进入外输单元，通过外输管线回注。成品水单元出水水质达到循环冷却水补充水水质要求，输送至天然气处理厂用作循环冷却水补充水；浓水运至回注井回注地层。

当系统来水水量较小时，可只运行预处理 + 膜浓缩工段，或预处理 +MVR 工段，降低运行成本。

3. 典型工程介绍

1）"电极絮凝沉淀 + 气浮氧化"预处理

（1）应用：磨溪天然气第二处理厂；

（2）规模：30t/h+50t/h；

（3）投产时间：2014 年 9 月。

2）倒极电渗析（EDR）脱盐处理

（1）应用：磨溪天然气第二处理厂；

（2）规模：30t/h+50t/h；

（3）投产时间：2014 年 9 月。

二、污水零排放处理技术

污水零排放处理技术是由生化处理、物理处理、物化处理、蒸发结晶等多种处理手段组合而成的组合工艺，通过对全厂污水进行分类处理、分质回用，最终实现全厂污水零外排，污水中的盐类和污染物经过浓缩结晶以固体形式析出，回收作为有用的化工原料或作为固体废物进行处置。

1. 技术原理

由于不同类型的污水水质差异较大，同时各回用对象对水质的要求也不一致，因此需对污水进行分类收集处理，分质回用。通常将正常生产污水、生活污水、检修污水、事故废液和初期雨水引入生化处理单元，生产废水引入电渗析处理单元，气田采出水引入预处理单元。生化处理单元处理后未回用完的达标污水、电渗析处理单元处理后所产生的浓水以及预处理单元处理后的气田采出水均进入蒸发结晶单元进行深度处理，水质达标后回用为循环冷却水补充水或气田内其他生产用水，污染物以结晶盐的形式从污水中析出，对结晶盐进行填埋处置或回收利用，最终实现污水零排放。

正常生产污水、生活污水和初期雨水及事故废液、检修污水等污水进入生化处理单元进行处理，其中正常生产污水、生活污水和初期雨水直接进入生化处理单元，检修污水和事故废液逐日掺和进入生化处理单元，经生化处理后，部分污水达标排放；部分污水再经过中水处理，出水水质达标后，部分回用作气田内绿化用水和场地冲洗水；部分进入蒸发结晶单元进行处理；剩余污水与生产废水（包含循环冷却水排污水、锅炉房排污水及其他生产废水）进入电渗析处理单元进行预处理和除盐处理，处理后的淡水用作循环冷却水系统补充水，浓水进入蒸发结晶单元的原水池进行存储；本单元产生的污泥通过泵提升至生化处理单元的污泥浓缩池，进行重力浓缩和机械脱水后，对脱水污泥进行填埋或焚烧处置。

气田水由气田水收集系统收集至气田水储罐，一般进入回注预处理单元进行预处理，预处理包括 CPI 斜板除油器、混凝沉淀池、DGF 气浮装置及多介质过滤器等，去除水中的油类、有机物、胶体和悬浮物，水质达标后进入蒸发结晶单元的原水池进行存储；本单元中产生的污油储存于污油罐中，进入凝析油稳定装置或外运处理；本单元产生的污泥通过泵提升至生化处理单元的污泥浓缩池，进行重力浓缩和机械脱水后，对脱水污泥进行填埋或焚烧处置。

2. 工艺流程介绍

污水零排放典型工艺流程图如图 6-19 所示。

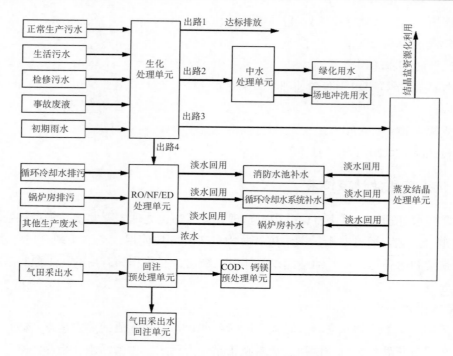

图6-19 污水零排放技术工艺流程图

3. 技术特点

（1）天然气气田开发污水零排放的新型技术使全厂污水回用率达到100%，实现污水零外排，其技术水平达到国际先进水平，节约水资源消耗约40%。

（2）对进水水质的适应范围较强，可以通过工艺段的增减或工艺参数的调整满足不同的进水要求。

（3）利用了厂内的余热资源，降低了运行成本。

（4）污水经生化处理和中水处理，出水水质达到《城市污水再生利用城市杂用水水质》（GB/T 18920），满足厂内绿化用水和场地冲洗水的要求。

（5）污水经电渗析预处理后，浊度、悬浮物、胶体去除率≥90%，总硬度、总碱度去除率≥60%，油去除率≥90%，总磷去除率≥90%，SiO_2 去除率≥60%，Fe、Mn 等重金属离子去除率≥90%，COD 去除率可达20%～40%；经电渗析脱盐后，水质可达到《工业循环冷却水处理设计规范》（GB 50050）中循环冷却水的水质标准。

（6）经蒸发结晶单元采用"四效混合冷凝水预热真空除盐"处理后，产品水可达到《城市污水再生利用—工业用水水质》（GB/T 19923）的冷却用水水质要求。

（7）形成污水零排放的模块设计、制造、施工集成技术，降低产品成本15%，节约施工成本约25%，缩短建设周期约20%。

4. 蒸发结晶工艺

蒸发结晶工艺有热力法、化学法、电—膜法、压力—膜法、电吸附法等。其中热力法分蒸馏法和冷冻法，蒸馏法分多效蒸发、多级闪蒸、压汽蒸馏和太阳能蒸馏等。化学法主要包括离子交换法、溶剂萃取法、水合物法和化学沉淀法等。电—膜法除盐法主要包括电渗析脱盐和反渗透脱盐。

生产方法的选择主要是适合工艺需求，物料性质、资源和能源状况，环境要求等。热力法中除压汽蒸馏（机械压缩式热泵法）主要消耗电力主外，其他主要消耗蒸汽，基本不消耗化学药剂，无二次污染，处理彻底。适合处理高含盐复杂组分废水。化学法容易引起二次污染，药剂消耗高。膜法主要是电和膜的消耗，其中膜属易耗品，消耗较大，在处理废水时，容易堵塞膜，导致运行不稳定，并且处理不彻底，对盐水浓度有限制。

污水零排放工艺，处理介质含盐浓度较高，脱盐率要求较高，适宜选择热力法。冷冻法电耗消耗大，不能彻底分离盐分，特别是对氯化钠成分效果不佳。太阳能蒸馏法消耗太阳能，运行时间受到限制。多级闪蒸、压汽蒸馏适合低浓度含盐废水的处理。压汽蒸馏需消耗大量电力。多效蒸发消耗蒸汽为主，适应物料变化能力强，适合处理高浓度复杂组分废水。同时在天然气工厂有蒸汽系统可以利用，采用多效真空蒸发结晶除盐技术，具有先进、节能、成熟适应性强的特点。

根据原水的水质特点及外部环境因素，蒸发结晶工艺采用四效真空蒸发结晶除盐生产工艺，产品水全部回用，污染物结晶析出，最终实现零排放。

（1）工艺原理。

在多效蒸发系统中，加热蒸汽通入至蒸发器，则溶液受热而沸腾，而产生的二次蒸汽其压力与温度比原加热蒸汽（即生蒸汽）低，但此二次蒸汽仍可设法加以利用。在多效蒸发中，可将二次蒸汽当作加热蒸汽，引入另一个蒸发器，只要后者蒸发室压力和溶液沸点均比原来蒸发器中的低，则引入的二次蒸汽即能起加热热源的作用。同理，第二个蒸发器新产生的二次蒸汽又可作为第三蒸发器的加热蒸汽。这样，每一个蒸发器即称为一效，将多个蒸发器连接起来一同操作，即组成一个多效蒸发系统。加入生蒸汽的蒸发器称为Ⅰ效，利用Ⅰ效二次蒸汽加热的称为Ⅱ效，依此类推，多次重复利用了热能，显著降低了热能耗用量，这样大大降低了成本，也增加了效率。

（2）工艺流程。

采用四效、混合冷凝水预热、平流进料、分效排盐、顺流转盐真空制盐工艺，工艺流程如图6-20所示。

本工艺采用物理方法除盐，将高含盐废水通过蒸发浓缩析出废盐，凝结蒸汽回收产品水，生产工艺采用先进成熟可靠的四效混合冷凝水预热真空蒸发除盐工艺。预处理后的含盐废水经过进料泵进入板式换热器与蒸发结晶出来的混合冷凝水换热，升温后的含盐废水平流进入Ⅰ、Ⅱ、Ⅲ、Ⅳ效，各效经蒸发结晶浓缩生成的盐浆顺转Ⅰ→Ⅱ→Ⅲ→Ⅳ，集中于Ⅳ效排出的盐浆经过盐浆泵进入增稠器，再进入离心机分离，固体盐外运。离心母液返回蒸发结晶系统。

Ⅰ效凝结水为生蒸汽冷凝液，回凝水系统。Ⅱ、Ⅲ、Ⅳ效二次蒸汽冷凝液顺流转排：Ⅱ→Ⅲ→Ⅳ，集中于Ⅳ效的混合冷凝水及真空系统冷凝水送往冷凝水储桶回用。

生蒸汽加热Ⅰ效物料（卤水/盐水）产生的二次蒸汽作为Ⅱ效热源，Ⅱ效蒸发物料产生的二次蒸汽作为Ⅲ效热源，Ⅲ效蒸发物料产生的二次蒸汽作为Ⅳ效热源，Ⅳ效蒸发产生的低品位二次蒸汽进入表面冷凝器通过循环水冷凝。

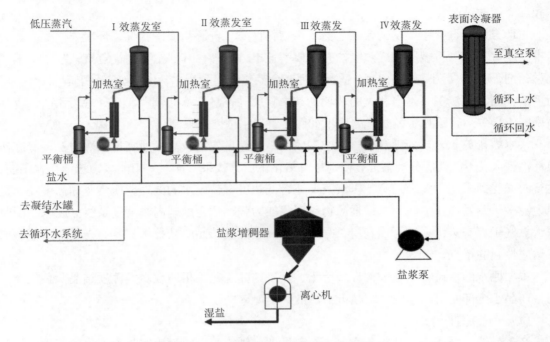

图6-20 四效真空脱盐工艺流程图

（3）工艺特点。

① 采用四效平流进料的蒸发结晶工艺，增加蒸汽的利用次数，热效率提高，提高蒸发结晶热经济，节约生产成本。

② 冷凝水经多次闪发充分利用热能，Ⅰ效冷凝水闪发、混合冷凝水预热含盐废水，冷凝水热利用率高。

③ 整个生产过程连续、稳定、高效、节能，自动化程度高，工人劳动强度低，技术上先进成熟、实用可靠，经济上节能合理。

④ 蒸发结晶强度大的外加热强制径向出料正循环蒸发结晶结晶器。该型蒸发结晶结晶器具有以下优点：蒸发结晶强度大；短路温差损失大幅度下降，从而使系统的有效传热温差大为增加；料液循环体对循环泵的附加荷载大幅度降低，从而有效降低了循环泵的运行电耗。

⑤ 生产实践证明，钛材能很好地抵御Cl⁻的腐蚀和盐砂的磨蚀，本工艺中Ⅰ效和Ⅱ效加热管采用 TA10 管材，Ⅲ效、Ⅳ效加热管采用 TA2 管。

⑥ 本工艺采用板式换热器进行预换热，充分利用余热资源，同时板式换热器可避免列管式换热器预热混合卤易结垢堵管的缺点，且易清洗、传热系数大、热效率高、体积小。

第五节　压裂返排液处理技术

一、常规压裂返排液处理技术

对于常规天然气开发，压裂主要采用常规的水基压裂液，其用量相对较少，因此压裂返排液量相对较少。这类压裂返排液中含有大量悬浮物、大颗粒机械杂质、残余的压裂液添加剂和地层水等，凝析气井的压裂返排液中还含有凝析油。对于这类压裂返排液的处置，目前主要还是处理后回注地层。部分地区也开展了达标外排处理或处理后回用的尝试，但受限于成本、井场分散等因素并未推广应用。

1. 压裂返排液回注处理工艺

各大气田压裂返排液回注处理主要采用气田采出水回注处理工艺，通常不单独建立一套压裂返排液回注处理系统。气田采出水较多，压裂返排液通常在回注站与气田采出水混合处理，主要解决机械杂质对地层的堵塞问题，控制压裂返排液中悬浮物含量和粒径，处理工艺主要为"混凝→过滤→精滤"，关键设备为精滤。精滤主要有 PE 滤棒过滤器、改性纤维球过滤器、陶瓷过滤器等。气田采出水回注推荐水质指标见表 6-3，气田压裂法排液回注处理工艺如图 6-21 所示。

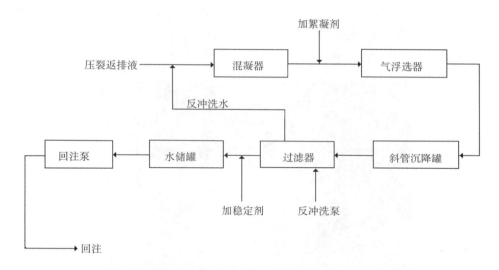

图6-21　气田压裂返排液回注处理工艺

参照行业标准 SY/T 6596—2004《气田水回注推荐水质指标》的推荐作法，压裂返排液首先进行混凝，通过絮凝剂沉降悬浮物，然后通过气浮隔油除去少量的油并进一步降低悬浮物含量，再通过斜管沉降进一步沉降悬浮物，最后通过多级过滤器（普通过滤＋精滤）过滤小颗粒悬浮物。处理后的压裂返排液在回注前还需要加入稳定剂（通常是阻垢剂、杀菌剂等）进一步提高水质。然而，在实际的操作过程中，通常压裂返排液经混凝沉降、隔油后就直接进行多级过滤，达到水质要求后进行回注。此外，对于部分气田采出水较多且水质较好的地区，压裂返排液经气田采出水稀释后在储水池自然沉降，然后通过隔油去除少量油相后直接进行多级过滤就能达到回注水质要求。

2. 压裂返排液回注处理常用设备

1）斜管 / 斜板沉降装置

斜管 / 斜板沉降装置是根据浅池沉淀理论设计出的一种高效组合式沉降罐 / 池。在沉降区设置了许多密集的斜管 / 斜板，使压裂返排液中的悬浮物在斜板 / 斜管中进行沉降。压裂返排液中的清水沿斜板/斜管上升流动,分离出的沉降物在重力作用下沿着斜管/斜板向下滑至沉降罐/池底部,再集中排出。这种沉降罐/池可以提高沉降效率50%～60%,在同一面积上可提高处理能力3～5倍。可根据压裂返排液的沉降试验数据来设计不同流量的斜管/斜板沉降装置,使用时一般还需要添加絮凝剂来加速悬浮物聚集沉降。斜管/斜板沉降装置的斜管/斜板倾角一般为60°,悬浮物在絮凝剂的作用下形成矾花,在斜管/斜板底侧表面聚集成薄泥层,依靠重力作用沉入集泥斗,由排泥管排入污泥池另行处理,上清液逐渐上升至集水管排出。

目前,斜管/斜板沉降装置是压裂返排液絮凝沉降处理的主要装置,除悬浮物能力强,但存在的最大问题是易结垢,特别是投加碱液进行水质软化或混凝的装置更容易结垢。虽然现有斜管/斜板沉降装置的润湿部分大都选用不易结垢的塑料、玻璃钢等材质,然而结垢问题仍未完全解决。

对于含油的压裂返排液,采用斜管/斜板沉降装置时,通常会增加刮油器或隔油器,通过物理刮油的方法将絮凝沉降后上浮在斜管/斜板沉降装置表面的浮油除去。斜板沉降装置如图6-22所示。

图6-22　典型的斜管/斜板沉降装置

2）过滤器

过滤器主要用于去除悬浮物及油相等。目前,气田运用最多的是核桃壳过滤器和纤维过滤器,这两种过滤器常组合串联使用,提高出水水质。

近年来,陶瓷膜过滤器得到了大力发展,在压裂返排液回注处理方面也获得了应用。

3）气浮器

为了能进一步除去压裂返排液中颗粒直径小的乳化油,同时去除少量低密度悬浮物,减轻后续过滤器的负担,国内各大气田在过滤前常采用气浮器进行除油除低密度悬浮物处理。目前,采用的气浮器主要为竖流式气浮池,其优点是接触室在池中央,水流向四周扩散,水力条件比平流式单侧出流更好。经过气浮处理的含油污水含油量大幅降低,悬浮物可控制在50mg/L以下。

4）水力旋流器

水力旋流器主要用于去除压裂返排液中的悬浮物。水力旋流器的工作原理是利用泵将压裂返排液以较高的速度由进料管沿切线方向进入水力旋流器。

二、非常规气藏体积压裂返排液处理技术

非常规气藏体积压裂主要采用滑溜水压裂液，其压裂液成分相对于常规压裂液简单，但压裂返排液量大，压裂返排液中仍含有大量的地层离子、悬浮物等，且总矿化度高，细菌含量高，易变黑发臭。

目前，非常规气藏体积压裂返排液的处理方法主要有回注地层和回收处理再利用两种方式。

1. 回注地层

将井场的压裂返排液通过输水管线、罐车运送至回注井站，通过高压泵回注地层。由于压裂液中含有大量悬浮物，直接回注地层将带来严重伤害，因此在回注前通常会通过絮凝沉降、过滤等工艺来降低悬浮物含量。回注地层的处理工艺与常规天然气压裂返排液回注处理工艺类似，只是非常规天然气体积压裂返排液通常不含油或含微量油类（主要是钻井过程中带入），回注处理的技术难度更低，但处理量巨大，对于回注层要求高。

对于非常规天然气开发，由于采用体积压裂模式，其压裂返排液量大，回注需要大量的同层回注井，这势必大幅增加钻井费用。同时，由于压裂返排液量巨大，在日趋严厉的环保形势下，许多地方政府已经严格限制回注井的数量，甚至不批准新钻回注井。因此，采用回注地层的方式处理压裂返排液对于非常规天然气的开发已逐步显示出不适用性。

美国的页岩气开发最初也采用回注地层的方式处理压裂返排液。按照美国环保署的要求，能够接纳页岩气压裂返排液的为第二类回注井。相关法律对回注井的选址、施工、运行以及法律责任等均有非常系统和明确的规定。截至 2008 年年底，美国得克萨斯州共有 11000 口经过美国环保署批准的第二类回注井，从数量上看略多于产气井，为 Barnett 页岩气开发产生的压裂返排液提供了处置方式。但并不是美国各个州都有如此多的回注井，宾夕法尼亚州仅有 7 口符合要求的回注井，运送到外州进行回注的费用大大提高了 Marcellus 页岩气压裂返排液的回注成本。

2. 回收处理再利用

将井场的压裂返排液就地进行处理，去除或降低对压裂效果和压裂液性能影响较大的杂质后再进行循环利用，充分利用水资源和压裂返排液中的有用成分，节能减排。目前，对压裂返排液回收处理再利用主要有两种方式：

一是利用井场的储水池进行自然沉降，去除大颗粒机械杂质，并在回用时利用清水稀释降低压裂返排液中各种杂质的含量，从而实现重新配液回用。该方法是目前页岩气等非常规天然气开发中处理压裂返排液的主要方法，工艺简单，处理成本低，在国内外均有大规模的应用。然而，该方法处理后的水质较差，部分地区无清水稀释，对重新配液的压裂液添加剂性能要求高，且添加剂用量大，回用时压裂液性能不稳定，在存放过程中易变黑发臭，影响周边环境。

二是将油田污水处理工艺引入压裂返排液回用处理，结合压裂返排液的水质特点和回用要求，通过水质软化、絮凝沉降、多级过滤、杀菌等工艺组合对压裂返排液进行精细处理，

去除或降低压裂返排液中影响回用性能的各种杂质含量，杀菌抑菌，大幅提高了出水水质，提高了压裂返排液重新配制的压裂液性能，减少了压裂液添加剂用量，并且避免了压裂返排液在存放过程中存在的变黑发臭问题。

1）自然沉降、清水稀释

压裂返排液从井口返排出来，经除砂器除砂后进入储水池，在储水池存放的过程中，通过自然沉降来除去大颗粒机械杂质。压裂返排液回用时，增大配制压裂液的添加剂用量，确保压裂液性能达到施工要求。部分地区在压裂返排液回用时采用清水进行稀释来降低压裂返排液中各种杂质的含量，进一步提高压裂返排液的水质。压裂返排液自然沉降、清水稀释工艺如图 6-23 所示。

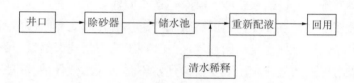

图6-23　压裂返排液自然沉降、清水稀释工艺

自然沉降、清水稀释这类压裂返排液回用处理工艺是目前四川长宁—威远国家级页岩气示范区和滇黔北昭通国家级页岩气示范区以及涪陵国家级页岩气示范区压裂返排液的主要处理方式。在页岩气开发的初期，对压裂返排液进行自然沉降后，在回用施工时均采用大量清水对压裂返排液进行稀释，以保证重新配制的压裂液性能，清水与压裂返排液的比例通常达到 4 : 1。随着近年来压裂液技术的不断进步，清水与压裂返排液的混合比例逐步降低，目前已可采用全压裂返排液进配制压裂液，大大减少了清水的用量。

该方法工艺简单，处理成本低，但增大了后续重新配制压裂液的添加剂用量，增大了添加剂成本，且施工时性能不稳定，在等待接替回用井时易变黑发臭（图 6-24），特别是夏季，对周边环境造成影响。此外，由于自然沉降只能去除大颗粒的机械杂质和一部分悬浮物，压裂返排液中仍含有大量的悬浮物，这些悬浮物回用时进入地层对体积压裂产生的复杂缝网造成堵塞伤害，将在一定程度上影响压裂改造效果。

图6-24　压裂返排液存放过程中变黑发臭

2）精细处理

精细处理主要是在原有的自然沉降基础上，进一步去除悬浮物，软化水质，杀灭细菌，提高压裂返排液水质，同时也避免了因细菌滋生造成的压裂返排液变黑发臭问题。目前，对压裂返排液进行精细处理通常是通过组合式的压裂返排液处理装置来实现的。压裂返排液处理装置通常包括加药单元、絮凝沉降单元、过滤单元、污泥脱水单元、杀菌单元等。压裂返排液精细处理工艺如图 6-25 所示。

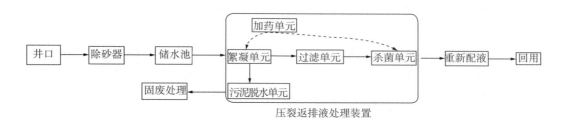

图6-25　压裂返排液精细处理工艺

压裂返排液从井口返排出来，经除砂器除砂后进入储水池，在储水池存放的过程中，通过自然沉降来除去大颗粒机械杂质。将压裂返排液用污水泵泵至压裂返排液处理装置，通过加药单元和絮凝沉降单元进行水质软化和絮凝沉降，降低压裂返排液中对回用影响较大的高价金属离子含量（钙离子、镁离子以及铁离子等）和悬浮物含量；再经过滤单元进一步降低悬浮物含量；最后利用杀菌单元杀灭压裂返排液中的细菌；絮凝沉降单元产生的污泥经污泥脱水单元脱水后当作固废处理。

（1）加药单元。

加药单元主要是利用计量泵对各处理单元进行水处理药剂加注。药剂通常包括絮凝剂、pH 值调节剂、杀菌剂等。加药单元配备有药剂罐及搅拌器，可以按照设计的要求配制不同种类的药剂和不同的药剂浓度。

（2）絮凝单元。

絮凝单元主要是利用药剂以及沉降装置（通常为斜管／斜板沉降装置）对水质进行软化，并将沉淀物、悬浮物絮凝沉降下来，清水进入过滤单元，污泥进入污泥脱水单元。该单元的关键在于沉降装置的设计，确保絮体有足够的时间沉降下来，否则会大大加重后续过滤单元的负荷。

① 水质软化。

水质软化主要有离子交换和化学沉淀两种方式。

离子交换主要是利用离子交换树脂（通常是钠型树脂）对压裂返排液中的钙、镁等离子进行吸附，同时释放出钠等低价离子，起到水质软化的作用。该方式的水质软化效果好，但离子交换需要一定时间，且处理能力不高；同时，当离子交换树脂吸附的钙、镁离子达到一定的饱和度后，需要对离子交换树脂进行再生，通入高浓度的再生液（通常是氯化钠溶液），使离子交换树脂重新恢复至钠型树脂。

以 RNa 代表钠型树脂，其水质软化的离子交换过程如下：

$$2RNa+Ca^{2+} \longrightarrow R_2Ca+2Na^+$$

$$2RNa+Mg^{2+} \longrightarrow R_2Mg+2Na^+$$

即通过钠离子交换后，压裂返排液中的钙、镁离子被置换成了钠离子。

化学沉淀主要是利用氢氧根、碳酸根离子对压裂返排液中的钙、镁、铁等高价金属离子进行化学沉淀。化学沉淀药剂主要有石灰、氢氧化钠、碳酸钠等。该方式的水质软化效果较好，速度快，处理能力大，在软化水质的同时也能降低压裂返排液中对压裂返排液变黑和压裂返排液回用性能影响很大的铁离子含量，但需要大量的化学沉淀药剂。同时，当钙、镁、铁等离子被沉淀出来时，易吸附在金属管壁，引起结垢问题。化学沉淀法最常用的是向压裂返排液中加入石灰，沉淀钙、镁等离子，但只能将硬度降到一定的范围内。可溶性碳酸盐、碱等也常被用于沉淀钙、镁离子，软化压裂返排液水质。

② 絮凝沉降。

絮凝沉降主要有化学絮凝和电絮凝两种方式。

化学絮凝主要是利用絮凝剂带电荷与压裂返排液中带相反电荷的悬浮物接触，降低其电势，使其脱稳，并利用其聚合性质使得这些颗粒集中，特别是通过高分子物质的吸附、架桥、网捕等作用聚集成矾花，逐渐聚集沉降下来。化学絮凝剂主要包括无机高分子絮凝剂（聚合氯化铝、聚合硫酸铝、聚合氯化铁等）和有机高分子絮凝剂（聚丙烯酰胺等）。通常先加入无机高分子絮凝剂使悬浮物絮凝出来，再加入有机高分子絮凝剂使絮体聚集成大块，依靠其重力使其沉降下来。该方式的絮凝效果好，但药剂用量大，对压裂返排液的 pH 值有一定的要求。压裂返排液絮凝示意图如图 6-26 所示。

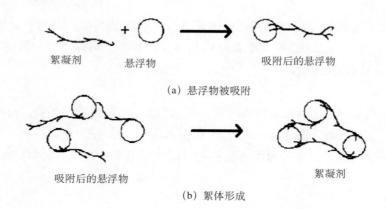

图6-26　压裂返排液絮凝示意图

电絮凝主要是利用铝、铁等金属为阳极，在直流电的作用下，阳极被溶蚀，产生铝、铁等离子，在经一系列水解、聚合及亚铁的氧化过程，使压裂返排液中的胶态杂质、悬浮杂质凝聚沉淀而分离。同时，带电的污染物颗粒在电场中泳动，其部分电荷被电极中和而促使其脱稳聚沉，起到絮凝的作用。可添加少量的有机高分子絮凝剂使产生的絮体快速聚集成团，提高絮凝效果。该方式药剂用量少，对压裂返排液的 pH 值没有要求，但絮凝时间较长，能耗高。压裂返排液电絮凝示意图如图 6-27 所示。

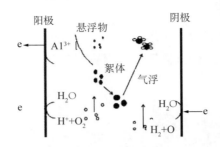

图6-27 压裂返排液电絮凝示意图

（3）过滤单元。

过滤单元主要利用各种过滤器对絮凝沉降后的压裂返排液进行过滤，进一步降低悬浮物含量，并限制悬浮物粒径大小。常用的过滤器有石英砂过滤器、核桃壳过滤器、自清洗过滤器、袋式过滤器以及活性炭过滤器等。

自清洗过滤器是目前压裂返排液回用精细处理方面运用最多的一种过滤器，采用较高精度的滤芯或滤网直接拦截悬浮物。通常，压裂返排液由自清洗过滤器下部进入过滤器的壳体，由下而上通过转盘进入滤芯的内腔，再通过滤芯向外流出，过滤后得到的清水由过滤器上部的出水口流出，悬浮物被截留在滤芯的内侧。当进行反冲时，无须切断进水水流，过滤器电动机驱动滤芯转盘旋转，并打开反冲洗排污阀，每个滤芯依次经过反冲出水管进行冲洗。由于过滤器中的水压与大气压之间的压差，造成滤液逆向流动可去除截留在滤芯上的杂质。在转盘旋转一周后，反冲洗结束，反冲阀关闭，停止。不同厂家的自清洗过滤器的滤芯不同，过滤精度也不同（通常 5 ~ 20μm），设计上也有一定差异，但基本原理都相似。压裂返排液用自清洗过滤器示意图如图 6-28 所示。

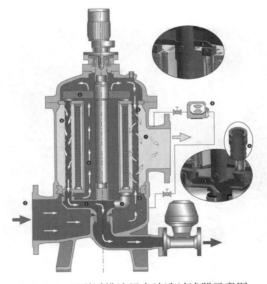

图6-28 压裂返排液用自清洗过滤器示意图

石英砂过滤器也用于压裂返排液回用精细处理，通过填充不同粒径级配的石英砂作为过滤层，起到拦截悬浮物的目的。石英砂过滤器的处理能力强，价格便宜，但需要人工倒换流程进行反冲洗。现场一般常采用两台石英砂过滤器交叉过滤，利用一台过滤器产生的清水去反冲洗另一台过滤器。石英砂过滤器现场应用中最大的问题在于压裂返排液中软而细的悬浮物容易造成石英砂层的板结，反冲洗频繁，且不易冲洗干净。压裂返排液用石英砂过滤器如图6-29所示。

图6-29　压裂返排液用石英砂过滤器

袋式过滤器也是目前在压裂返排液回用精细处理方面应用较多的一种过滤器。袋式过滤器内部由金属网篮支撑滤袋，压裂返排液进入滤袋中，依靠后续泵压迫使清水流出，悬浮物被截留在滤袋中。过滤器的精度主要受滤袋材质和滤袋孔隙精度控制，精度可达 3μm 以下。袋式过滤器的过滤效果较好，存在的问题是因滤袋材质所限，其耐压不高，滤袋中的悬浮物达到一定程度后需更换。一个袋式过滤器中通常有多个并联的滤袋，提高处理能力。压裂返排液用袋式过滤器如图 6-30 所示。

图6-30　压裂返排液用袋式过滤器

核桃壳过滤器与石英砂过滤器原理类似，滤料层为不同粒径的核桃壳，最大的优点在于对浮油有较好的吸附作用（核桃壳多孔介质）。活性炭过滤器的滤料层为活性炭，主要作用是吸附压裂返排液中的异味，实际应用不多。

（4）杀菌单元。

压裂返排液中含有有机质，易滋生细菌（主要是硫酸盐还原菌、腐生菌和铁细菌）。大量的细菌会造成压裂返排液水质恶化（变黑发臭），其代谢产物还会在回用时对储层微细裂缝造成堵塞。压裂返排液中常采用杀菌剂或紫外线进行杀菌。

紫外线杀菌是利用波长为 240 ~ 280nm 范围的紫外线破坏细菌病毒中 DNA（脱氧核糖核酸）或 RNA（核糖核酸）的分子结构，造成生长性细胞死亡和（或）再生性细胞死亡，达到杀菌消毒的效果。

杀菌剂分为氧化性杀菌剂和非氧化性杀菌剂。氧化性杀菌剂通常为强氧化剂，通过与细菌体内代谢酶发生氧化作用而达到杀菌目的；非氧化性杀菌剂是以致毒剂的方式作用于微生物的特殊部位，从而破坏微生物的细胞或者生命体而达到杀菌效果。

考虑到杀菌剂既能杀灭细菌，又能在一定时间内抑制细菌滋生，而紫外线杀菌只能杀灭细菌，没有抑制细菌滋生作用，因此，实际应用中主要以杀菌剂杀菌为主。杀菌剂由加药单元计量泵泵注。

（5）污泥脱水单元。

污泥脱水单元主要是对絮凝单元产生的污泥进行脱水，达到减量化处理的目的。污泥脱水设备主要有叠螺机和板框压滤机两大类。

叠螺机主体叠螺部分是由固定环和游动环相互层叠，螺旋轴贯穿其中形成的过滤装置，前段为浓缩部，后段为脱水部。固定环和游动环之间形成的滤缝以及螺旋轴的螺距从浓缩部到脱水部逐渐变小。螺旋轴的旋转在推动污泥从浓缩部输送到脱水部的同时，也不断带动游动环清扫滤缝，防止堵塞。当螺旋推动轴转动时，设在推动轴外围的多重固活叠片相对移动，在重力作用下，水从相对移动的叠片间隙中滤出，实现快速浓缩。经过浓缩的污泥随着螺旋轴的转动不断往前移动；沿泥饼出口方向，螺旋轴的螺距逐渐变小，环与环之间的间隙也逐渐变小，螺旋腔的体积不断收缩；在出口处背压板的作用下，内压逐渐增强，在螺旋推动轴依次连续运转推动下，污泥中的水分受挤压排出，滤饼含固量不断升高，最终实现污泥的连续脱水。叠螺机结构示意图如图 6-31 所示。

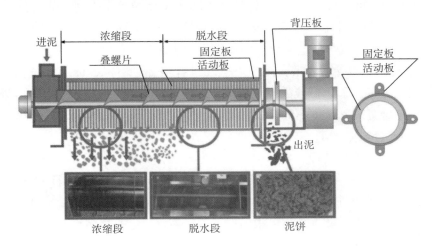

图6-31　叠螺机结构示意图

板框压滤机由交替排列的滤板和滤框构成一组滤室。滤板的表面有沟槽，其凸出部位用于支撑滤布。滤框和滤板的边角上有通孔，组装后构成完整的通道，能通入悬浮液、洗涤水和引出滤液。板、框两侧各有把手支托在横梁上，由压紧装置压紧板、框。板、框之间的滤布起密封垫片的作用。由供料泵将悬浮液压入滤室，在滤布上形成滤渣，直至充满滤室。滤液穿过滤布并沿滤板沟槽流至板框边角通道，集中排出。过滤完毕，可通入清洗涤水洗涤滤渣。洗涤后，有时还通入压缩空气，除去剩余的洗涤液。随后打开压滤机卸除滤渣，清洗滤布，重新压紧板、框，开始下一工作循环。板框压滤机结构示意图如图 6—32 所示。

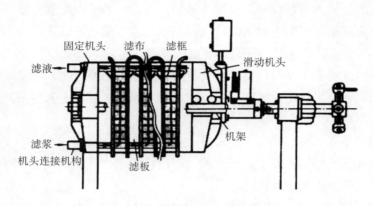

图6—32　板框压滤机结构示意图

板框压滤机占地空间大，主要用于大型压裂返排液处理厂，通常间歇运行，污泥脱水后的泥块含水率低，而叠螺机占地空间小，主要用于压裂返排液橇装处理装置或处理站，可连续操作，污泥脱水后的泥含水率高（通常 80% 左右）。

3. 回收处理外排

将压裂返排液处理达到外排水质要求后进行外排是压裂返排液无害化处理的发展趋势。回收处理外排主要由两种方式：一是直接交由市政污水处理厂，按照市政污水的处理方式进行处理；二是在井场或井场附近建污水处理站（厂），利用反渗透膜工艺、结晶蒸发工艺进行处理。

2008 年，在美国 Marcellus 页岩气田共有超过 $20 \times 10^4 m^3$ 的气田废水（以压裂返排液为主）经市政污水处理厂处理后外排。由于市政污水处理厂工艺流程对水中总溶解固体几乎没有去除效果，Monongahela 流域部分地表水体曾短暂检测出高盐分，宾夕法尼亚州因而采取了更加严格的污水排放标准和管理要求。因此，从 2011 年开始，Marcellus 页岩气田的市政污水处理厂不再接受页岩气压裂返排液处理。目前，国内外对于压裂返排液回收处理外排均采用在井场或井场附近建处理站（厂）的方式。

1）反渗透达标外排处理工艺

压裂返排液的反渗透膜处理主要以回用精细处理工艺为预处理工艺，再利用超滤膜进一步除去压裂返排液中的悬浮物，最后利用渗透压的不同对压裂返排液进行反渗透脱盐处理。必要时还可在压裂返排液进入反渗透膜前用离子交换树脂再次进行水质软化处理，防止压裂返排液在反渗透膜中结垢。此外，可以根据压裂返排液水质，采用多级反渗透膜串联，扩大压裂返排液达标外排处理的矿化度范围。

反渗透达标外排处理工艺最为关键的是反渗透膜。反渗透有卷式、中空纤维式、管式和板框式等多种类型，但用于压裂返排液达标外排处理的主要是卷式反渗透膜。对反渗透膜一侧的压裂返排液施加一定的压力，当压力超过它的渗透压时，压裂返排液中的水会逆着自然渗透的方向作反向渗透，从而在膜的低压侧得到透过的水，将压裂返排液中的盐与水分离开来。同时，由于反渗透膜的膜孔径非常小，能够有效地去除压裂返排液中残余的胶体、微生物、有机物等，最终得到达到外排水质要求的清水。由于受到高矿化度压裂返排液的渗透压、反渗透膜耐受强度与孔径以及高压循环泵泵压等因素的限制，实际上反渗透处理不可能无限地加压使全部的水分离，只能实现部分水分离，剩余部分为浓盐水。卷式反渗透膜示意图如图6-33所示。

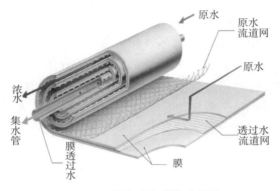

图6-33　卷式反渗透膜示意图

超滤膜也是反渗透达标外排处理工艺的重要组成部分。水处理用超滤膜多为毛细管式，以超滤膜丝（通常为中控纤维膜丝）为过滤介质，通过泵压驱动压裂返排液通过超滤膜，而大部分悬浮物被超滤膜截留下来。超滤膜只允许压裂返排液中的水分子、无机盐及小分子有机物透过，而悬浮物、胶体等大分子物质截留，起到除悬浮物的目的。超滤膜的过滤孔径为 $0.001 \sim 0.1\mu m$，截留分子量为 $1000 \sim 1000000$，但实际上截留分子量为 $30000 \sim 300000$。超滤膜示意图如图6-34所示。

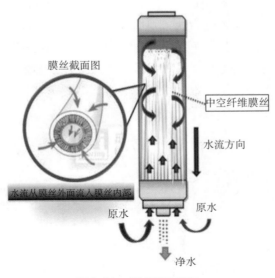

图6-34　超滤膜示意图

反渗透达标外排处理工艺流程如图6-35所示。

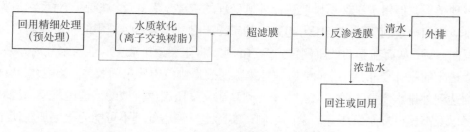

图6-35 反渗透达标外排处理工艺流程

压裂返排液经预处理后，清水进入离子交换树脂进一步软化水质，防止成垢离子对反渗透膜的结垢伤害；再次软化后的清水泵入超滤膜，进一步截留悬浮物和胶体等大分子；超滤膜得到的清水被泵入反渗透膜，利用渗透压不同实现盐、水分离，并进一步分离清水中残余的胶体、微生物、有机物等杂质。反渗透膜处理得到的清水达到外排水质要求。反渗透膜运行一段时间后，各种杂质聚集在膜表面，使得膜通量降低，需要进行反清洗作业恢复膜通量。反冲洗用药剂通常为阻垢剂、次氯酸钠、亚硫酸氢钠、柠檬酸以及氢氧化钠等药剂溶液。

压裂返排液达标外排处理后，有50%～80%的清水可以达到外排水质要求，剩余的为浓盐水，仍需要回注或回用，因此这是一种减量化的处理方式，实现部分水质达标外排。

2）结晶蒸发达标外排处理工艺

压裂返排液的结晶蒸发处理主要以回用精细处理工艺为预处理工艺，利用各种方式加热压裂返排液，使其蒸发、冷凝得到清水，蒸发后的剩余部分用作工业制盐或其他工业。目前常用的蒸发工艺有多效蒸发和机械压缩蒸发两大类。

（1）多效蒸发。

与气田水零排放处理工艺类似，主要是利用电能或燃气转化为热能后加热第一个蒸发器中的压裂返排液，使其受热沸腾，而产生的二次蒸汽引入另一个蒸发器，只要后者蒸发室压力和溶液沸点均较原来蒸发器中的为低，则引入的二次蒸汽即能起加热热源的作用。同理，第二个蒸发器新产生的新的二次蒸汽又可作为第三蒸发器的加热蒸汽。这样，每一个蒸发器即称为一效，将多个蒸发器连接起来一同操作，即组成一个多效蒸发系统。热能循环利用，显著地降低了能耗，大大降低了成本，增加了效率。多效蒸发达标外排工艺流程如图6-36所示。

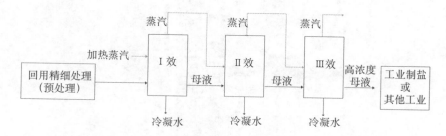

图6-36 多效蒸发达标外排工艺流程图

多效蒸发达标外排处理工艺在油气田污水处理中主要用于气田水、化工盐水的达标外排处理，对于压裂返排液的达标外排处理还处于研究和实验阶段。

（2）机械压缩蒸发。

机械蒸汽再压缩技术（MVR）首先回收蒸发或浓缩过程中损失的热量，经压缩使压力和温度升高，然后再输送到蒸发器作为加热蒸汽的热源，使压裂返排液沸腾，而压缩蒸汽再次冷凝成蒸馏水，蒸发残留物即为浓缩的盐溶液（含盐和淤泥等），实现固—液分离。该技术将回收的热量循环用于压裂返排液蒸发处理，提高了能源效率（相当于 30 效蒸发），减少了对外部加热及冷却资源的需求。单独的 MVR 处理压裂返排液的应用较少，Fountain Quail 公司利用该技术做成橇装设备，在美国页岩气田得到成功应用。

目前，MVR 技术的应用限制一般为 150g/LTDS 的压裂返排液，处理后约 50% 的水可以重复利用。75g/LTDS 的压裂返排液经 MVR 技术处理后，体积可减少 70%。该技术存在的问题是换热器结垢和有机质沉积，但可通过预处理降低/去除油类、聚丙烯酰胺和其他有害物质来减缓。此外，浓缩盐水在热交换器上易析出盐，结垢堵塞或冲蚀设备，需要频繁清洗换热器。国内尚未有单独采用 MVR 进行压裂返排液工业化处理的案例，但将 MVR 与反渗透膜工艺组合应用，利用 MVR 处理反渗透膜产生的浓盐水已成为压裂返排液达标外排处理的研究重点。机械压缩蒸发达标外排工艺流程如图 6−37 所示。

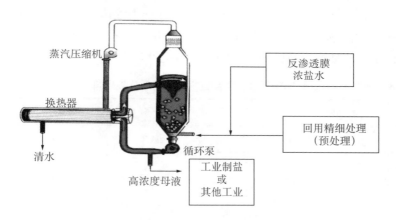

图6−37　机械压缩蒸发达标外排工艺流程图

目前，压裂返排液处理的发展方向为达标外排，而达标外排发展方向的第一步是利用反渗透膜实现部分达标外排，第二部是将反渗透膜与机械压缩蒸发组合应用，实现压裂返排液的零排放处理。

4. 回收处理新技术

近年来，国内外先后开发了一系列压裂返排液回收处理新技术，并在现场取得了一定的应用效果，特别是页岩气开发较早的美国。

1）Ecosphere 臭氧处理技术

美国 Ecosphere 公司研发了一种多重臭氧协同氧化技术 Ozonix，已成功运用于美国页岩气开发。普通臭氧处理技术对压裂返排液的处理表现出选择性，与臭氧反应速率快的成分先被除去，而反应速率慢的成分不易除去。Ecosphere 公司采用超声波催化、活性炭与臭氧氧化协同作用的处理方式，不使用化学药剂，利用臭氧破坏细胞壁杀灭细菌、抑制结垢，并采用活性炭表面负载纳米 MnO_2 作为催化剂提高其催化活性。同时，利用超声波发生水力空化反应，促进臭氧分解生成羟基，使难降解有机物的去除率显著提高。

Ozonix 技术结合了臭氧氧化、水力空化、超声空化、电化学氧化等多重氧化技术，可杀灭微生物，同时不会产生毒害性副产品。当压裂返排液通过 Ozonix 反应器时，细菌的细胞壁将被破坏，污染物将被氧化。

自 2008 年以来，Ozonix 的多重臭氧协同氧化技术已经处理了超过 38000 万 m^3 的压裂返排液。目前，Ecosphere 公司拥有 33 台这样的装置，分布在美国各个使用水力压裂技术的油气田勘探开发现场。

2）臭氧/超声波/电絮凝/反渗透复合技术

臭氧/超声波/电絮凝/反渗透复合技术利用臭氧和超声波氧化重金属和有机物，然后经电絮凝除去悬浮物，再通过反渗透处理成清水。该技术分为以下步骤：一是压裂返排液进入压裂液罐中沉降固体颗粒；二是过滤降低压裂返排液中悬浮物含量；三是臭氧/超声波和电絮凝处理。过饱和的臭氧水混入压裂返排液中，双频超声波对压裂返排液进行溶气浮选所含的油和悬浮物等，臭氧对压裂返排液中所含的羟基类物质进行氧化。纳米级泡沫产生在气液界面，泡沫坍塌到一个非常小的体积，使内部温度瞬间可到 482℃，导致有机化合物在 35 ～ 100ps 内氧化（声致发光效应）。超声波也可将小泡沫积聚，增加了气泡上升速度，降低油和固体颗粒的浮选时间。在 Woodford 页岩气田，该技术处理后，75% 的压裂返排液 TDS 小于 500mg/L，压裂返排液处理前后的水质情况见表 6-8。

表6-8　臭氧/超声波/电絮凝/反渗透复合技术处理前后压裂返排液水质　　　　单位：mg/L

成　分	处理前	处理后	成　分	处理前	处理后
TDS	13833	128	硝酸根	3.37	0
氯	8393	27	氟化物	1.76	0
硬度	1163	0	磷	1.15	0
碱度	1002	31	铝	0.347	0
钙	352	0	酚类	0.111	0.051
COD	248	2	银	0.087	0.001
BOD	196	9	铬	0.068	0
镁	69	0	镍	0.056	0.025
TOC	65.4	3	铊	0.038	0
TSS	64.5	0	砷	0.037	0
TKN	43.6	3.1	镉	0.014	0
氨	39.9	1.1	氰化物	0.005	0.004

成　　分	处理前	处理后	成　　分	处理前	处理后
钡	34.9	0	铅	0	0
硫酸根	23.5	0	汞	0	0
油和脂	13.8	1.1	溴化物	79.6	未检出
铁	13.4	0	锌	0	0.07
总有机氮	3.84	2.06			

3）Pinedale Anticline 压裂返排液处理技术

Pinedale Anticline 页岩气田压裂返排液处理分为两个阶段。在初期的四年里，主要是将压裂返排液澄清过滤后进行好氧和厌氧生物处理，生物降解残余添加剂，共处理和回收 $349.8 \times 10^4 m^3$ 压裂返排液。后期将处理后的压裂返排液用于补充新鲜水，并满足外排要求，这就需要去除压裂返排液中的甲醇、芳香族化合物、过量的溶解性固体和硼等。采用膜生物反应器进行反渗透离子交换处理，使压裂返排液中的有机成分降至检测下限以下，无机盐从 8000mg/L 降至 100mg/L 以下，硼从 15 ～ 30mg/L 降至 0.75mg/L 以下。在处理的第一年就有超过 $3.18 \times 10^4 m^3$ 的处理水被回收再利用，超过 $15.9 \times 10^4 m^3$ 的处理水外排。此外，在Pinedale Anticline 页岩气田，也采用膜过滤来快速除去压裂返排液中降解的瓜尔胶和聚丙烯酰胺等，并利用石灰来软化澄清压裂返排液，再经过滤去除沉淀。

4）Halliburton 的 Clean Wave 技术

Halliburton 公司开发出了一种 Clean Wave 移动电絮凝技术。该技术通过紫外线杀菌，利用电絮凝使悬浮物絮凝，最后通过过滤除去絮体。当压裂返排液流经电絮凝装置时，阳极释放的正电离子与压裂返排液中各种胶状颗粒表面的负电离子结合，破坏其稳定分散状态，使之因电荷吸附而聚结。同时，阴极产生的气泡附着在絮体表面，较轻的上浮到表面，通过表面分离器去除，较重的沉到底部。最后，通过精细过滤装置进行过滤处理，使絮体与清水分离，可去除 99% 的悬浮物。此外，该技术还可去除大部分油（脂）及铁离子，使油含量由 300 ～ 45000mg/L 降至 20mg/L 以下。该技术已在美国页岩气和常规气开发中得到了应用，处理后的液体不仅可以配制滑溜水，也可配制交联压裂液。Baker Hughes 和中国石油西南油气田分公司天然气研究院以及成都华气能源工程有限公司也有类似的技术和装置。

5）纽菲尔德勘探公司压裂返排液处理技术

纽菲尔德勘探公司的压裂返排液处理技术主要通过物理、化学处理工艺组合对压裂返排液进行污水处理。压裂返排液首先被排入罐中，使其固体沉降，然后通过固体微粒过滤装置来降低压裂返排液中的悬浮物含量，再进行氧化处理，之后加入 0.1% 的硫酸铝对氧化后的物质絮凝，最后通过离心处理去除絮凝出的氧化物质，并用活性炭过滤器进一步改善水质。如果需要分离压裂返排液中的盐分，则还需进行反渗透处理，使盐水分离。压裂返排液处理工艺流程如图 6-38 所示。

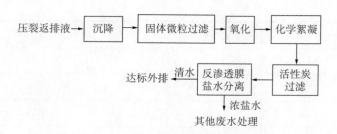

图6-38 纽菲尔德勘探公司压裂返排液处理工艺流程

6）中国石油集团工程设计有限责任公司西南分公司压裂返排液处理技术

中国石油集团工程设计有限责任公司西南分公司开发了一系列压裂返排液处理技术，形成了橇装化的压裂返排液回注处理装置、压裂返排液回收利用处理装置、压裂返排液达标外排预处理+深度处理组合装置、压裂返排液达标外排蒸发结晶处理装置，满足不同的处理水质需求。

（1）压裂返排液回注处理技术。

压裂返排液回注处理系统包括：斜板除油器、一级提升泵、氧化气浮器、二级提升泵、陶瓷膜过滤器、浓液罐、循环泵等。

污水经斜板除油器重力除去浮油及可沉固体后，由一级提升泵提升进入氧化气浮器先进行除油除悬浮物，之后由二级提升泵提升经膜过滤器的底部进口进入膜过滤器进行气、液、固分离，处理后的污水经膜过滤器的中部出口排出。处理后的污水能够满足回注水水质要求。

陶瓷膜过滤器顶部的出口与浓液罐的顶部进口连接，浓液罐的底部出口与循环泵的进口连接，循环泵的出口与陶瓷膜过滤器的进口连接。以便将浓液由循环泵打回陶瓷膜过滤器进行循环处理。压裂返排液回注处理工艺流程框图如图6-39所示。

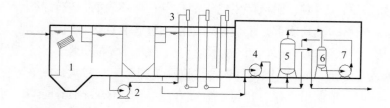

图6-39 压裂返排液回注处理工艺流程框图

1—斜板除油器；2——级提升泵；3—氧化气浮器；4—二级提升泵；5—陶瓷膜过滤器；
6—浓液罐；7—循环泵

① 技术特点。

a. 整个工艺进水含油量可以达到5000mg/L，悬浮物浓度可以达到500mg/L；

b. 整个工艺出水水质达到回注水质要求，主要污染物去除率达到99%；

c. 工艺装置橇装化，确保了工艺的可靠性，提升了现场安装效率，缩短了调试时间。同时减少了占地，节约投资。

② 装置设备样图如图 6-40 所示。

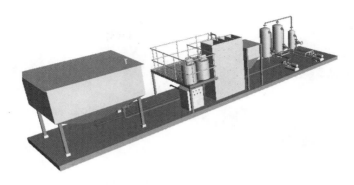

图6-40 压裂返排液回注处理装置

（2）压裂返排液回收利用处理技术。

压裂返排液经斜板除油器重力除去浮油及可沉固体后，由一级提升泵提升进入氧化气浮器先进行除油除悬浮物，之后自流进入硬度处理装置，去除污水中的钙、镁、锶、钡及镭等二价金属后，再由二级提升泵提升经陶瓷膜过滤器的底部进口进入陶瓷膜过滤器进行固液分离，处理后的污水经陶瓷膜过滤器的中部出口进入回收利用装置。陶瓷膜过滤器顶部的出口与浓液罐的进口连接，浓液罐的出口与循环泵的进口连接，循环泵的出口与陶瓷膜过滤器的进口连接。以便将浓液由循环泵打回陶瓷膜过滤器进行循环处理。硬度处理装置的污泥出口与污泥泵的进口连接，污泥泵的出口与硬度处理装置的进口连接，用于对污泥的循环利用。压裂返排液回收利用处理工艺流程框图如图 6-41 所示。

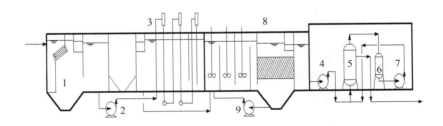

图6-41 压裂返排液回收利用处理工艺流程框图

1—斜板除油器；2——级提升泵；3—氧化气浮器；4—二级提升泵；5—陶瓷膜过滤器；
6—浓液罐；7—循环泵；8—硬度处理装置；9—污泥泵

① 技术特点。

a. 整个工艺进水含油量可以达到 5000mg/L，悬浮物浓度可以达到 500mg/L，钙镁含量可以达到 5000mg/L，总溶解性固体含量可达 150000mg/L；

b. 主要污染物去除率达到 90%，出水可以直接回用于井场做为压裂用水，从而大大减少对水资源的需求，同时也减少了废水处置的挑战；

c. 工艺装置橇装化，确保了工艺的可靠性，提升了现场安装效率，缩短了调试时间。同时减少了占地，节约投资。

② 装备设备样图如图 6-42 所示。

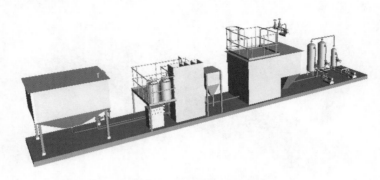

图6-42 压裂返排液回收利利用处理装置

（3）压裂返排液地表排放处理技术。

压裂返排液地表排放处理系统包括：斜板除油器、一级提升泵、氧化气浮器、二级提升泵、Ⅳ效循环泵、Ⅳ效加热室、Ⅳ效蒸发罐、Ⅳ效转料泵、Ⅲ效循环泵、Ⅲ效加热室、Ⅲ效蒸发罐、Ⅲ效转料泵、Ⅱ效循环泵、Ⅱ效加热室、Ⅱ效蒸发罐、Ⅱ效转料泵、Ⅰ效循环泵、Ⅰ效加热室、Ⅰ效蒸发罐、盐浆桶、盐浆泵、增稠机、离心机、冷凝器、真空泵、膜生物反应器、三级提升泵、风机等，其中：

污水经斜板除油器重力除去浮油及可沉固体后，由一级提升泵提升进入氧化气浮器先进行除油除悬浮物，之后经二级提升泵。加压进入Ⅳ效加热室，预热后，进入Ⅳ效蒸发罐，经蒸发后母液由Ⅳ效转料泵送入Ⅲ效蒸发罐，其余各效流程与此相同；各效盐浆则排至盐浆桶，由盐浆泵送入增稠机，经离心机结晶脱水后，成品外运安全填埋。

外来蒸汽先进入Ⅰ效加热室加热，Ⅰ效蒸发罐产生的二次蒸汽再到Ⅱ效加热室加热，依次传递，Ⅳ二次蒸汽被冷凝器冷凝后，由真空泵将不凝气带出系统。

经蒸发结晶装置处理后分别从Ⅳ效加热室、Ⅲ效加热室、Ⅱ效加热室和Ⅰ效加热室出来的冷凝水最后进入膜生物反应器进行生化处理，处理后出水经由三级提升泵提升至最终排放点或回用点；风机供给膜生物反应器生化处理所需的氧。压裂返排液地表排放处理工艺流程框图如图 6-43 所示。

① 技术特点。

a. 整个工艺进水含油量可以达到 5000mg/L，悬浮物浓度可以达到 500mg/L，钙镁含量可以达到 5000mg/L，总溶解性固体含量可达 150000mg/L，$COD_{Cr} \leqslant 10000mg/L$；

b. 整个工艺出水水质达到国家污水综合排放标准要求，主要污染物去除率达到 99%；

c. 气浮采用高效溶气气浮（IDAF），体积小，处理效果优异；

d. 深度处理部分采用膜生物反应器，高效地进行固液分离，其分离效果远好于传统工艺，水质良好，出水悬浮物和浊度接近于零，可直接回用，实现了污水资源化；

e. 工艺装置橇装化，确保了工艺的可靠性，提升了现场安装效率，缩短了调试时间。同时减少了占地，节约投资。

② 装备设备样图如图 6-44 所示。

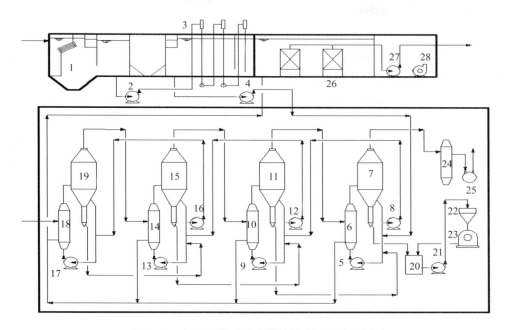

图6-43　压裂返排液地表排放处理工艺流程框图

1—斜板除油器；2——级提升泵；3—氧化气浮器；4—二级提升泵；5—Ⅳ效循环泵；6—Ⅳ效加热室；
7—Ⅳ效蒸发罐；8—Ⅳ效转料泵；9—Ⅲ效循环泵；10—Ⅲ效加热室；11—Ⅲ效蒸发罐；12—Ⅲ效转料泵；
13—Ⅱ效循环泵；14—Ⅱ效加热室；15—Ⅱ效蒸发罐；16—Ⅱ效转料泵；17—Ⅰ效循环泵；18—Ⅰ效加热室；
19—Ⅰ效蒸发罐；20—盐浆桶；21—盐浆泵；22—增稠机；23—离心机；24—冷凝器；25—真空泵；
26—膜生物反应器；27—三级提升泵；28—风机

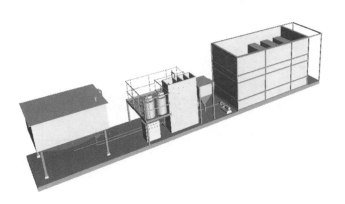

图6-44　压裂返排液达标外排处理装置

5. 压裂返排液回收精细处理实例

中国石油西南油气田分公司天然气研究院针对页岩气体积压裂返排液开发出来两种压裂返排液回收精细处理技术及配套装置，在长宁—威远页岩气国家级示范区应用获得成功。一是利用水质软化、电絮凝、多级过滤等单元为主要工艺的压裂返排液回用处理技术及配套装置；二是利用水质软化、化学絮凝、多级过滤、反渗透膜等单元为主的压裂返排液回用与达标外排综合处理技术及配套装置。

1）压裂返排液回用处理技术

（1）技术原理。

利用碱液沉淀出压裂返排液中的钙、镁、铁等高价金属离子，同时也能起到一定的除臭效果（臭味来源于细菌滋生产生的硫化氢）。利用电絮凝对压裂返排液中的悬浮物以及沉淀出的高价金属离子沉淀物或胶体进行絮凝，并利用有机高分子絮凝剂使絮凝出的悬浮物聚集成团，逐渐沉降下来。电絮凝池既是高价金属离子的沉淀池，也是絮凝沉降池。利用石英砂过滤器、自清洗过滤器、袋式过滤器以及活性炭过滤器对压裂返排液中的悬浮物进一步过滤去除，并吸附压裂返排液的臭味。利用杀菌剂对压裂返排液进行杀菌抑菌处理。絮凝沉降产生的淤泥由叠螺机进行脱水处理。

（2）工艺流程

压裂返排液地表排放处理工艺流程框图如图6-45所示。

压裂返排液首先被泵入电絮凝池中，并加入碱液沉淀高价金属离子，同时开启电絮凝对压裂返排液中的悬浮物和高价金属离子沉淀物进行絮凝，并泵入高分子有机絮凝剂来加速絮体聚集、沉降。电絮凝采用特殊的铝极板为电极，避免了铁极板产生的铁离子对后续压裂返排液回用性能的影响（铁离子对压裂液性能影响巨大）。同时，该电絮凝正负极可设定时间自动切换，在很大程度上避免了电极的结垢问题。电絮凝池的上层清液被泵入石英砂过滤器，通过石英砂过滤后的清液进入自清洗过滤器（精度20μm），产生的清液再泵入活性炭过滤器进行吸附除臭。活性炭过滤器出来的清液进入袋式过滤器中（3～5μm）进一步降低悬浮物含量。最后，通过药剂泵泵入杀菌剂杀菌抑菌，得到的清水满足回用水质要求。

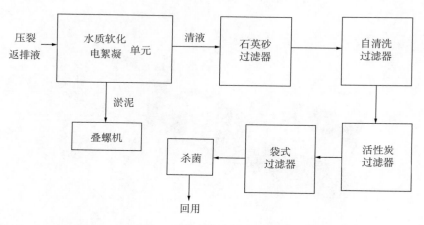

图6-45　天然气研究院压裂返排液回收处理工艺流程图

（3）现场应用。

以压裂返排液回用处理工艺流程设计建设了一套处理能力达 20m³/h 的压裂返排液回收处理装置，先后在威远、长宁页岩气区块进行了的现场试验，获得成功。压裂返排液处理后的水质远优于 NB/T 14002.3—2015 中返排液回用水质要求，在存放过程中未有发生变黑发臭现象，其中悬浮物含量降至 20mg/L 以下，硬度降至 100mg/L 左右，铁离子含量降至 0.05～0.4mg/L，菌落总数降至 10⁴CFU 左右，无色透明。天然气研究院压裂返排液回收处理装置图如图6-46所示。

图6-46 天然气研究院压裂返排液回收处理装置

2）压裂返排液回用与达标外排综合处理技术

（1）技术原理。

该技术分为预处理和深度处理两部分。预处理与压裂返排液回用处理原理类似，不同之处在于该技术采用的是化学絮凝，删减了袋式过滤器和活性炭过滤器等；深度处理部分主要是利用超滤膜进一步去除返排液中的悬浮物，再利用反渗透膜对压裂返排液进行脱盐处理，最终使部分压裂返排液达到外排水质要求。

（2）工艺流程。

天然气研究院压裂返排液回收余达标外排处理工艺流程图如图6-47所示。

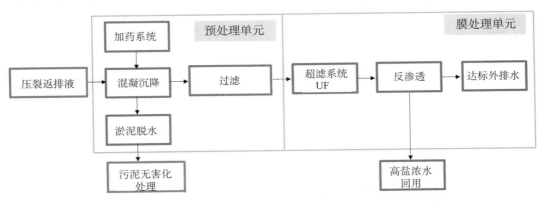

图6-47 天然气研究院压裂返排液回收余达标外排处理工艺流程

以压裂返排液回用处理工艺为预处理工艺，对回用处理后的清液按照以下工艺进行深度处理：先将预处理产生的清液泵入超滤系统，进一步过滤微量悬浮物；然后将超滤后的清液泵入反渗透系统进行脱盐处理，产生的清水水质达外排水质要求，产生的浓水用于回用。

（3）现场应用。

以压裂返排液回用与达标外排处理工艺流程设计建设了一套回用处理（预处理）能力达

600m³/d、达标外排处理（膜处理）能力达 10m³/h 的压裂返排液回收与达标外排处理装置，在长宁页岩气区块进行了现场试验，既可预处理实现压裂返排液回用，也可深度处理实现压裂返排液达标外排。压裂返排液预处理后的水质仍远优于 NB/T 14002.3—2015 中返排液回用水质要求，在存放过程中未有发生变黑发臭现象，其中悬浮物含量降至 20mg/L 以下，硬度降至 100mg/L 左右，铁离子含量降至 0.5mg/L 以下，菌落总数降至 10⁴CFU 左右，无色透明。压裂返排液深度处理后的主要水质指标达到《污水综合排放标准》（GB 8978—1996）中一级水质要求，其中矿化度降至 30mg/L，COD 降至 50mg/L，悬浮物降至 20mg/L，氨氮含量降至 15mg/L 以下。天然气研究院压裂返排液回收与达标外排处理装置如图 6-48 所示。

图6-48　天然气研究院压裂返排液回收与达标外排处理装置

三、特殊压裂返排液处理技术

针对低渗透气藏丛式井组钻完井同一个平台的压裂液用量大、产生的压裂返排液多、处理困难等难题。国内先后研发了一类低分子量的可回收压裂液（主要在四川低渗透气藏和长庆低渗透油气藏进行了推广应用）及其配套的压裂返排液回收再利用工艺，实现了这类特殊的压裂返排液处理后循环利用。

1. 技术原理

常规压裂液应用最多的是胍胶类压裂液，其交联剂主要为硼酸盐。硼酸盐交联剂在水中离解为硼酸根 $[B(OH)_4^-]$，与瓜尔胶分子链上的顺式羟基发生交联，形成网状结构。压裂液中硼酸根浓度主要受 pH 值和温度的影响，因此通过调节 pH 值和温度可控制硼酸根浓度，从而间接控制瓜尔胶压裂液的交联程度。硼酸盐离解方程式为：

$$B(OH)_3 + OH^- \rightleftharpoons B(OH)_4^-$$

从硼酸盐离解方程式可以看出，碱性条件下，离解反应向生成硼酸根的方向进行，利于产生硼酸根离子与胍胶分子的顺式羟基交联；酸性条件下，离解反应向生成硼酸盐的方向进行，压裂液中硼酸根离子浓度低，瓜尔胶交联程度弱，并随着酸性的增强进一步降低而破胶。这种破胶与一般的氧化性破胶剂或生物酶破胶剂产生的降解性破胶不同，瓜尔胶分子链结构未被破坏，可调节至碱性条件实现重复交联。低分子可回收压裂液可逆交联示意图如图 6-49 所示。

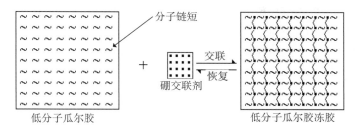

图6-49　低分子可回收压裂液可逆交联示意图

依据上述原理，中国石油西南油气田分公司天然气研究院等多家单位先后开发出了一类低分子可回收压裂液，并对压裂返排液中的杂质成分进行分类处理，去除或降低对重复利用有影响的杂质，充分利用压裂返排液中的有用成分，通过沉降、絮凝、过滤、杀菌以及补充添加剂等工艺，最终实现了低分子可回收压裂返排液的回收再利用工艺。

2．低分子可回收压裂返排液处理工艺

1）四川低渗透气藏低分子可回收压裂返排液处理工艺

对于四川低渗透气藏，低分子可回收压裂返排液处理主要从以下几个方面考虑：

一是除去压裂返排液中一些大颗粒机械杂质（主要是砂和岩屑等），避免重复利用时伤害储层；

二是除去或降低压裂返排液中大量的悬浮物，避免重复利用时增大储层伤害；

三是由于地层和砂的吸附以及在地层条件下的降解，使得压裂返排液中的添加剂含量较初始配制的压裂液低，需要补充添加剂才能满足重复利用的性能要求；

四是进行杀菌处理，避免因压裂返排液中滋生的细菌造成稠化剂的降解。

此外，由于许多气井产地层水，而地层水的矿化度高，且含大量的高价金属离子，对于压裂液的影响较大，因此，在回收压裂返排液时需要测试压裂返排液中的地层水含量，通常地层水含量超过 20% 后不再继续回收压裂返排液。

四川低渗透气藏低分子可回收压裂返排液处理主要步骤如下：

（1）压裂返排液从井口返排至水池中；

（2）在井口取样分析压裂返排液的矿化度（间隔 0.5h 一次），通过压裂返排液矿化度分析压裂返排液中的地层水含量；

（3）向水池中加入杀菌剂进行灭菌抑菌；

（4）水池中的压裂返排液通过自然沉降去除大颗粒机械杂质后泵入储液罐中；

（5）在储液罐中取样进行残余添加剂浓度分析；

（6）根据残余添加剂浓度，取样补充添加剂后进行压裂液性能测试；

（7）如果压裂液性能满足施工要求，则向储液罐中补充损失的添加剂后直接用于压裂施工；

（8）如果压裂液性能不能满足施工要求，则取样与清水混合后，按照损失的添加剂量补充添加剂，再进行压裂液性能测试；

（9）如果步骤（8）的压裂液性能不满足要求，则增加清水比例，重新添加损失的添加剂，再进行压裂液性能测试，直至压裂液性能满足要求；

（10）如果步骤（8）的压裂液测试性能满足要求后，按照压裂返排液与清水的混合比例将清水与储液罐中的压裂返排液进行混合，再添加损失的添加剂后直接用于压裂施工。

注：施工时，调节压裂返排液的 pH 值至 10 左右，并同时补充交联剂，压裂返排液重复交联应用。低分子可回收压裂返排液处理工艺流程如图 6-50 所示。

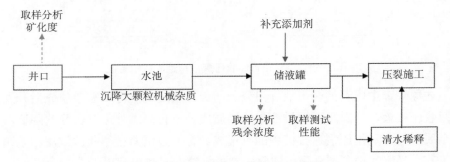

图6-50　四川低分子可回收压裂返排液处理工艺流程

2）长庆低渗透油气藏低分子可回收压裂返排液处理工艺

与四川低渗透气藏相比，长庆低渗透油气藏的低分子可回收压裂返排液处理工艺有所不同，主要体现在压裂返排液中的原油破乳和分离除砂器等方面。

长庆油田开发了一种分离除砂器，用于解决低分子可回收压裂返排液中的压裂砂和机械杂质的分离问题。该分离除砂器为一种组合橇装设备，由加药装置、调节气浮除油装置、旋流除砂装置、固液分离装置等组成。利用重力势能原理使回收的压裂返排液进入储液罐中，无须任何动力，提高了压裂返排液的回收率，解决了储液罐排砂的困难；用加药装置（加注破乳剂）、调节气浮除油装置实现压裂返排液中原油乳液的破乳与油水分离；利用旋流除砂装置、固液分离装置实现压裂砂、机械杂质等与水的分离。

长庆低渗透油气藏低分子可回收压裂返排液处理主要步骤如下：

（1）压裂返排液从井口返排至分离除砂器；

（2）压裂返排液经分离除砂器去除压裂砂、机械杂质和油后进入储液罐中；

（3）向储液罐中的压裂返排液中加入一定浓度的杀菌剂，防止压裂液因细菌滋生而变质；

（4）取样进行添加剂残余浓度分析：通过压裂返排液与基液的黏度、表面张力对比，确定稠化剂、助排剂的残余浓度，通过硼离子滴定分析确定交联剂的残余浓度；

（5）根据残余添加剂浓度，取样补充添加剂后进行压裂液性能测试；

（6）压裂返排液调整性能达到施工要求后进行重复利用。

长庆低分子可回收压裂返排液处理工艺流程如图 6-51 所示。

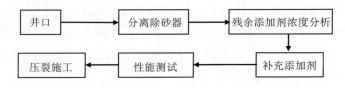

图6-51　长庆低分子可回收压裂返排液处理工艺流程

3．低分子可回收压裂返排液现场回用情况

低分子可回收压裂返排液在四川低渗透气藏和长庆低渗透油气藏进行了大规模的推广应用（图6-52），获得了良好的节能减排效果。其中，仅在四川须家河组气藏开发中就对28个丛式井组（75口斜井）、6口单井的压裂返排液进行了处理与回用，回收利用率达95%，回用时平均每口井使用压裂返排液约110.5m³。

图6-52　低分子可回收压裂返排液现场处理后重复交联

参考文献

[1] 雷群，丁云宏，管宝山.小分子瓜尔胶压裂液技术 [M] .北京：石油工业出版社，2011.

[2] 熊颖，刘友权，陈鹏飞，等.大规模增产作业中液体的回用技术探讨 [J] .石油与天然气化工，2014，43（1）：53-57.

[3] 刘友权，陈鹏飞，吴文刚，等.加砂压裂用滑溜水压裂返排液重复利用技术 [J] .石油与天然气化工，2013，42（5）：492-495.

[4] 熊颖，刘友权，石晓松，等.可回收再利用的低分子胍胶压裂液技术研究 [J] .石油与天然气化工，2014，43（3）：279-283.

[5] 熊颖，刘雨舟，刘友权，等.长宁—威远地区页岩气压裂返排液处理技术与应用 [J] .石油与天然气化工，2016，45（5）：51-54.

[6] 张曲.页岩气压裂返排液处理技术探讨 [J] .油气田环境保护，2014，24（2）：16-19.

[7] 许剑，李文权，高文金.页岩气压裂返排液处理新技术综述 [J] .中国石油和化工标准与质量，2013，20（12）：166-167.

[8] Aaron D Horn. Breakthrough Mobile Water Treatment Converts 75% of Fracturing Flowback Fluid to Fresh Water and Lowers CO_2 Emissions [C] . 2009 SPE Americas E&P Environmental & Safety Conference held in San Antonio，Texas，USA，2009，SPE 121104.

[9] Shafer L.Water Recycling and Purification in the Pinedale Anticline Field: Results From

the Anticline Disposal Project [C] .SPE Americas E&P Health， Safety， Security and Environmental Conference Held in Houston， Texas， USA， 2011， SPE 141448.

[10] Gaudlip A W， Paugh L O. Marcellus Shale Water Management Chanllenges in Pennsylvania [C] . SPE Shale Gas Production Conference: Fort Worth， Texas， USA， 2008.

[11] NB/T 14002.3—2015《页岩气储层改造　第3部分：压裂返排液回收和处理方法》.

[12] SY/T 6596—2004《气田水回注方法》.

[13] SY/T 5329—2012《碎屑岩油藏注水水质指标及分析方法》.

[14] Q/SH 0104—2007《炼化企业节水减排考核指标与回用水质控制指标》.

[15] GB 8978—1996《污水综合排放标准》.

[16] 王国柱，白剑锋，薛洁，等. 低渗透油田采出水处理系统工程设计 [J] .工业用水与废水，2009.40（2）：86−87.

[17] 苟利鹏，马骁骅，陈小兵. 姬塬油田采出水处理工艺适应性评价 [J] .石油化工应用，2013.32（1）：99−102.

[18] 杨德敏.MBR法在油田采出水处理中的应用现状 [R] .2010年膜法市政水处理技术研讨会，2010.5：326−329.

[19] 崔斌，赵跃进，赵锐，等. 长庆油田采出水处理现状及发展方向 [J] .石油化工安全环保技术，2009.25（4）：59−61.

[20] 刘学虎.浅谈油田采出水处理新技术与新工艺 [J] .化学管理，2015.2：188.

[21] 杜杰. 低渗透油田采出水处理技术现状及改进 [J] .内蒙古石油化工，2015.5（2）：99−100.

[22] 闫旭涛，刘志刚. 油田采出水处理复合阻垢缓蚀剂的研究 [J] .表面技术，2014.43（6）：116−120.

第七章 油田含油污泥无害化处理和
资源化利用技术

含油污泥是油田生产过程中产生的主要固体废物,本章分析总结了含油污泥的来源和特征以及对环境的危害,对比了含油污泥的国内外处理标准,阐述了含油污泥减量化技术、含油污泥处理和资源化利用技术的原理、工艺和现状,并对含油污泥处理的重点工程案例进行了详细论述,对推动我国油田含油污泥的处理具有重要意义。

第一节 含油污泥的来源及特性

一、污泥的来源

1. 原油系统污泥

原油系统污泥来源主要是清理油罐底部和原油处理设施产生的污泥,包括两部分:一部分是缓冲罐、沉降罐和储油罐通过自然沉降后污泥堆积在罐底;另一部分是三相分离器、电脱水器等定期排污和清罐。目前油田沉降罐和储油罐一般 1～2 年清罐一次,三相分离器每年清 1～2 次,产生的污泥占油田总污泥量的 10%～20%。

原油系统污泥本身成分复杂,含有大量的老化原油、蜡质、沥青质、胶体和固体悬浮物、细菌、盐类、腐蚀产物等。储油罐在储存原油的过程中,油品中的少量机械杂质、砂砾、泥土及重油组分等会因相对密度差而自然沉降积累在油罐底部,形成又黑又稠的胶状物质层,在 3～6 年的油罐定期清洗中,罐底含油污泥量约占罐容积的 1% 左右。根据测试发现,油罐底泥中含水约 25%,悬浮物 5% 左右,其余 70% 左右均为碳氢化合物。

2. 污水处理系统污泥

污水处理系统污泥主要来源于采出水在处理过程中沉降产生的污泥,占含油污泥总产量的 50% 左右,是油田含油污泥最主要的来源。

污水处理系统污泥主要是采出水中的悬浮物,再加上污水净化处理过程中投加净水剂形成的絮体、设备及管道腐蚀产物和垢物、细菌等,具有含油量高、黏度大、颗粒细、脱水难等特点。

3. 其他污泥

其他污泥主要是每年因采油和作业洗井、冲砂、钻塞等施工由井下返出地面的含油泥沙、集油管线穿孔造成的含油污泥、油管厂清洗等产生的污泥,以及钻井所用的油基泥浆,占总污泥量的 30% ～ 40%。

二、污泥的特点

1. 含水量高，体积大

经过压滤脱水后的含油污泥含水量一般在 70% 以上，污水系统产生的未经脱水处理的含油污泥含水量高达 99%，大量水的存在使含油污泥体积巨大，存放和处置困难。

2. 成分复杂，处理难度大

采油过程中，特别是在三次采油过程中大量使用各种化学药剂，增加了污泥处理的难度，尤其是目前聚合物驱和化学驱的大量推广，使得采出液的性质发生了巨大变化，大量聚合物和凝胶等化学品的存在增加了污泥处理的难度。

3. 含有多种有害成分

从地下采出的盐、砷、汞等重金属有害物质和采油过程中添加的各种化学药剂均会存在于含油污泥中，直接排放会导致严重的环境污染。

4. 含有大量的污油

污水处理系统中污泥的含油量约为 2% ～ 10%，油系统污泥中的含油量约为 10% ～ 30%。

第二节　含油污泥处理及资源化的意义

一、含油污泥的危害

含油污泥中的烃类物质，尤其是苯、多环芳烃类对环境的危害十分严重，油泥中有机挥发组分进入大气，使大气质量存在总烃浓度超标的现象；油泥中的石油进入水体则会造成地表水和地下水的污染，使水中 COD、BOD 和烃类严重超标，破坏水生态系统；油泥中的石油进入土壤会对微生物和土壤植物生态系统产生危害；更严重的是，原油中许多有害物质具有致突变和致癌性，通过直接和间接途径会给人体健康带来严重损害。

二、含油污泥处理及资源化的意义和必要性

随着工业生产的迅速发展，环境污染日益严重。人们对生存环境的保护和改善意识不断加强，环境保护相关法律法规对废水及固废的排放标准也有着严格的规定。根据国家四部委联合制定的新排污标准：未经处理的含油污泥排放收费标准为 1000 元 /t，这将大大增加企业的生产成本。含油污泥已被列入《国家危险废物名录》中的含油废物类，《中华人民共和国清洁生产促进法》要求必须对含油污泥进行无害化处理。按照《农用污泥中污染物控制标准》（GB 4284—1984），为了防止污染，污泥中矿物油最高容许量不得超过 3000mg/kg。因此，无论从环境保护、维护正常生产，还是从回收能源的角度出发，都必须对含油污泥进行无害化、资源化处理。

根据石油企业固体废弃物的特点，油泥既是生产中的废物，又是宝贵的能源。如果对这些油泥进行有组织的收集，并开发研究出适当的方法回收原油，那么不仅能回收大量的能源，产生巨大的经济效益，而且会减轻污染，产生很大的环境效益。

第三节 含油污泥处理标准

目前有关污泥处理的标准很多（表7-1），但是没有针对含油污泥的污染控制标准。部分地区参照农用污泥和危险废物的焚烧填埋控制标准执行。

《危险废物焚烧污染控制标准》《危险废物填埋污染控制标准》规定了危险废物处理过程中产生的残渣等仍属危险废物，缺少对残渣或灰渣危险性的判别规定，造成企业只能选择焚烧后再填埋的方法进行含油污泥的处理处置。

表7-1 含油污泥处理相关标准及主要指标

类　别	标准名称	主要指标
国家标准	GB 4284—1984《农用污泥中污染物控制标准》	矿物油最高允许含量不超过3000mg/kg（干重）
	GB 18597—2001《危险废物贮存污染控制标准》；GB 18484—2001《危险废物焚烧污染控制标准》；GB 18598—2001《危险废物填埋污染控制标准》	规定了危险废物在处理处置过程中产生的残渣或灰渣等仍属危险废物
	HJ 607—2011《废矿物油回收利用污染控制技术规范》	"原油和天然气开采产生的残油、废油、油基泥浆、含油垃圾、清罐油泥等应全部回收""含油率大于5%的含油污泥、油泥沙等应进行再生利用""油泥沙经油沙分离后含油率应小于2%"
胜利油田	DB 37/T 2670—2015《油田含油污泥流化床焚烧处置工程技术规范（试行）》	焚烧产物按照GB 5085.6《危险废物鉴别标准》浸出毒性鉴别方法进行鉴别。属于危废按照危废进行处理，非危废进行综合利用
涪陵	涪陵区环保局会议纪要	油基岩屑经综合利用含油率≤2%后，运输至工区指定平台废水池或压裂水池固化处理
黑龙江	DB 23/T1413—2010《油田含油污泥综合利用污染控制标准》	处理后的油田含油污泥用于铺设油田井场和通井路时石油类含量≤20000mg/kg，pH值≥6，含水率≤40%，用于农田的需满足《农用污泥中污染物控制标准》
陕西	《含油污泥处置利用污染控制标准》（征求意见稿）	处理后的含油污泥用于铺设油田井场、高等级公路时含油量≤10000mg/kg，用作工业生产原料或燃料时含油量≤20000mg/kg
美国	《TPH指导准则》《美国溢油清洁度等级的指导原则》《石油和天然气勘探和生产废料联邦危险废物豁免条例》	小于2%的总石油烃含量（TPH）是自然黏土填埋能够接受的标准，特殊情况下允许更高TPH的原油废弃物进入填埋场
加拿大	《关于上游石油工业油田废物管理要求》《Sask土地填埋指导准则》	原油污染的土壤在被送入工业垃圾填埋场前，如果填埋场有防护层，TPH要求≤3%；填埋场为自然黏土防护层，TPH要求<2%；含油污泥用于筑路或在油区进行排放时，TPH最大允许浓度为2%～5%

第四节　含油污泥减量化技术

一、污泥脱水技术

1. 重力脱水技术

重力脱水是利用重力作用，使污泥中的间隙水得以分离。在实际应用中，一般通过建设浓缩罐或污泥池进行重力脱水。重力脱水是降低污泥含水率、减少污泥体积的有效方法，经重力脱水后的污泥近似糊状，仍保持流动性。

2. 机械脱水技术

目前油田应用最为普遍的机械脱水设备是板框压滤机和厢式压滤机两种，运行效果尚可，部分油田含油污泥由于受聚合物含量较高或者腐蚀严重的影响，效果较差。近年来油田为了更好地进行污泥脱水，引进了一系列新型脱水技术，如叠螺压滤机、旋转压滤式污泥脱水机等，目前看效果良好，超出了常用的板框压滤机和厢式压滤机，但是长期运行情况还有待进一步验证。

1）板框压滤机

工作原理：混合液流经过滤介质（滤布），固体停留在滤布上，并逐渐在滤布上堆积形成过滤泥饼。而滤液部分则渗透过滤布，成为不含固体的清液。与其他固液分离设备相比，板框压滤机过滤后的泥饼有更高的含固率和优良的分离效果。

板框压滤机由交替排列的滤板和滤框构成一组滤室。滤板的表面有沟槽，其凸出部位用以支撑滤布。滤框和滤板的边角上有通孔，组装后构成完整的通道，能通入悬浮液、洗涤水和引出滤液。板、框两侧各有把手支托在横梁上，由压紧装置压紧板、框。板、框之间的滤布起密封垫片的作用。由供料泵将悬浮液压入滤室，在滤布上形成滤渣，直至充满滤室。滤液穿过滤布并沿滤板沟槽流至板框边角通道，集中排出。过滤完毕，可通入清洗涤水洗涤滤渣。洗涤后，有时还通入压缩空气，除去剩余的洗涤液。随后打开压滤机卸除滤渣，清洗滤布，重新压紧板、框，开始下一工作循环。

2）厢式压滤机

厢式压滤机是将过滤液分流引导在了两块实心滤板拼接，利用中间凹陷空间部分来实现过滤分离作用，再通过厢式压滤机每一块滤板下方的出水管道将过滤出来的液体排出。

厢式压滤机的滤室是由相邻两块凹陷的滤板构成的，滤布固定在每块滤板上。厢式压滤机的主要优点是效率较高、效果较好、滤板也相对耐用（相同条件下），自动化程度较高，一般更换滤布的次数也不频繁。

二、低污泥污水处理技术

低污泥污水处理技术主要是针对水质改性技术产生的污泥量较大等问题研发出来的一种污水处理技术。水质改性技术主要是在处理水中加入大量石灰乳，提高水的 pH 值，将水体中的二价铁氧化成三价铁，再通过除油、沉淀、过滤等措施，达到提高水质、降低腐蚀性的目的。低污泥污水处理技术是在对污水性质、污水处理工艺充分分析研究的基础上，使污水中的一些有害离子等转变为对去除悬浮物、油等过程有用的成分，杀灭污水中的细菌，并通过药剂的有效控制，保持污水中原有的离子平衡，从而达到在污水处理的同时，减轻污水的腐蚀、有效降低因采用石灰乳进行水质改性带来的污泥量大、结垢严重等问题。

低污泥污水处理技术主要是从水处理的角度入手，通过改变污水处理工艺，调整药剂配方和药剂品种，在满足污水处理要求的同时，减少污泥的产生量，从而达到从源头上减少污泥产量的目的。目前在用的主要有水质改性技术的低污泥处理方法，通过调整药剂配方，用氢氧化钠替代氢氧化钙的方式，来减少污泥产量，经过胜利油田和中原油田实验，污泥可减量 50% 以上，已在胜利纯梁采油厂和中原油田进行了推广，取得了很好的成果。同时优化净化药剂减少药剂本身杂质含量、污水生物处理技术也是降低污泥量的有效方法。

第五节　含油污泥处理和资源化利用技术

一、生物处理技术

生物处理是一种比较有效的含油污泥处理技术，也是今后含油污泥处理的发展方向之一。生物处理的主要原理是微生物利用烃类作为碳源进行同化降解，使其最终完全矿化，转变为无害的无机物质（CO_2 和 H_2O）。污油微生物降解按过程机理分为两个方向：一是向油污染点投加具有高效油污降解能力的细菌、营养和一些生物吸附剂；二是曝气，向油污染点投加含氮、磷的营养，增强污染点微生物群的活性。

生物处理法的优点在于：对环境影响小，生物处理是自然过程的强化，其最终产物是二氧化碳、水和脂肪酸等，不会形成二次污染或导致污染物转移；费用相对较低，约为焚烧处理费用的 1/4 ~ 1/3；处理效果好，经过生物处理，污染物残留量可以大幅度降低。生物处理法也有其不足之处：一方面处理周期相对较长，有些技术受自然条件的限制较大；另一方面，从资源角度讲，并没有将含油污泥中的石油资源有效利用。这些制约生物处理法应用和发展的问题，有待研究者们进一步攻克。

含油污泥中石油含量明显高于石油污染土壤，微生物生存环境更加恶劣，处理和修复难度增大。目前的处理途径主要是借鉴石油污染土壤的方式。含油污泥的生物处理技术大体可分为 4 种，即地耕法、堆肥法、生物泥浆反应器法、生物浮选法。

1. 地耕法

地耕法为在地表铺放含油污泥，定期翻耕、浇水、施肥，利用土壤微生物降解污泥中的油，常用于处理油污染土壤，也可用于处理含油污泥及含油钻屑。地耕法净化过程缓慢，不适用于冬季较长的地区，且会在农田中产生生物难以降解的烃类（主要是高分子蜡及沥青质）积累。由于占地面积大，受温度、降雨等条件限制，并有可能污染空气、水源和地下水，因而有被处理反应器的堆肥方式取代的趋势，在一些发达国家已经停止使用。

2. 堆肥法

堆肥法（也称堆腐法）是将含油废弃物与适当的材料相混合并成堆放置，使天然微生物降解烃类的过程。堆肥法能保持微生物代谢过程中产生的热量，有利于烃类的生物降解；所采用的松散材料能增加持水性、透气性，可有效加快含油废弃物中烃类物质的生物降解速度。堆肥法可以最大限度地降低污染物浓度，在国内已得到了运用，是一种行之有效的含油污泥处理方法。

3. 生物泥浆反应器法

生物泥浆反应器是一种将含油污泥稀释于营养介质中使之成为泥浆状的容器。由于以水相为主要处理介质，污染物、微生物、溶解氧和营养物的传质速度快，而且消除了自然环境变化的影响，各种环境条件便于控制在最佳状态，因此反应器处理污染物的速度明显加快。研究表明，对同种污染土壤的处理，生物泥浆反应器的处理周期比原位处理缩短 1/2，其去除率比原位处理提高 25% 以上。但是由于其工艺复杂，成本较高，生物泥浆反应器法处理含油污泥在国内目前还处于实验室研究阶段，现场应用的报道较少。

4. 生物浮选法

最近，中国科学院成都生物研究所的李大平等通过对油田含油污泥的多种实验摸索，提出了一种新的含油污泥生物处理方法，即利用微生物产气与表面张力改变的生物浮选去除含油污泥中大部分油并将其回收。实验利用从石油污染物中分离的一组微生物菌株对胜利油田含油污泥进行了生物浮选处理，在最佳运行参数下，原油去除率可达 95% 以上。该项技术既有效利用了资源，又减少了对环境的污染，为油田和炼厂废弃物的有效治理提供了一种可行的技术方案。

二、污泥焚烧技术

污泥焚烧是指通过高温的方式，对污泥中的污染物进行燃烧，实现污泥的无害化处理，是目前为止污泥处理应用最为广泛的处理方法。主要的焚烧炉有回转窑和流化床两种。回转窑焚烧炉中，燃烧温度一般在 980 ~ 1200℃，停留时间为 30min；流化床焚烧过程一般在 730 ~ 850℃，停留时间为 1h。

对于含油污泥来说，焚烧处理不仅可以产生能源为蒸汽涡轮机提供驱动力，而且还可以直接为整个废油处理工艺提供热源。此外，最重要的一点，是焚烧处理可以最大程度上对含油污泥进行减量。虽然含油污泥的焚烧工业化处理过程已经在一些发达国家试验性地开展起来，但是还面临着一些限制性问题。其中主要集中在两个方面：一方面是含油污泥特性对焚烧效果的影响，含油污泥的高黏度特性影响焚烧过程中进料速率，进料情况直接影响焚烧温度的稳定程度；含油污泥高含水率直接影响焚烧效率，所以对于高含水率的含油污泥，焚烧过程中添加辅助燃料是必需的，以保持焚烧温度的稳定。针对这些问题，含油污泥焚烧的预处理就尤为关键，通过降低其黏度和含水率以提高含油污泥的燃料特性。另一个，就是焚烧过程中污染物的排放问题，这也是几乎所有焚烧处理都要面临的一个重要问题。含油污泥焚烧过程中产生的多环芳烃以及含油污泥中的有害物质在低温下不能完全被焚烧而变成的气态产物都会对大气环境造成污染和破坏。此外，焚烧后底灰的毒性监测以及焚烧过程中产生的洗泥水和灰分都会对环境造成二次污染。总之，含油污泥的直接焚烧会存在环境污染的风险，而且焚烧的投资和运营成本颇高，吨处理费用一般为 800 美元左右。

1. 循环流化床焚烧技术

循环流化床燃烧技术是近 30 年才发展起来的一个新技术分支。它继承了一般流化床燃烧固有的对燃料适应性强的优点，同时提高了流化速度，增加了物料循环回路。大量的物料被烟气带到炉膛上部燃烧，经过内、外循环的多个途径再返回炉膛下部，提高了炉膛上部的燃烧放热比例，增强了炉膛上下部之间的物料交换，使整个炉膛处于均匀的高温燃烧状态，确保烟气在高温区的有效停留时间。能保证污泥中各组分的充分燃尽，使有毒有害物质的分解破坏更为彻底；也防止了局部超温的出现，对常量污染物（SO_2、NO_x 等）的控制更为有力。因此，循环流化床燃烧技术一出现就被能源环境界公认为是一种环境友好型的焚烧方式。

2. 旋转窑炉焚烧技术

旋转窑焚烧技术的主流程为：预脱水后的含油污泥→旋转窑焚烧炉→二燃室兼集尘器→污水换热器→热交换器→喷淋洗涤塔→雾水分离器→烟囱→排放大气。

旋转窑炉焚烧技术具有污泥减量化明显、处理彻底的特点，但是用旋转窑焚烧处理含油污泥时需要采用辅助燃料，处理成本较高，并且单位处理量受炉体限制，目前最大处理量较少，处理费用约为 160 元 /t。

三、污泥热解技术

含油污泥的热解是在高温缺氧的条件下将蒸馏和热分解融为一体，利用污泥中有机质的热不稳定性，使有机质受热分解，最终将含油污泥转变为气体、液体和固体三种相态物质的过程，又叫作干化热解技术。含油污泥的热解过程是一个复杂的物理化学反应过程，其主要过程如表 7-2 所示。

表7-2　含油污泥热解反应过程

热解温度	主要反应
120℃以下	物理干燥过程，未见物质分解
250℃以内	结合水、O_2、S脱离，产生O_2
250~340℃	聚合物开始裂解
340℃	脂肪族化合物裂解
400℃	碳—氧键和碳—氮键开始裂解
400~420℃	沥青类物质转化为热解油和热解焦油
600℃以上	烯烃、芳烃生成

由于含油污泥中重质油含量较高，含油污泥的热解就是利用重质油的热转化特点，使污泥中的油类达到深度裂解析出，并加以回收。含油污泥热解产物的可利用率非常高，其中有大量的油气生成，气相是以甲烷和二氧化碳为主的不凝气体，不凝气可以根据其热值的高低

直接燃烧或者与其他高热值的燃料混合燃烧；液相是水和热解油的混合液，进行油水分离后回收其中的油，热解油的品质一般较好，具有较高的回收利用价值，也可以直接用作燃料进行燃烧，另外，热解油中含有大量的脂肪酸类物质，也可作为化工产业的原材料；固相是以无机矿物和热解残碳为主的热解残渣。热解残渣固化了含油污泥中的重金属，大大降低了重金属的污染危险，同时还具有进一步利用的空间。

热解法处理含油污泥不仅达到了资源化利用要求，还实现了无害化"零排放"，在发展可持续经济和越来越重视环境保护的今天，此技术越来越有发展潜力。

中国石油安全环保技术研究院王万福等人发明了一种用于污泥热解的水平回转炉，并设计了一套含油污泥热解处理工艺技术方案，该方案于 2008 年在辽河油田进行了现场试运行，取得了很好的运行效果。但是，间接加热方式以及物料在炉壁的结焦导致传热较慢，热效率较低；另外还存在进料口堵塞的问题。

目前污泥热解技术主要在江汉油田涪陵工区应用于油基岩屑的处理，主要有旋转炉和热解＋电吸附技术。具体的技术分析见表 7-3。

表7-3　热解技术对比表

技　术	技术特点及应用情况	缺　点
热解旋转炉	"旋转加热炉热馏+油气分离"装置处理油基岩屑，已在江汉涪陵 1#、2#、3#固废处理站应用，处理后残渣含油率为 0.8‰～1.43‰。设备全自动化控制，采微正压防爆、蓄热式辐射管加热、自动化气、温平衡控制技术，运行稳定	设备密闭性能较差，现场工作环境恶劣。处理费用较高，约 1400 元/m³
热解+电解吸附	泰祜公司在涪陵 7#站应用，热解在完全密封、无氧环境下完成，工艺流程紧凑、高效、稳定，可连续生产。无气体排放，回收水经过系统净化处理后自用（除尘），无须外排	处理费用较高，约 1400 元/m³

四、污泥热洗工艺

污泥热洗工艺是采用物理化学等工艺技术，对含油量较高的油泥沙进行清洗，回收其中的原油，处理后的污泥根据清洗结果进行进一步处理。目前胜利、河南、西北等油田均对含油量超过 5% 的含油污泥进行了洗砂处理，将含油量降低到 2% 以下再进行进一步处置或综合利用。洗砂的工艺主要有旋流清洗工艺、热化学洗涤法和橇装式设备三种，这三种工艺的对比见表 7-4。

表7-4　污泥洗砂工艺对比

技　术	技术特点	缺　点
旋流清洗技术	胜利油田部分油泥沙通过洗砂装置处理，加入表面活性剂等药剂加热漂洗，实现固液分离和油水分离，原油回收，污水循环利用，清洗达标后的泥沙可成为制砖材料。处理费用约 140 元/t	对粒径 > 76μm 的油砂处理效果较好，油泥清洗效果差
热化学洗涤法	中石化西北分公司利用油泥5项分离装置，通过高温（92～93℃）蒸煮的方式，将污泥中的油、水、泥进行分离，处理后污泥含油<0.3%	间歇式运行，需人工操作，运行维护工作量大。清洗后的污泥需要进一步焚烧

技　术	技术特点	缺　点
橇装式设备	有油科贸公司综合了化学洗涤法、离心法和重力沉降法，对老化油进行脱水、除杂处理。在下二门联合站运行3年，取得了良好的成果，处理费用约170元/t	对含油量低的污泥清洗效果差，清洗后的污泥需要进一步焚烧

旋流洗砂工艺主要工艺流程：来液由沉砂池经提砂平台上抽砂泵进入除砂器，经除砂器清洗分离后，砂子排放至一级清洗搅拌罐，除砂器出口污水污油回沉砂池。再向一级罐内冲水搅拌，砂水混合液由一级洗砂泵提升至一级洗砂器进行清洗，清洗后的砂子进入二级洗砂罐，向二级洗砂罐内冲水搅拌，其砂水混合液由二级洗砂泵提升至二级洗砂器进行二次清洗。若油砂含油较高，则应停止抽砂，将二级清洗罐中的油砂进行循环清洗干净后，再由末级旋流器将砂子排至脱水装置进行脱水，干砂经传输机提升外排，脱水装置内液体充满后溢流入沉砂池。（洗涤温度控制在 70℃ 左右，液固比为 2∶1，洗涤时间 20min，能将含油量为 30% 落地油泥洗至残油率 1% 以下。）

经震荡和清洗等过程，油泥沙发生了分离，水中的乳化油、溶解油及黏附于泥沙体中的原始油、烃类，均已分离出来，成为油、水、泥沙三相混合体，通过旋流器的功能性结构作用，油、水、泥沙分三路流出，实现原油与泥沙的分离。

五、污泥回注工艺

污泥回注工艺主要是将污水站水质处理产生的污泥，混入一定量的药剂和回注污水，通过注泥泵经注水系统注入合适的油层，达到调剖和减排的双重效果，实现油田污泥的减量化。与其他处理方法相比，污泥回注工艺具有无可比拟的优点，处理流程简单且运行成本相对较低，是处理油田伴生污泥的一种经济有效的手段。根据污泥"从哪里来，到哪里去"的思路，中原油田最先针对改性污泥开始进行污泥回注技术的研究，近两年通过加强管理，完善激励机制，加强污泥回注井优选工作等举措，污泥的无害化处理工作取得新进展，实现了污泥全部回注。2014 年，中原油田在临盘采油厂共进行调剖回注污泥 2.8×10^4t，占油泥沙处置总量的 17.4%，该处置方式处理费用约 100 元 /t。

六、含油污泥制备橡胶填料技术

水质改性污水处理工艺产出的含油碳酸钙污泥，不仅产出量大，污泥颗粒细小，矿物组成基本以碳酸钙为主，同时含有一定的盐、石膏、石油及其他硅铝质杂质。针对这种水质改性污泥中碳酸钙含量高的特点，开展了很多污泥处理方法的研究。

由于碳酸钙填料剂已经成为橡胶填料剂的重要来源之一，而水质改性污泥残渣烘干后的主要成分为 $CaCO_3$，粉碎筛分后制作为橡胶填料。研究表明，利用油田污泥开发的橡胶填料剂填充效果与正在使用的普通碳酸钙填料剂相比没有明显的差别，而且在分散性、橡胶网状分子的交联性、磨耗、回弹性等方面，略优于普通碳酸钙填料剂。因此，该技术不但可以促进油田清洁生产，减少固废排放，而且能够实现油田此类污泥的无害化和资源化，具有较大的社会效益和环境效益，但这类橡胶填料市场用量较小，导致该技术至今没有被推广应用。

七、含油污泥填充凝胶颗粒调驱技术

该技术主要是用含油污泥代替搬土制备凝胶颗粒调驱剂。通过创新无序化耐温抗盐三维立体网状分子结构设计、合成工艺，解决絮凝含油污泥填充困难的问题，制成含油污泥填充比例达到50%，耐温抗盐，膨胀倍数、强度、粒径可调的含油污泥填充凝胶颗粒，实现资源再利用，调驱剂成本降低15%以上；并且通过双剂引发温和无釜合成工艺，室温条件即可进行交联聚合反应，实现联合站就地建厂，解决了含油污泥外运产生的安全环保隐患；通过上下锯齿分散盘式搅拌桨及可移除式聚合槽，形成连续化生产工艺流程，实现产品工业化生产。

八、溶剂萃取法

溶剂萃取法是利用相似相溶原理，通过选取合适的有机溶剂作为萃取剂，对含油污泥中的有机成分进行分离，然后再利用蒸馏技术将油从萃取液中提取出来。利用萃取法，可以对含油污泥进行深度处理，将含油污泥中的大部分石油萃取出来，工艺操作简单，萃取剂可以循环利用，经过处理后的泥沙完全可以达到农用污泥排放标准，萃取工艺流程如图7-1所示。但是，萃取剂用量较大，在使用和回收的过程中都有一定量的损失，并且萃取剂价格较贵，处理后的剩余污泥也存在数量庞大等问题。因此，溶剂萃取法目前还处于实验室阶段。但由于溶剂萃取法处理后的污泥含油量较低，符合油田固体废物资源化回收处理的要求，因此随着萃取剂的开发和应用，溶剂萃取法将有很大的发展空间。

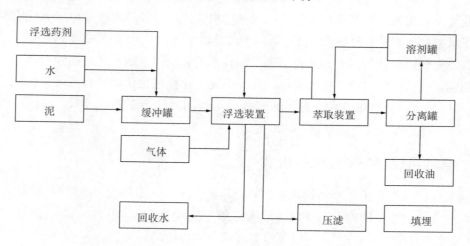

图7-1 含油污泥萃取分离流程图

超临界流体萃取技术是一种新兴的萃取分离技术，它将常温常压下的气体，如甲烷、乙烯、乙烷、丙烷和二氧化碳等，加压使之成为液态萃取剂，这些萃取剂具有临界压力低、临界温度高以及原料价格便宜、密度小、易分离等优点。国外研究人员通过超临界流体萃取技术从含油污泥中提取沥青，原油回收率可达到45%左右。

第六节　含油污泥处理技术工程案例

一、循环流化床焚烧技术

胜利发电厂华新环保公司与上海交通大学联合研发，于 2007 年 10 月建成投产油泥沙循环流化—悬浮焚烧装置，主要工艺流程如 7−2 所示。油泥沙经前期分选后，配以一定比例的水煤浆，经柱塞泵挤压，输送至流化床锅炉，通过悬浮流化床焚烧技术，使油泥沙在炉膛内以沸腾状态反复循环地燃烧，在 850 ~ 950℃远高于实验燃尽温度（750℃）的高温燃烧下，将油泥沙中主要的矿物油全部燃烧，经检测矿物油焚毁去除率达到 99.99%。焚烧产生的蒸汽通过蒸汽管道输送至胜利发电厂的高压联箱，作为电厂的蒸汽补充源，该装置一期设计处理能力 5×10^4 t/a，生产蒸汽 12×10^4 t，二期工程 2015 年开始试运行，达到了 10×10^4 t/a 的油泥沙处理能力，实现了油泥沙治理的无害化、资源化。

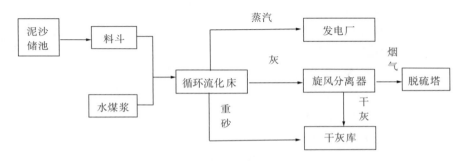

图7−2　焚烧处置工艺流程

该套装置的技术特点：

（1）系统简单，处理能力强：对油泥沙复杂的物性适应能力强；可适应油泥沙热值的大幅度波动；油泥沙焚烧处理量大。

（2）无污染，连续定量输送入炉：选用拥有高浓度黏稠物料管道输送能力的输送泵作为油泥沙的输送系统。对浓料泵进行了一系列改造，解决了油泥沙的中间贮存、高压泵送、不间断给料及管道高压密封、减阻吸振等技术难题，改造后的浓料柱塞泵实现了对油泥沙输送的无污染、连续性及输送量可调节的能力。

（3）床上粒化给料入炉技术：油泥沙经设在炉膛前部的专用粒化给料装置被播洒在整个床面。粒化后的油泥沙团直径在 0 ~ 30mm，靠重力落入炙热床体内，油泥沙团在下降的过程中与高温烟气接触并加热、干燥，整个粒化、加热及干燥过程增加了油泥沙团的易燃烧性能，有利于油泥沙在流化床内与床料的混合与燃烧。

（4）污染物处理彻底：异密度循环流化床锅炉燃烧技术是一种在炉内使高速运动的烟气与其所携带的湍流扰动极强的固体颗粒密切接触，并具有大量颗粒返混的流态化燃烧反应过程。在炉外将固体颗粒捕集，送回炉内再次参与燃烧过程，反复循环地组织燃烧，可确保油泥沙中主要的矿物油全部燃烧，经检测矿物油焚毁去除率达到 99.99%。

二、含油污泥填充凝胶颗粒调驱技术

2012 年以来，中原油田通过中石化先导项目"污泥填充凝胶颗粒的研制及工业化应用"的研究攻关，形成了一套以污泥填充凝胶颗粒为基础配方、适合中原油田各种类型油藏经济有效的凝胶调驱配套技术，基本能够满足中原油田不同类型油藏调剖调驱的需要。项目研究采用将含油污泥代替膨土制备凝胶颗粒调驱剂，变废为宝，实现资源再利用，降低现有调驱剂成本，有效缓解了环保压力，提高了经济效益和社会效益。

截至 2014 年 12 月，在中原油田多种类型油藏规模推广应用 19 个区块，共 252 井次，累计注入调驱剂 $138.22 \times 10^4 m^3$，处理含油污泥 $10.38 \times 10^4 t$，增加水驱动用储量 $100.2 \times 10^4 t$，累计措施增油 42590t，累计增气 $1278 \times 10^4 m^3$。

三、调质—离心机械脱水处理工艺

2010 年，大庆油田第五采油厂建成投产了一座非含聚油泥处理站——杏 V–II 含油污泥处理站，采用"预处理—调质—离心"处理工艺，处理后的污泥最终含油量达到了黑龙江省《油田含油污泥综合利用污染控制标准》（DB23/T 1413—2010）要求，用于回填井场或修建通井路，实现了含油污泥资源化利用。2012 年，大庆油田第一采油厂建成投产了 1 座含聚油泥处理站——北一区含油污泥处理站，进一步发展了含油污泥处理技术。为油田开发后期实施化学驱油产生的含油污泥处理提供了技术保障，确保油田实现安全环保和绿色开发。

杏 V–II 含油污泥处理站主要由含油污泥收集池、污泥流化预处理装置、污泥调质装置、离心分离装置、油水分离装置、回掺热水处理装置、导热油加热装置及污泥堆放场等组成。工艺流程示意图如图 7–3 所示。经本站处理后的污泥，现已用来填垫某含油污泥存放点。

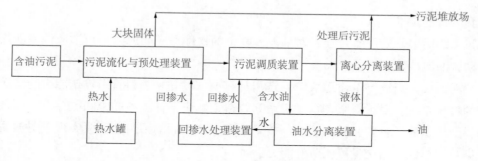

图7–3　主体工艺流程示意图

四、碳化炉热解工艺

从 2015 年开始，吉林油田乾安采油厂采用碳化炉热解工艺对含油污泥进行处理，每年可处理油土达 $2.5 \times 10^4 t$，不仅可以将油泥中的油水与土分离，其最终产物为碳粉土，可作为制砖材料，最终实现含油污泥的资源化、无害化。

本工艺主要是根据落地油土及清罐油泥中油、水及土的沸点不同，将落地油泥油土中水和油分离出来，一方面可对落地原油进行资源回收，另一方面可减少落地油土和清罐油泥随意丢弃对周围环境造成二次污染，以及违法事件发生。

工艺路线：落地油土和清罐油泥统一送到专用储存池中储存，将其中塑料袋、砖头等杂物分拣，然后将油土直接送碳化炉进行高温加热处理。碳化处理的原理主要利用水、油及土的沸点不同（水沸点100℃、油沸点250℃、土碳化温度300℃），将固体废弃物中的油水蒸发。油土在碳化炉内总停留时间为8～11h，分三个阶段进行处理：

第一阶段将碳化炉加热至100℃左右，此阶段需停留2h，可将物料中的大部分水分离出来，脱水率可达90%（含1%轻质油），此阶段热解过程产生的挥发性气体中含水量较大，气体经冷凝设备冷凝后，进入油、水、气分离系统，经分离后燃料油进入燃料油储罐，废水排入拟建污水处理池；不凝气经水封后通过燃气喷嘴喷入炉内燃烧处理。

第二阶段将碳化炉加热至250℃左右，此阶段需停留3～5h，可将物料中的剩余水及剩余油分离出来，此阶段热解过程中产生的挥发性气体含水量与含油量均较大，气体经冷凝设备冷凝后，进入油、水、气分离系统，经分离后燃料油进入储罐，废水排入拟建污水处理池；不凝气经水封后通过燃气喷嘴喷入炉内燃烧处理。

第三阶段将碳化炉加热至300℃左右，此阶段需停留1～2h，在此阶段主要是将油土中有机物进行碳化，使油土形成碳粉土，由于前两个阶段已基本将油土中水和轻烃蒸发，因此，在此阶段搅拌加热过程产生的挥发性气体主要为含粉尘气体和不凝气，几乎无含油、含水废气产生，该阶段产生挥发性气体直接通过燃气喷嘴喷入炉内燃烧处理。在此过程中由于前两阶段原料内沸点高的物质汽化外排，故导致原料的温度逐渐降低，当温度降至80℃以下时，停止加热同时通过炉内喷头向炉内进行喷水降温、降尘，再经自然冷却2～3h后，产物为碳粉土（黑色粉末状固体），即为产品，此时由于产品中含有一定的水分故不会产生扬尘，由铲车装运至碳粉土储池堆放，作为建筑材料外售。

碳化炉燃料为天然气和热分解过程中产生的不凝气，加热过程中染料不与物料接触，在碳化炉外胆加热，使内胆中物料进行热解，天然气烟气直接经15m高排气筒排放。

碳化炉内胆热解是在封闭、缺氧环境下进行的，碳化炉内胆内废气主要为油泥土加热过程中产生的不凝气，主要为$C_1～C_4$的轻质油类气体，以非甲烷总烃表征，先通过第一道安全装置水封，然后使其通过第二道安装装置燃气喷嘴，在碳化炉内全部燃烧处理，故本技术在油泥油土加热过程中不会有有机废气排放。

第七节　发展趋势

选择合适的含油污泥处理技术，应借鉴国外的先进经验，将国外先进技术与我国实际情况相结合，联合使用多种处理措施，按照"减量化、无害化、资源化"的原则，开发出实用、高效的处理技术，以符合环保要求，达到环保标准，减少对环境、生态系统和人体健康的危害。

首先应开展低污泥水处理技术研究，从源头上减少污泥产量。其次应加大科技攻关力度，优化处理药剂，研发高效污泥脱水设备，有效解决现场污泥减量化，尤其是含聚污泥脱水难题。针对现有的污泥综合利用技术成本高的问题，加强含油污泥回收利用技术研究，降低现有热洗涤、热解和溶剂萃取等含油污泥综合利用技术的处理成本，研发更为经济有效的含油污泥综合利用方式，找到一种绿色环保又节能的污泥处理技术，彻底解决污泥处理难题。同时，我国应进一步规范管理，从政策上保证减少含油污泥产生的危害和增大含油污泥的资源化利用，以期最终实现环境效益、经济效益和社会效益的最大化。

参考文献

[1] 匡少平，吴信荣. 含油污泥的无害化处理与资源化利用 [M]. 北京：化学工业出版社，2008.

[2] 陈忠喜，魏利. 油田含油污泥处理技术及工艺应用研究 [M]. 北京：科学出版社，2012.

[3] 雍兴跃，王万福，张晓飞，等. 含油污泥资源化技术研究进展 [J]. 油气田环境保护，2012，20（2）：43−45.

[4] 包木太，王兵，李希明，等. 含油污泥生物处理技术研究 [J]. 自然资源学报，2007，22（6）：865−870.

[5] 李大平，何晓红，田崇民，等. 生物浮选法处理含油污泥 [J]. 环境工程，2006，24（1）：58−60.

[6] Shuchi Vermaa, Renu Bhargavaa, Vikas Pruthib. Oily Sludge Degradation by Bacteria from Ankleshwar, India [J]. International Biodeterioration and Biodegradation, 2006（3）：123−128.

[7] 王万福，杜卫东，何银花，等. 含油污泥热解处理与利用研究 [J]. 石油规划设计，2008，19（6）：24−27.

[8] 蔡炳良，辛玲玲. 污泥热解技术 [C]. //上海（第二届）水业热点论坛论文集. 上海，2010.

[9] 王万福，杜卫东，张剑. 一种污泥热解处理装置 [P]. 中国：200820079311.1，2008.

[10] 刘鹏，王万福，岳勇，等. 含油污泥热解工艺技术方案研究 [J]. 油气田环境保护，2010，20（2）：10−13.

[11] 王静静. 含油污泥热解动力学及传热传质特性研究 [D]. 青岛：中国石油大学（华东），2013.

第八章 海上油气田污水污泥处理
关键技术

海上油气田开发与陆上油气田开发一样都是从地下油气藏中开采油气资源，含油污水也是随着原油和天然气的生产从地层产出的，处理的原理也都遵循油水分离的基本规律，无论是就地排放还是作为注水水源回注地层，都需要进行处理以达到相应的环保与注水标准。海上相对恶劣的环境与地面设施的高投入，致使海上油气田污水污泥处理的流程与设备选择原则有所不同。

第一节 海上油气田污水污泥处理的现状与发展趋势

一、概述

海上油气田的污水处理基本上都是在固定式海上生产平台或浮式生产系统（FPSO）上进行的，也有少数油气田的含油污水经海底管道输送到陆上终端进行处理。海上油气生产属于高投资、高风险的生产作业，海上生产平台或浮式生产系统动辄数十亿的投资、狭小的操作空间，都对海上污水处理设备提出了更高的要求——这些设备必须是高效的（占地面积小、重量轻）、安全的。

海上油气田所产含油污水主要有两个去向：排海和回注地层。排海的处理指标需要满足 GB 4914—2008《海洋石油勘探开发污染物排放浓度限值》要求，在我国海域进行排放的污水主要控制含油量，分成三个级别，如表 8-1 所示；回注地层的处理指标基本上遵循 SY/T 5329—2012《碎屑岩油藏注水水质推荐指标》，其主要控制指标如表 1-3 所示。

表8-1 我国海域进行排放的污水主要控制含油量容许值

级 别	海 域	允许含油浓度（平均值） （mg/L）	允许含油浓度（一次容许） （mg/L）
一级	渤海、北部湾，4海里以内及海洋保护区域	≤20	≤30
二级	4~12海里以内	≤30	≤45
三级	其他区域	≤45	≤65

二、海上油气田污水处理的技术原理与常用设备

1. 海上油气田污水处理的技术原理

海上油气田污水处理的技术原理与陆上油田基本相同，都遵循斯托克斯定律，即影响污水处理难度的主要因素有：油品及悬浮物颗粒的大小、油水的密度重差（表现为油品的重度）、温度、重力加速度等。

2. 海上油气田污水处理常用设备

由于海上油气生产是在投入了大量资金建设的海上油气生产平台上进行的，平台面积直接关乎项目成本，因而，海上油气田污水处理与陆地技术最大的不同在于，必须选择紧凑高效的设备；陆地油田常用的污水沉降罐等水力停留时间长达数小时的设备，在海上油气田无法应用。

海上油气田常用的污水处理设备如表8-2所示。

表8-2　海上油气田常用的污水处理设备

一级分离	斜板隔油器、水力旋流器、沉降仓、离心机
二级分离	气体浮选机、旋流气体浮选机（CFU）
三级分离	核桃壳过滤器、聚结过滤器
四级分离	活性炭过滤器、多介质过滤器
精细分离	膜过滤

其中沉降仓仅应用在 FPSO 中，水力旋流器的使用要求油品的相对密度不大于 0.94，而离心机仅在渤海的蓬莱 19-3 油田的生产污水处理中有应用。

三、我国各区域海上油气田污水处理技术现状及特点

我国在产油气田主要分布在 4 个区域，分别为渤海湾、东海、东南海珠三角区域、南海及涠洲湾区域。由于各区域的油气田带有明显的地域特征，因而其污水处理难度及适用的污水处理流程也存在较大差异。

1. 渤海湾区域

渤海湾区域的海上油田是我国最大的海上产油区，年产量已超 $3000 \times 10^4 t$。渤海油田为圈闭式油藏，为维持底层压力，提高采收率，绝大多数油田需注水开发。渤海湾也是我国环保压力最大的海域，新产油气田要求实现生产污水全部回注，基本上不再允许排海，即达到所谓"零排放"。

渤海油田的产油以重质、稠油为主，水质矿化度高，油水分离难度大，因此分离效率极高的污水处理设备，如水力旋流器，在渤海油田的应用并不广泛。为使处理后的生产水达到回注标准，油水分离过程中会加入破乳剂、絮凝剂等化学药剂。且由于生产水持续的采出、回注、加药，循环往复，还有酸化洗井、压裂等作业，污水中的成分越来越复杂，这些因素都造成了该区域生产水的处理难度也越来越大。采用的主要流程是：

斜板隔油→气体浮选机→核桃壳过滤器→（双介质过滤器）→回注。

2．东海区域

东海区域以气田为主，属三级海域，气田产水量很少，处理后污水排海，因此污水处理压力不大。采用的主要流程是：

（1）聚结过滤器（或用两级）→开排沉箱排放；

（2）紧凑式气体浮选机→开排沉箱排放。

3．东南海珠三角区域

珠三角海域是我国第二大产油区，年产量已超 $1000 \times 10^4 t$。该海域为边水油藏，所产油多为中轻质原油，基本无须注水，所产生产污水排海，属于三级海域。

由于该区域的油水相对密度差异较大，油水分离相对容易，因而水力旋流器和紧凑式气浮选机成为其污水处理工艺的主要设备。常用流程主要有：

（1）水力旋流器→脱气除油罐→开排沉箱排放；

（2）水力旋流器→紧凑式气浮选机→开排沉箱排放；

（3）紧凑式气浮选机→紧凑式气浮选机→开排沉箱排放。

4．南海及涠洲湾区域

南海海域目前在产的以气田为主，产水量很少，属于三级海域，处理达标后排海，采用以聚结过滤器为主的处理流程；油田采用水力旋流器为主的处理流程。

涠洲湾油田规模也较小，但需要注水开发，属于一级海域，并且要求新产油气田实现生产污水的"零排放"。涠洲湾区域所产油为非重质原油，油水分离的采用的主要流程为：

撇油罐／缓冲罐→水力旋流器→过滤器→回注。

5．海上油气田陆上终端

对于通过海底管道将海上油气田采出液输送到陆上终端进行处理情况，通常在海上平台进行预先分离出大部分含油污水并处理，少量污水随油气输送到终端后排放，采用的技术和陆上油田基本一致。

四、海上油气田污水处理技术发展趋势

1．海上油气田污水处理面临的挑战

海上油气田污水处理面临的挑战主要来自以下三个方面：清洁生产的要求提高；海上现有油气田生产污水处理压力加大；新型油田开发模式的出现。

清洁生产要求的挑战主要来源于国家对排放标准的要求越来越高。《国家海洋局关于进一步加强海洋工程建设项目和区域建设用海规划环境保护有关工作的通知》（国海环字〔2013〕196号文)中明确要求海洋工程建设单位应当采取有效措施实现建设项目零污染。例如，渤海区域含油生产水全部回注地层；生活污水 COD 排海总量不增加；正常工况下，禁止含油生产水排海等。不仅如此，为响应国家节能减排的号召，中国海洋石油总公司对社会承诺进行排放总量的控制，做到增产不增污，降低总烃排放量10%。

海上现有油气田生产污水处理压力的加大主要来自生产本身的压力与需求。由于很多海上油气田进入高产水期，部分油气田原有设计中的能力不适应、流程不适应逐渐凸显，再加之平台原有的生产污水处理设备老化，处理能力逐步下降，难以满足实际生产需求。

新型油田开发模式出现所带来的挑战主要有：（1）油田的加密调整所产生的超大处理水量，导致老油田污水处理能力不足；（2）渤海部分油田开始采用注聚采油，产生处理难度大的含聚污水，而平台空间有限，改造难度大；（3）低渗油田的开发对回注水水质提出了精细注水的要求；（4）海上超稠油田的开发，带来了热采水的供应与超稠油的污水处理等难题。此外，随着能源开发的不断深入和日趋多样化，致密油气、深水等新领域的开发也将为污水处理工艺提出新的问题和挑战。

2. 海上油气田污水处理技术的发展趋势

应对好上述挑战，就是海上油田污水处理技术的发展方向。目前，在各方努力下，已取得了一定成果，如：渤海区域新开发的油田已全部实现了生产水回注；在含聚合物污水的处理方面，在借鉴陆地油田经验的同时，结合海洋石油工程的特点，进行了以非离子性综合破乳剂代替常规阳离子型破乳剂及清水剂的优化，并采用以下包含两级气浮的流程：

斜板隔油→一级气体浮选机→二级气体浮选机核→桃壳过滤器→回注。

对于低渗油田所需精细注水的处理，为保证水质切实达到 A_1 级水质标准，并经过研究与筛选，在海上油田采用了抗污染性、耐高温、耐腐蚀性能都比较好的陶瓷膜。

对于海上稠油热采油田、致密油气田及深水油气田采出水的处理技术，还需要不断的研究与探索。

五、海上油气田污泥处理

海上油气田所产生的污油泥通常是运回陆地交由专业的公司来处理。生产过程中产生的老化油类的污油泥，通常采用卧螺离心机进行初步脱水后再用工作船运回陆地。设施检修期间清理出的舱底油则直接运回陆地处理。

第二节　海上中高渗透油田采出水处理与注水技术

一、海上中高渗油田采出水概述

海上中高渗透油田的采出水性质与陆地类似，而注水指标及要求也与陆地相同，故其处理工艺特点也与陆上相同，在此不再赘述。但是，针对海上油田地方狭小、寸土寸金的特点，一些高效紧凑的工艺和设备在海上油田得到了广泛应用，因而形成了一些与传统陆上以大罐重力沉降工艺有较大区别的地方，即使是相同的工艺，在具体参数选择和自控设计上也存在一定的区别。

二、海上中高渗透油田采出水处理技术、流程及设备

1. 基于破乳、絮凝的高效重力分离技术

重力分离技术是中高渗透油田采出水的常用处理技术，该流程的技术重点在于含油污水的可分离性。其原理与陆上传统重力流程存在相似的地方，即利用一定的停留时间，利用含

油污水中的油滴、悬浮物与水的密度差，使得含油污水中的油滴、悬浮物与水分离并加以去除，从而得到澄清的出水。经重力分离后的净化水可以满足采出水处理系统的出口水质要求，为进入后续过滤器进行进一步的分离打下了良好的基础。

重力分离技术的适应性好，可以满足中高渗透油田几乎所有污水的处理要求，但是其污水处理的效果取决于污水的可分离性，这就使得优化破乳、絮凝工艺配合高效重力分离工艺成为降低系统占地、提高处理效率的关键。

通常，基于破乳、絮凝的高效重力分离处理技术主要分为两方面关键工艺。

1）优化混凝工艺

优化混凝工艺依照流程与设计思路可以分为自然优化混凝工艺和强制优化混凝工艺。顾名思义，自然优化混凝工艺主要是基于正常的工艺流程管道，利用管道中的流体流动，自然地完成药剂水力混合、絮体生成过程，该工艺的关键在于根据较低的混合强度，一定的混合时间优选适用的药剂。该混凝工艺在海上油田，尤其是管道当量长度较长的处理工艺中大量使用，其优点在于设备设施简单，成本低廉，效果较好，缺点是随着油田生产期间水量的变化，其混合强度、混合时间也会相应变化，需要根据实际效果适时调整污水处理药剂配方，在药剂试验上相对繁琐。强制优化混凝工艺主要是利用各种搅拌混合反应器完成定量混凝反应的过程。通常，主要的混合反应器型式包括：机械搅拌式、混合反应罐式、静态混合式。基于杯罐实验的测试结果，合理地选用不同型式的混合反应器可以大大提高破乳、絮凝的效果。根据在某污水处理场站的测试结果，出水水质相同的条件下，整体投药量平均下降 8%。因此，优化混凝工艺成为高效重力分离的关键因素。

2）高效重力分离工艺

高效重力分离工艺作为过滤的前置工艺，对于系统的最终出水水质起着决定性作用。该工艺流程主要是高效设备的应用，包括带聚结填料的斜管板除油器，带底部斜管分离区和气泡筛选器的部分回流卧式溶气 / 散气气浮，集分离、絮凝功能于一体的立式旋流气浮等，对于不同的来水、水质、出水要求，主要有以下的工艺流程和以下述工艺流程为基础的改进工艺：

（1）斜板隔油器→卧式溶气浮选机→过滤器的生产污水处理流程（图 8-1）。

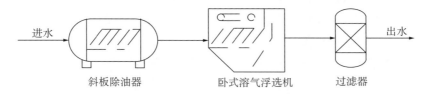

图8-1 斜板隔油器→卧式溶气浮选机→过滤器流程图

（2）斜板隔油器→立式旋流气浮选机→卧式溶气浮选→过滤器的生产污水处理流程（图 8-2）。

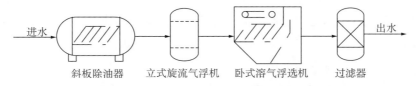

图8-2 斜板隔油器→立式旋流气浮选机→卧式溶气浮选→过滤器流程图

（3）斜板隔油器→立式旋流气浮选机→过滤器的生产污水处理流程（图8-3）。

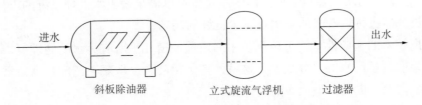

图8-3　斜板隔油器→立式旋流气浮选机→过滤器流程图

上述工艺流程配合优化混凝工艺，可以将生产污水处理工艺总停留时间控制在5～45min，其值远小于常规重力流程总停留时间，出水水质略优于或与常规重力流程相当，药剂消耗量相对略大，整个系统在占地、效率上相较于常规重力流程占有很大的优势。

2. 基于旋流、聚结的生产污水处理技术

旋流、聚结工艺作为生产污水高效分离技术，其着眼点在于增强油滴与水的分离性能，从而可以利用极短的停留时间有效处理生产污水。虽然以上工艺的着眼点类似，但是实现方法完全不同。旋流工艺着眼于增强分离加速度，从而提高油滴的分离性能；聚结工艺主要着眼于增大油滴粒径，而根据增大粒径的方式不同，产生了不同的工艺路线。

1）旋流工艺

旋流分离工艺的主要设备是水力旋流器和除油离心机。水力旋流器主要利用一定的来水压力，在旋流管内形成水平旋流，利用向心加速度加速油水的分离。水力旋流器具有设备占地小、效率高的显著优点。根据目前的实践，虽然其厂家声称可用于相对密度为0.95（20℃）以下的原油，但是实际上如果想要在较低的进口含油浓度（<1500mg/L）下达到较高的除油效率（>70%），通常适用的原油相对密度一般均小于0.9（20℃）。另外，由于水力旋流器往往需要入口具备至少0.4～0.8MPa的压力，且对于原油粒径分布较为敏感，因此，为寻求较好的处理效果，水力旋流器入口一般不建议设置增压泵，而是直接利用工艺系统余压进入旋流器，采用该设计的多套系统均取得了较好的处理效果。

另外，由于水力旋流器管内停留时间较短，旋流强度较高，如果入口直接投加破乳剂，往往造成投加量较大且处理提效不显著。一般选择在上游分离器水相提前投加破乳剂，以前移油滴粒径分布峰值，提高处理效果。

由于工艺原理所限，水力旋流器对悬浮物几乎没有脱除效果，同时也应该避免在其中投加絮凝剂。

相对于水力旋流器除油离心机，着眼于利用机械外力进一步增大分离向心加速度，从而进一步提升处理效能，理论上可处理更为重质的原油。在实际应用中，除油离心机应用于原油相对密度为0.92~0.93（20℃）的含油污水，具有占地小、单位处理量大、除油同时除悬、流程简单的优点。但是也暴露出了能耗大、噪声大、不耐悬浮物污堵、维保工作量大、处理效率不如理论值、处理出水乳化严重的缺点，限制了该设施的推广应用。

旋流工艺的主要工艺流程如下：

（1）水力旋流器→脱气除油罐→处置出水的生产污水处理流程（图8-4）。

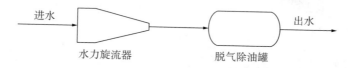

图8-4　水力旋流器→脱气除油罐流程图

（2）水力旋流器→紧凑式气浮选机→处置出水的生产污水处理流程（图8-5）。

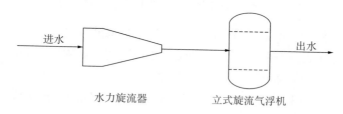

图8-5　水力旋流器→紧凑式气浮选机流程图

（3）粗过滤器→除油离心机→处置出水的生产污水处理流程（图8-6）。

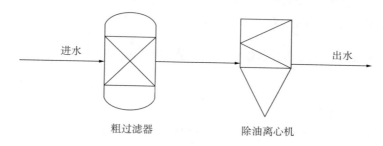

图8-6　粗过滤器→除油离心机流程图

（4）撇油罐/缓冲罐→水力旋流器→处置出水的生产水处理流程（图8-7）。

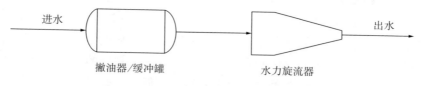

图8-7　撇油罐/缓冲罐→除油离心机流程图

上述工艺系统停留时间一般在 5～10min，在单个海上平台的狭小空间上成功完成设计规模为 80000m³/d 的生产污水处理系统的项目中，旋流工艺发挥了主要的作用。

2）聚结工艺

聚结工艺按照其工艺路线的不同可以分为折流板（类折流板）聚结和亲水聚结膜聚结。前者一般用于聚结分离器、聚结除油器的内件，也有设置在斜板除油器斜板分离区前用于提升处理效率的，该工艺技术简单，可靠性好，基于聚结板的布置方式，容积效率比斜管板略高。但是根据目前的实践，聚结板单独应用时，其实际处理效果一般不如斜管板内件，故一般仅用于较易分离的生产污水处理或作为斜管板的前置粗粒化预处理过程。聚结除油/分离器典型的应用流程为：

聚结除油/分离器→气浮选机→快速过滤器的生产污水处理流程（图8-8）。

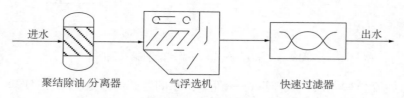

图8-8 聚结除油/分离器→气浮选机→深床过滤器流程图

而后者一般用于聚结过滤器的滤管材料，一般采用立式或卧式的滤管式滤器，内部设置多根聚结过滤管，由于聚结材料的亲水憎油性，水可以通过滤膜，而油滴则被阻隔在聚结膜表面，随着小油滴聚并为大油滴，上浮至上部油室去除。

虽然聚结除油工艺和聚结过滤工艺都属于聚结工艺，但是形式不同导致其处理精度和适用范围不同。聚结除油工艺从设备尺寸上与斜管板除油器更为接近，还是属于传统重力除油工艺的范畴；聚结过滤工艺在设备尺寸与占地上则更接近表面过滤工艺，当在适合的油田中应用时，具有停留时间短、设备简单、成本低廉、操作简便、自动化程度高、水系统无能耗的优点，较常规流程有很大的优势。

三、海上中高渗透油田注水技术、流程及设备

1. 海上油田高效过滤技术

1）高速深床过滤技术

深床过滤技术是中高渗透油田注水的常用处理技术，按照滤料种类分类，可以分为均质滤料、双滤料，多介质滤料由于实际使用效果并不明显，且操作维护较为繁琐，因此海上油田很少使用。过滤器的滤速决定了过滤系统的占地和效能，而要做到提高过滤的滤速，一般需要在滤料上进行优选。

（1）高速均质滤料过滤技术。

海上油田深床均质滤料滤器在传统无烟煤、石英砂、核桃壳的基础上尝试使用了改性纤维球滤料。众所周知，传统纤维球滤料具有滤速大、反洗要求低的优点，但是其对烃类的反洗效果较差，因此为提高滤速、除油率和反洗效能，降低设备数量和占地，海上油田尝试使用机械挤压反洗的改性纤维球滤器，在部分中质油污水的处理中起到了较好的效果。在海上实际使用中，最大运行滤速可达到20m/h，相比于传统均质滤料滤器提高了约80%，大大减少了占地；而其出水水质可以满足注水水质要求，该滤料提升了过滤系统效率，减少了过滤系统的占地。此外，机械挤压反洗的改性纤维球滤器由于单罐设计直径不大，反洗强度和反洗水量相对较低，海上一般可根据其反洗和运行要求设计成在线反洗系统，进一步节约了系统的占地。目前该过滤系统已在南海部分区域广泛应用，发挥了积极的作用。

（2）高速双滤料过滤技术。

海上油田深床双滤料滤器在传统无烟煤、石英砂，无烟煤、石榴石等组合的基础上尝试使用了核桃壳、石英砂的双滤料组合，对提高滤速和除油率，降低设备数量和占地起到较好的效果。在海上实际使用中，最大运行滤速可达到15m/h，相比于传统双介质滤器提高了约

20%，大大减少了占地；而其出水水质中，除油率有所提高，除悬率基本相当，该双滤料的设计提升了系统效率，减少了过滤系统的占地。

核桃壳、石英砂双滤料过滤系统的反洗采用气水交替反洗，由于核桃壳密度较低，过滤器顶部设置筛管排水，防止滤料流失。另外，由于过滤器的反洗给水、污水储存与回流设施占地较大，海上平台设置了一整套高效反洗水存储、排放、回流系统，通过全自动控制系统将反洗水系统总容积控制在陆上场站类似系统的20%左右，这成为该系统在海上平台得以大规模应用的关键。

2）高效表面过滤技术

表面过滤技术一般以滤布、滤芯等材质为基础，利用死端或错流工艺进行过滤操作，而当滤布、滤芯材质无法满足正常过滤要求时，常采用反洗、再涂等方式完成过滤系统的重置。国内海上油田对这两种表面过滤技术均进行了小范围的试验应用。

（1）烧结管滤器过滤技术。

海上油田目前烧结管过滤技术主要应用于部分油田的注水工艺，在投入生产的油田中，烧结管材质主要是不锈钢，设计等效孔径为<1μm，反洗采用超声波乳化＋水反洗的方式，过滤流程为死端过滤。在实际应用中,烧结管滤芯表现出了较好的反洗性能,较长的使用寿命,烧结管滤器对系统的反洗水量要求较低，自动化程度高，操作简便，比较适宜在海上安装和使用。但是，在使用过程中，也暴露出了烧结管孔径逐渐增大、实际通量快速变大而出水水质下降的问题，影响了该技术在海上油田的进一步应用。根据最新的信息，目前国内有采用钛合金为基材的烧结管，可以解决孔径增大的问题，该工艺尚未在海上得到实际应用，有待进一步研究及试验。

（2）预涂过滤技术。

预涂过滤技术在海上油田已实际应用于某气田含油污水后续处理流程，预涂过滤技术采用类似烧结管滤器的形式，以不含分离层的烧结管作为支撑层，在完成预涂后利用预涂层过滤水中的悬浮物和少量烃类。其利用珍珠岩为预涂材料，首先在预涂液中加入一定级配的珍珠岩，完成预涂过程，在烧结管表面形成数毫米厚的预涂层，随后利用珍珠岩的高孔隙率通过与少量油滴、悬浮物的吸附、架桥作用完成水中烃类、悬浮物的去除工作；当污染物形成的滤层过厚时，启动反洗流程，将表面完成硬化板结的珍珠岩脱除，作为固体垃圾装袋，完成滤芯的清洗过程，等待下次预涂过程。该技术具有设备系统、反洗工艺简单、处理效果好，维修工作量小的优点。但是，在使用中也暴露出了珍珠岩耗量过大，操作成本较高，不同预涂材料级配规格对处理效果影响很大的问题，目前仅处于小规模应用试验中。

2. 海水/地下水注水技术

海水／海上水源井作为海上油田的常用水源，具有水质好、来源无限的优点，其处理要求很低，部分海域的取水悬浮物指标几乎可以直接用作中高渗透油田，为简化系统设施、降低建设成本提供了契机。海水、地下水两种水源与生产水对比见表8-3。

因此，选择采用海水／海上水源井作为海上油田的注水水源，需要依据表8-3所示水质特点，有针对性地设置处理设施，以保障油田的可持续开发。

表8-3 海水、地下水两种水源与生产水相比

项　目	海　水	地下水	生产水
含油量	无	少	多
悬浮物	少	中	多
含氧量	高	低	低
配伍性	差	中	好
微生物	多	少	少
硫化氢生成倾向	高	中	低

1）海水注水处理技术

除了浅海海域外，海水水质一般较好，因此海水在除悬浮物的处理上相较于生产水来说非常简化，但是由于其存在很高的含氧量和微生物含量，因此其处理流程需要兼顾除悬、除氧、防垢、杀菌四个步骤。一般地，海水注水处理流程如下：

过滤→脱氧→杀菌阻垢→回注的生产污水处理流程（图8-9）。

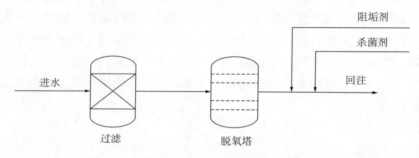

图8-9 过滤→脱氧→杀菌阻垢→回注流程图

海水过滤一般采用纤维球滤器，在线反洗型式，而脱氧工艺采用双级负压脱氧塔，双级负压真空泵分别采用水环型和射流型。经脱氧的海水随后注入脱氧剂、阻垢剂和杀菌剂后注入生产层。相比于生产污水处理回注，海水处理回注工艺简单，效果稳定，其技术关键在于保证海水的脱氧、阻垢与杀菌效果。根据海上的多年实践，脱氧塔和除氧剂联用可以较为稳定地保证注水含氧量低于 0.05mg/L；在杀菌剂的选择上，一般海上采用氧化型与非氧化型杀菌剂交替注入的方式保证杀菌效果；而阻垢剂的目标垢样则以硫酸钡和硫酸锶为主，可选用多种络合型阻垢剂确保地层中结垢在可控范围内。目前也有较多海上油田采用海水注水，在上述综合措施的作用下，地层的堵塞程度和硫化氢产出程度均在可控范围内，保证了油田生产的正常进行。

2）海上水源井注水处理技术

由于海上钻完井成本极高，因此采用海上水源井水一般仅作为油田注水的辅助水源，也有部分小油田由于各种条件限制，采用水源井水作为油田注水的唯一水源。根据水源井地层特性和降低钻完井成本考虑，一般水源井完井防砂措施与油井相比较为简化，因此水源井水一般要经除砂处理后再进入工艺处理流程。对于少量含油的水源井，由于其处理工艺基本同

生产污水处理工艺，在此不再赘述。根据水源井的特点，其与海水处理一样，在杂质处理上主要以悬浮物为主，但是由于含氧量很低，因此其处理流程相较于海水处理流程可免去除氧工艺；再由于其配伍性和微生物含量一般少于海水，因此在杀菌、防垢方面也可以简化。一般地，作为辅助注水水源和独立注水水源的水源井水注水处理流程分别如下：

（1）辅助注水水源的注水处理流程如图 8-10 所示。

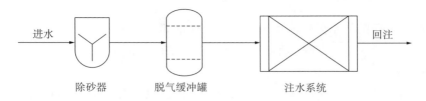

图8-10　辅助注水水源系统流程图

（2）独立注水水源的注水处理流程如图 8-11 所示。

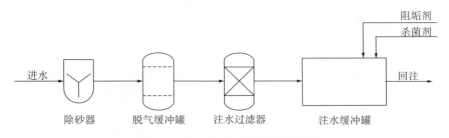

图8-11　独立注水水源系统流程图

水源井水除砂一般采用旋流除砂器，由于地层水一般含有大量氮气等气体，当压力下降时析出气体将会影响过滤系统效率，因此完成除砂后的水源井水需要经降压脱气后进入过滤流程。当作为平台辅助注水水源时，水源井水一般与平台其他水源掺混后统一过滤；当作为平台独立注水水源时，一般采用纤维球滤器过滤水源井水，在线反洗型式，根据来水水质和出水水质要求的不同，可以选用一级或两级纤维球过滤。经过滤的海水注入阻垢剂和杀菌剂后注入生产层。相比于海水处理回注，水源井水处理回注工艺更加简单，效果稳定，其脱氧、阻垢剂的投加量较海水系统更少。根据海上的多年实践，水源井水注水是处理流程最简便、效果最稳定的注水处理流程。

第三节　海上低渗透油田采出水处理与回注技术

一、概述

海上低渗透油田的开发难点主要集中在高要求注水水质的处理达标方面，由于海上油田占地面积小、投资成本高等原因，海上低渗油田的高效合理开发长期处于停滞状态。通过已建成的几个低渗透油田的实践经验来看，工程实践中常常采用衰竭开采的方式进行低渗油田的开采与开发，因此造成油田采收率偏低，剩余油量较大、不便于开采等多方面问题。近年来随着技术的不断进步和成熟，目前海上已开始应用基于高可维护性超滤系统的低渗油田注水系统，使得海上低渗透油田的处理与回注水平达到了低渗油田的开发要求，目前正在全国海域内不断地铺开与发展。

二、海上低渗透油田采出水处理关键技术

海上低渗透油田的污水处理流程主要分为预处理环节和精处理环节，预处理环节流程基本同中高渗透油田污水处理流程，而精处理环节主要采用以超滤工艺为核心的污水处理流程。

1. 超滤技术

低渗透油田的特点就在于注水处理要求很高，在超滤技术成熟前，低渗透油田的水处理往往采用多级过滤的流程，这些流程往往存在污水处理指标不稳定、难以满足最高要求的注水指标等关键问题，这也导致了海上多个低渗透区块的开发陷入停滞与推迟。尤其在碎屑岩油藏注水水质新标准(SY/T 5329—2012)推出后，其中低渗透区块指标取消了原 B1 级别指标，相当于彻底宣布多级过滤的流程难以适应日益严苛的注水要求。因此，从目前情况来看，超滤技术是采出水处理达标的唯一可行、相对成熟的关键技术。得益于国内超滤膜领域的快速发展，目前国产超滤膜在性能、表面抗性、耐热性等关键指标上均已接近甚至超过国外超滤厂家的同类产品，在性价比方面更是优势明显，因此超滤技术在海上低渗透油田开始有所应用，并有加速发展的趋势。

但是不论超滤膜材料如何进步，一定的前处理工艺是必要的，由于前处理工艺往往与中高渗油田的生产污水处理工艺相类似故在此不再详述，根据目前海上实践，一般地进入超滤系统的含油量和悬浮物含量平均值均控制在 15mg/L 以下，可以保证超滤系统的长期稳定运行；更高的入口含量控制值尚在试验中，需要在完成对该条件下超滤膜的运行稳定性、通量衰减、反洗及能耗情况的综合评估后确定。

2. 有机超滤膜

有机超滤膜一般采用 PVDF 或类似材料作为膜主体，整体结构可分为支撑层、过渡层和功能层。有机超滤膜在国内生产厂家众多，型式众多，应用非常广泛，常用的膜型式为中空纤维式、管式和平板式。一般地，从表面耐污能力考虑，由于常规 PVDF 膜要求入口烃类含量低于 5mg/L，远不能满足油田污水的处理要求，因此一般在含油污水处理方面采用经表面改性的有机超滤膜作为油田污水处理的主要工艺单元。从膜污染控制角度考虑，中空纤维膜由于流道狭窄，耐污能力较差，易断丝，操作维护工作量大，因此不太适合作为海上油田生产污水处理的主要单元。从经济和占地方面考虑，平板式虽然耐污染能力强、清洗便捷，但是占地较大，因此一般很少用于生产污水的处理。综上，根据海上平台多个超滤系统不同材料的实验室和小试测试结果，在有机膜中，管式改性有机超滤膜比较适合作为海上油田生产水超滤处理的核心单元。

用于海上油田生产水超滤处理的管式改性超滤单元采用错流过滤的工艺流程，清洗方式采用水洗、化学增强清洗、化学清洗相混合的模式，可以满足正常的清洗要求，出水水质满足低渗透油田的注水要求，维修和检漏简便，组件更换容易，适合海上油田的生产实际。但

是在试验中，有机超滤膜也暴露出了不耐高温的问题，当来水水温超过 40℃ 时，超滤膜通量明显增大，出水水质明显变差，因此当需要处理水温较高的污水时，需要前置冷却设施，这也限制了有机超滤膜的广泛应用。

3. 陶瓷膜超滤工艺

陶瓷超滤膜一般采用氧化铝粉末烧结工艺，国外也有采用碳化硅粉末烧结成型的。我国是世界上最大的陶瓷膜生产基地，产品应用覆盖各行各业。在海上油田的生产污水处理中，已有多个项目应用陶瓷膜，虽然相较于有机膜其价格相对高昂，但是由于其耐高温能力可达 90℃，因此在生产污水处理中无须前置冷却器，这在寸土寸金的平台上大大提高了经济性。

陶瓷膜超滤系统的流程与管式膜类似，也采用错流过滤流程，但是由于其设计通量相对较高，且膜组件组装形式相对紧凑，因此相较于有机超滤膜处理系统，其整体设备占地略小，进一步提高了其相对经济性。

在陶瓷膜超滤系统的运行中，部分膜厂家采用了表面改性工艺，经与普通陶瓷膜的实际测试对比，其对原水中微颗粒、黏性胶体的耐受能力明显提升，初始通量虽略低但通量衰减较慢，反洗性能相当，错流流速较低。这进一步提升了陶瓷膜在不同水质生产水中的适应性。

第四节　海上气田开发中的污水处理技术

海上气田污水的来源主要有气田分离器来水和乙二醇回收装置（MRU）来水，不同的来水其生产水具有不同的特点。对于气田分离器来水，一般其来水的特点主要是悬浮物多、油多，但是油水分离能力强；而 MRU 来水，几乎不含悬浮物，但是油滴乳化程度高，分离困难。因此，针对不同的来水，海上气田一般采取不同的处理方式。

一、气田分离器来水

通常，对于气田分离器来水一般采用离心分离或者聚结分离的方式对污水进行处理。常用的离心分离工艺主要是以水力旋流器和立式旋流气浮设施为核心处理单元；而以聚结分离为核心工艺的流程中，聚结过滤器和聚结除油器在其中扮演了关键角色。关于水力旋流器和聚结过滤器的介绍在海上中高渗透油田部分已详细论述，在此不再阐述，本节主要对立式旋流气浮设备进行说明。

立式旋流气浮（CFU）是目前新兴的处理设备，CFU 可以有效利用气浮和旋流的作用来进行油水分离，使这两种方式同时进行，从而充分发挥化学药剂的效能，设备具有处理效果好、操作简便的优点。含油污水通过两个切向入口进入 CFU 容器中，并产生旋流，油滴和气泡在离心力的作用下，积聚到容器中间并上浮。质量较轻的气泡和油滴在离心力的作用下，迅速向 CFU 中间积聚和聚结，同时由于油滴、气泡和水的运动方向一致，都向上运动，使得气泡和油滴在浮力和水的曳力共同作用下快速上升，大大缩短了气泡和油滴上升时间，提高了分离速率。

由于设备采用立式布置，因此占地面积很小，规格从 10m³/h 到 500m³/h 均有，而最大型号占地不足 25m²，因此，在寸土寸金的海上平台上得到了广泛使用。

一般 CFU 设备会与水力旋流器搭配，从而保证水力旋流器出水的稳定性，其的处理流程如下所示：

水力旋流器→紧凑式气浮选机→处置出水（图 8-12）。

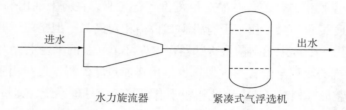

进水　　　　　　　　　　　　　出水

水力旋流器　　　　　　紧凑式气浮选机

图8-12　水力旋流器→紧凑式气浮选机流程图

除水力旋流器工艺外，聚结工艺也常用于气田采出水的处理。由于聚结过滤器的特殊性质，当含油污水中的原油具有良好的流动性时，该工艺的处理效率很高。反之，当含油污水中含有的悬浮物、胶质、黏性絮体较多时，该工艺暴露出滤管更换周期过短、维护费用过高的问题。因此对于分离器来水，聚结过滤器工艺需要设置前序处理流程或调整处理工艺。该工艺的典型流程为：

（1）保安滤器→聚结过滤器→处置出水的生产污水处理流程（图 8-13）。

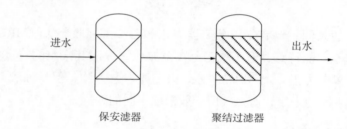

进水　　　　　　　　　　　　　　出水

保安滤器　　　　　　　聚结过滤器

图8-13　保安滤器→聚结过滤器流程图

（2）预处理→聚结过滤器→处置出水的生产污水处理流程（图 8-14）。

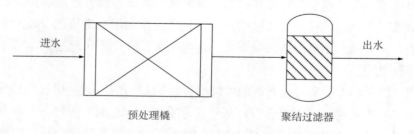

进水　　　　　　　　　　　　　　　出水

预处理橇　　　　　　　聚结过滤器

图8-14　预处理→聚结过滤器流程图

除此以外，气田污水的处理需要关注气田油气组分的分布，通过模拟结果确认污油、污水罐的析出气量，合理设置放空管口放空能力及容器设计承压能力，以防止实际生产中频繁超压报警。

二、MRU来水

MRU 来水往往具有悬浮物含量极低，但是乳化程度极高的特点，常规的处理设施效果不太理想。例如，某气田采用 CFU 单级处理，处理效果不理想，由于来水乳化程度极高，故一般采用聚结工艺或者超滤工艺处理来水。由于 MRU 来水悬浮物含量极低，故超滤系统的清洗频率很低，聚结膜使用寿命也长，是相对理想的处理工艺。目前实际使用中处理工艺如下所示：

（1）紧凑式气浮选机→陶瓷膜超滤单元→处置出水的生产污水处理流程（图 8-15）。

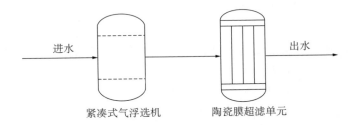

图8-15　紧凑式气浮选机→陶瓷膜超滤单元流程图

（2）保安滤器→聚结过滤器→处置出水的生产污水处理流程（图 8-16）。

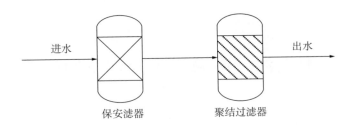

图8-16　保安滤器→聚结过滤器流程图

根据现场实践，上述工艺基本可以满足气田污水处理的排海指标要求，具有较好的适应性。

第五节　海上化学驱采出水处理技术

海上化学驱开始时间较短，自绥中油田群在 2010 年左右开展化学驱采油工作以来，含聚采出水的海上处理就成了化学驱采油油田工艺处理的老大难问题。经过多年摸索和实践，海上化学驱采出水的分离呈现以下几个特点：

（1）水质稳定性好，分离时间较长；

（2）化学药剂用量大，化学药剂投加足量后，水质分离性能大幅度改善；

（3）采出水黏度较高，后续聚合物持续析出，影响后续设备运行；

（4）老化油、黏泥多，影响设备分离能力。

根据以上的特点，目前海上化学驱油田的采出水处理采用了两级串联气浮的处理流程，其具体流程如图 8-17 所示。

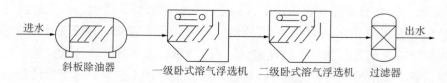

图8-17　海上化学驱油田的采出水处理流程图

上述流程通过分配一级、二级溶气浮选的不同功能，采用一级除油泥、二级加强后续反应的方式，有效降低过滤器的入口负荷，延长滤料的使用寿命，在海上化学驱采出水的处理上起到了较好的效果。

除此以外，油田还需要投加足量药剂，同时增加斜板的收油能力，降低收油堰负荷，以便保持处理设备最佳的除油能力。

虽然化学驱油田采出水通过一定的处理工艺，在足量化学药剂的配合下是可以达标处置的，但是其给平台实际生产带来的最大问题是大量含聚油泥的处理难题。化学驱采出水的含聚油泥黏度高，数量多，老化后带有黏弹性。目前海上平台由于空间有限，难以处理油泥，一般采取输送至岸上后，投加药剂破胶、降黏、脱水后，将油泥通过焚烧工艺无害化处理。该工艺方法能耗大，成本高，目前正在寻找其他更有效的替代工艺，以满足油田开发降本增效的要求。

第六节　海上油气田采出水处理及回注典型工程

一、案例一：南海气田

1. 油田油品物性

位于南海的荔湾气田，属于典型的轻质油油田，原油密度为 $821.5kg/m^3$（20℃），原油凝点为 −19℃。

2. 油田产水量规模

荔湾气田生产污水处理系统与注水系统设计规模均为 $1920m^3/d$。

3. 油田注水水质要求

根据 GB 4914—2008《海洋石油勘探开发污染物排放浓度限值》规定，荔湾气田排海指标需满足表 8-4 中的标准。

表8-4　荔湾气田排海指标

指标名称	指标
含油（月均值）（mg/L）	＜45
含油（一次容许值）（mg/L）	＜65

4. 油田污水处理、注水系统规模及流程

荔湾气田产出水处理流程如图 8-18 所示。

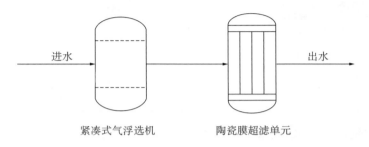

图8-18　荔湾气田污水处理流程

5. 油田运行水质

荔湾气田生产污水处理系统运行效果见表 8-5。

表8-5　荔湾气田生产污水处理系统运行效果

设　备	紧凑式气浮	陶瓷膜过滤器
进水含油（mg/L）	489	112
出水含油（mg/L）	112	28

二、案例二：渤海中质油田

1. 油田油品物性

位于渤海的锦州油田，属于典型的中质油油田，原油密度为 882.5kg/m^3（20℃），原油凝点为 -30℃。

2. 油田产水量规模

锦州油田生产污水处理系统与注水系统设计规模均为 7200m^3/d。

3. 油田注水水质要求

根据 Q/HS 2042—2014《海上碎屑岩油藏注水水质指标及分析方法》规定，锦州油田注水指标需满足表 8-6 中的标准。

表 8-6　锦州油田排海指标

指标名称	指　标
含油（mg/L）	<15
悬浮物含量（mg/L）	≤5.0
颗粒中值（μm）	≤3
含硫（mg/L）	≤2
含总铁（mg/L）	≤0.5
含亚铁（mg/L）	≤0.5

指标名称	指标
含氧（mg/L）	≤0.1
SRB（个/mL）	10
TGB（腐生菌）（个/mL）	$<10^4$
FB（铁细菌）（个/mL）	$<10^4$
腐蚀速率（mm/a）	≤0.076

4. 油田污水处理、注水系统规模及流程

锦州油田产出水处理及回注流程如图8-19所示。

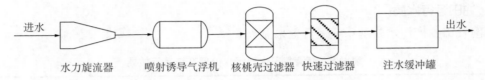

图8-19 锦州油田污水处理流程

5. 油田运行水质

锦州油田生产污水处理系统运行效果见表8-7。

表8-7 锦州油田生产污水处理系统运行效果

设 备	水力旋流器	喷射诱导气浮机	核桃壳过滤器	纤维球快速过滤器
进水含油（mg/L）	1096.67	255.87	14.37	4.17
出水含油（mg/L）	255.87	14.37	4.17	3.20

三、案例三：渤海注聚油田

1. 油田油品物性

位于渤海的绥中油田，属于典型的重质油油田，原油密度0.92～0.991g/cm³（20℃），绥中油田原油具有密度大、黏度高、胶质沥青含量高、含硫量低、含蜡量低、凝固点低等特点。

2. 油田产水量规模

绥中油田生产污水处理系统与注水系统设计规模均为48000m³/d。

3. 油田注水水质要求

根据Q/HS 2042—2014《海上碎屑岩油藏注水水质指标及分析方法》规定，绥中油田注水指标需满足表8-8中的标准。

表8-8 绥中油田注水指标

指标名称	指标
含油（mg/L）	≤30

续表

指标名称	指　标
悬浮物含量（mg/L）	≤20
颗粒中值（μm）	≤4
含硫（mg/L）	≤10
含总铁（mg/L）	≤0.5
含亚铁（mg/L）	—
含氧（mg/L）	≤0.05
SRB（个/mL）	≤25
TGB（腐生菌）（个/mL）	<10^4
FB（铁细菌）（个/mL）	<10^4
腐蚀速率（mm/a）	≤0.076

4．油田污水处理、注水系统规模及流程

绥中油田产出水处理及回注流程如图8-20所示。

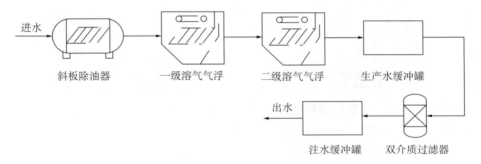

图8-20　绥中油田污水处理流程

5．油田运行水质

绥中油田生产污水处理系统运行效果见表8-9。

表8-9　绥中油田生产污水处理系统运行效果

设　备	斜板除油器	一级气浮	二级气浮	双介质过滤器
进水含油（mg/L）	1115.23	122.47	33.10	28.89
出水含油（mg/L）	122.47	33.10	30.47	18.5

四、案例四：渤海热采油田

1．油田油品物性

位于渤海的南堡油田，属于典型的重质稠油油田，油田地面原油具有黏度高、密度大、含硫量低、凝固点低、含蜡量中等特点，属重质稠油，油田采用热采方式开发。

2．油田产水量规模

南堡油田生产污水处理系统与注水系统设计规模均为 10560m³/d。

3．油田注水水质要求

根据 Q/HS 2042—2014《海上碎屑岩油藏注水水质指标及分析方法》规定，南堡油田注水指标需满足表 8-10 中标准。

表8-10　南堡油田注水指标

指标名称	指　标
含油（mg/L）	≤15
悬浮物含量（mg/L）	≤5
颗粒中值（μm）	≤3.0
含硫（mg/L）	—
含总铁（mg/L）	—
含亚铁（mg/L）	—
含氧（mg/L）	—
SRB（个/mL）	—
TGB（腐生菌）（个/mL）	—
FB（铁细菌）（个/mL）	—
腐蚀速率（mm/a）	＜0.076

4．油田污水处理、注水系统规模及流程

南堡油田产出水处理及注水流程如图 8-21 所示。

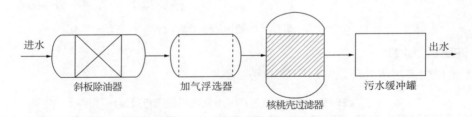

进水　斜板除油器　加气浮选器　核桃壳过滤器　污水缓冲罐　出水

图8-21　南堡油田污水处理流程

5．油田运行水质

南堡油田生产污水处理系统运行效果见表 8-11。

表8-11　南堡油田生产污水处理系统运行效果

设备	斜板除油器	加气浮选	核桃壳过滤器
进水含油（mg/L）	426.7	83.9	18.0
出水含油（mg/L）	83.9	18.0	8.0

五、案例五：中高渗透注水油田

1. 油田油品物性

位于渤海的秦皇岛油田，原油密度 0.951~0.956g/cm³（20℃），原油具有密度高、黏度高、胶质沥青质含量高和含蜡量低、凝固点低、含硫量低的"三高三低"特点。地层原油性质具有饱和压力中等、地饱压差中等、溶解气油比低、原油黏度高的特点，地层原油黏度：22 ~ 260mPa·s。

2. 油田产水量规模

秦皇岛油田生产水处理系统与注水系统设计规模均为 36000m³/d。

3. 油田注水水质要求

根据 Q／HS 2042—2014《海上碎屑岩油藏注水水质指标及分析方法》规定，秦皇岛油田注水指标需满足表 8−12 中的标准。

表8−12　秦皇岛油田注水指标

指标名称	指 标
含油（mg/L）	≤20
悬浮物含量（mg/L）	≤5
颗粒中值（μm）	≤4.0
SRB（个/mL）	25
TGB（腐生菌）（个/mL）	＜104
FB（铁细菌）（个/mL）	＜104
腐蚀速率（mm/a）	＜0.076

4. 油田污水处理、注水系统规模及流程

秦皇岛油田产出水处理及注水流程如图 8−22 所示。

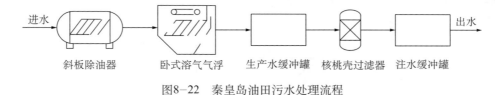

图8−22　秦皇岛油田污水处理流程

5. 油田运行水质

秦皇岛油田生产污水处理系统运行效果见表 8−13。

表8−13　秦皇岛油田生产污水处理系统运行效果

设　备	斜板除油器	加气浮选	核桃壳过滤器
进水含油（mg/L）	1559	167	46
出水含油（mg/L）	167	58	6

六、案例六：低渗透注水油田

1. 油田油品物性

位于渤海的渤中油田，油田明化镇组的原油性质为轻—重质原油（0.850～0.930g/cm³）、中低黏度（1.32～12.9mPa·s）、中等溶解气油比（22～96m³/m³）；油田东营组和沙河街组的原油性质为轻质原油（0.842～0.868g/cm³）、低黏度（0.35～0.76mPa·s）、中高溶解气油比（116～182m³/m³）。

2. 油田产水量规模

渤中油田常规生产污水处理系统与注水系统设计规模均为9120m³/d；精细过滤单元设计规模为2736m³/d。

3. 油田注水水质要求

根据Q/HS 2042—2014《海上碎屑岩油藏注水水质指标及分析方法》规定，渤中油田注水指标需满足表8-14中的标准。

表8-14　渤中油田注水指标

指标名称	指标
含油（mg/L）	≤15
悬浮物含量（mg/L）	≤5
颗粒中值（μm）	≤3.0
SRB（个/mL）	25
TGB（腐生菌）（个/mL）	<10³
FB（铁细菌）（个/mL）	<10³
腐蚀速率（mm/a）	<0.076

4. 油田污水处理、注水系统规模及流程

渤中油田产出污水处理及注水流程如图8-23所示。

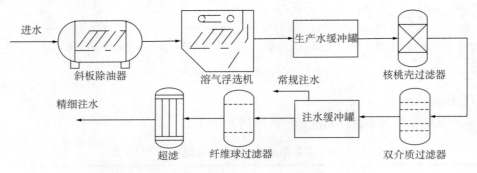

图8-23　渤中油田污水处理流程

5. 油田运行水质

渤中油田生产污水处理系统运行效果见表8-15。

表8–15　渤中油田生产污水处理系统运行效果

设　备	斜板除油器	加气浮选	核桃壳过滤器	双介质过滤器	精细过滤
进水含油（mg/L）	380	115	82	43	27
出水含油（mg/L）	115	82	43	27	11

参考文献

[1] 国家质量监督检验检疫总局，国家标准化管理委员会. 海洋石油勘探开发污染物排放浓度限值 [S]. GB 4914—2008.

[2] 国家能源局. 碎屑岩油藏注水水质指标及分析方法 [S]. SY/T 5329—2012.

[3] 中国海洋石油总公司. 海上碎屑岩油藏注水水质指标及分析方法 [S]. Q/HS 2042—2014.

附录　油气田污水污泥处理新技术与设备

　　本部分共优选了 13 项油气田污水污泥处理较新的技术与设备，有的在推广应用，有的在现场试用，例如 ADAF 气浮技术、"倍加清"特种微生物处理技术、三合一模块化技术、大直径耐污染陶瓷膜技术、电化学油水分离与电催化技术、压裂返排液资源化利用技术、含油污泥无害化资源化处理技术等，这些技术的应用将会推动我国油气田污水和污泥处理向高效率、低成本、短流程、集成化发展。

附录一 电化学油水分离技术在油田采出水中的应用

本文主要分析油田采出水难处理的原因，并设计出一种高效油田采出水处理装置（ELECO 电化学除油复合电絮凝一体化装置），且详细介绍其在油田采出水的现场试验及工程实际应用情况。

1. 油田采出水处理面临的问题及原因分析

目前，我国已在大庆、大港、胜利、玉门等油田使用聚合物驱油技术，大庆油田已大面积推广该技术，聚合物驱产油量已达（700 ~ 800）×10⁴t/a。由于聚合物的存在，聚合物驱采出水的黏度增大，乳化油更加稳定，造成油水分离的难度增大，使用常规的水处理方法很难奏效，目前还没有经济有效的处理方法。

油珠在水中上浮遵循 Stokes 公式：

$$u = \frac{g(\rho_w - \rho_o)d_o^2}{18\mu}$$

式中　　u——上升速度，m/s；

g——重力加速度，9.8m/s²；

ρ_w——污水密度，kg/m³；

ρ_o——原油密度，kg/m³；

d_o——油珠粒径，m；

μ——污水动力黏度，Pa·s。

从公式可以看出，油珠粒径、密度和污水的密度、黏度都是影响上升速度的因素，但对于采出水而言，油珠的粒径和污水的黏度是重要影响条件。聚合物驱和三元复合驱采出水难以处理的原因在于，聚合物使采出水的黏度增加，表面活性剂使油珠严重乳化，微小油珠很难凝聚，即油珠粒径小，导致油珠上升速度慢。

由于聚合物、碱、表面活性剂的同时存在，三元复合驱采出水不仅黏度大，而且乳化程度高，较聚合物驱采出水更加难以处理。大庆油田三元复合驱注水中表面活性剂的浓度为 3000mg/L，大量的表面活性剂会在油水界面发生单层、多层吸附，改变油珠表面的疏水性能，使油珠间自发凝聚的趋势减弱。大量的表面活性剂也会使油水界面的水化膜变厚，阻碍油珠相互靠近，导致油滴无法聚结分离。

针对目前油田三次采出水的现状，应开发与之配套的采出水处理工艺以满足生产需要。针对这种聚合物驱和三元复合驱的高乳化的含油废水，应从其分子结构上分析原因，寻找对应的解决方法。如图 1 油和 PAM 在污水中存在形式及乳化机理示意图所示，由于乳化油采用普通的物理方法是很难去除的，而处理的关键是破坏乳化膜，或使膜变得脆弱，达到破乳的目的。破乳过程一般分为三个步骤：乳滴聚集、界面膜排液（油）、界面膜破裂和聚结。表面活性剂和聚合物通过阻碍界面膜排液（油）而影响乳化油的破乳，阻碍作用主要有：静电斥力、空间位阻、电黏作用和界面黏度，而解决这些作用是破乳和除油的关键。

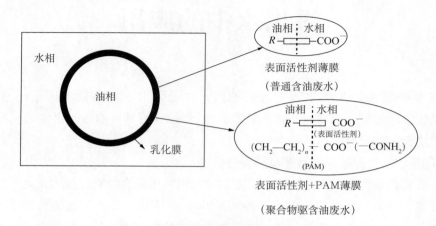

图1　油和PAM在污水中存在形式及乳化机理

常规的油水分离方法主要是针对悬浮油和分散油，如重力除油、离心分离等，而针对乳化油和溶解油的分离方法在大规模应用方面仍需技术和装备上的探索和开发，如药剂破乳存在破乳剂价格昂贵、用量大、易对污水造成二次污染等缺点。膜法处理依然存在膜的清洗问题，无机膜具有使用寿命长、易清洗的特点，但成本较高；有机膜过滤精度高、效果好，但使用寿命短。

从乳化油的特性出发，综合分析现有油水分离技术的优缺点，在"复极感应电化学水处理技术"（2013年初荣获国家技术发明二等奖）基础上开发了一种高效油田采出水处理装置（ELECO电化学除油复合电絮凝一体化装置），该技术能够很好地解决乳化油界面膜、聚合物驱、三元复合驱带来的问题，并且该技术已在工程上有成功运行案例。

2. 电化学除油技术及设备

该方法是利用电场力对乳液颗粒的吸引或排斥作用，使微细油粒在运动中互相碰撞，从而破坏其水化膜及双电层结构，使微细油粒聚结成较大的油粒浮升于水面，达到油水分层的目的。其作用原理如下：

（1）电化学破乳。

水中含油的破乳机理早有定论，即通过外加破乳剂或能量，压缩乃至消除分散相液滴表面的界面层，使分散相液滴失稳发生聚并，形成大液滴。油田采出水中的油是分散相，水是连续相（O/W型结构），乳化油滴被表面活性剂包围形成稳定的结构在水中悬浮。O/W破乳的核心问题就是压缩及破坏乳化油滴双电层，使其失稳聚并。

电化学破乳是一项电场破乳与破乳剂破乳的协同技术。O/W破乳是利用连续相水中的电流，在乳化油滴双电层界面上直接作用形成电场，压缩并破坏其双电层结构，达到破乳的目的。其次是阳极产生铁、铝阳离子，这些阳离子不仅具有使乳化油滴失稳的作用，同时有助于油滴的快速聚并，加快了油水分离速度。

（2）聚结。

油田采出水经过破乳、失稳后的油滴经过相互碰撞聚结，因而要求其必须充分混合，但混合流速过大则会产生较大的剪切力，使已经聚结的油滴再度乳化。

（3）电气浮作用。

电化学气浮是利用电化学方法产生的微小气泡，携带水中破乳后的悬油滴共同上浮至水面，从而使油水实现分离，达到分离净化的目的。为使出水油含量更低，可以协同气液多相溶气气浮，利用溶气气浮产生的微小气泡携带水中破乳后的悬油滴共同上浮至水面。

（4）油水重力分离。

经过聚结后的浮油可通过刮油机回收利用，ELECO 电化学除油复合电絮凝一体化装置除油过程中不添加化学破乳剂、絮凝剂等药剂，因而回收的原油可直接利用，一方面降低了成本，提高了资源利用率，同时避免了投加上述药剂对水体造成的二次污染。

（5）电絮凝技术。

经除油处理后油田采出水中含一定量铁离子，为了达到进入后续膜的要求，电化学除油之后接电絮凝部件，与定量加入的氢氧化钠充分混合，然后进入斜板沉淀池、滤池，进而完成除悬浮物操作。

由于油田采出水中乳化油的处理关键就是破坏、去除形成在油／水界面膜的物质——乳化剂和聚合物，也就是加入一种有形或者无形的物质，能够进入油水界面膜，捕捉、破坏 PAM 分子，破坏油水界面膜，达到破乳作用。因此，必须采用特殊的处理技术，而电化学技术中的电絮凝技术可以实现这一目的，现阶段已有成熟的专利设备，如图 2 为北京京润公司 ELECO 电化学除油设备示意图。

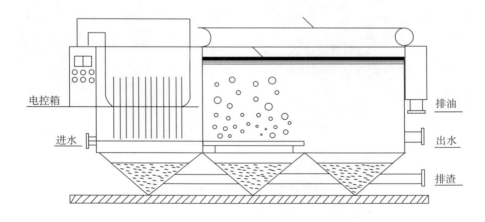

图2　ELECO电化学除油设备示意图

另外，电化学除油技术不仅可以对乳化油进行破乳去除，同时对 COD、悬浮物、胶体、重金属等物质具有一定的去除效果；且经过电化学处理之后的废水可生化性有所提高，对后续生化处理具有很好的促进作用。

3. 应用实例

1) 实例一：低渗透区采油废水处理

低渗透区（或超低渗透区）油田采出水具有以下特点：矿化度高（总矿化度 $2 \times 10^4 \sim 15 \times 10^4$ mg/L），乳化油含量高，同时悬浮物总量大、粒径小，水质具有较强的腐蚀性。水型一般以 $CaCl_2$ 为主，同时还含有一定量的 $CaCO_3$、$BaSO_4$ 等结垢性离子。

采用 ELECO 电化学除油复合电絮凝一体化装置进行除油、除悬浮物有显著的效果。如表 1 所示，处理后的出水的浊度从 94.39NTU 降到 3.255NTU，浊度去除率为 96.6%；油含量从 148mg/L 降到 8.8mg/L，去除率为 94%。

表1　ELECO电化学除油复合电絮凝效果数据表

项　目	pH值	电导率 (μS/cm)	浊度 (NTU)	浊度去除率 (%)	含油量 (mg/L)	油类去除率 (%)
原水	7.16	39500	94.39	—	148	—
电化学出水	9.3	41200	3.255	96.6%	8.8	94%

针对低渗透区高矿化度水进行的试验效果分析，采用 ELECO 电化学除油复合电絮凝一体化技术，实现了油含量 < 10mg/L 效果，收到很好的去浊、去悬浮物效果，如图 3 所示。

（a）处理前　　　　　　　　　　　（b）处理后

图3　低渗透采油废水电化学处理前后对比

2) 实例二：三元复合驱采油废水除油除聚

三元复合驱油田采出液经过脱水处理后，产生大量的含油、含聚、含碱及表面活性剂污水，同时矿化度也较高，岩层矿物质析出等杂质较多，所以无法排放。

采用 ELECO 电化学除油复合电絮凝一体化装置进行处理后。如表 2 所示，水中油含量从 117mg/L 降到 11mg/L，去除率为 90.6%，效果显著；COD 指标从 1618mg/L 降到 1199mg/L，COD 去除率为 25.9%。

表2　ELECO电化学复合电絮凝效果数据表

项　目	pH	COD（mg/L）	COD去除率（%）	含油量（mg/L）	油去除率（%）
原水	10.11	1618	—	117	—
电化学出水	10.5	1199	25.9%	11	90.6%

3）应用实例三：三元复合驱采油配聚水除油除聚

三元复合驱采油配聚水经过脱水处理后，含有大量的油类、聚合物、碱及表面活性剂，并且高TDS。现有复合驱水采取"预处理＋催化氧化＋过滤"等技术。处理后的采出水能达到高渗透区回注水水质要求。但水中聚合物、表面活性剂和碱含量等均较高。高渗透区回注后仍会剩余一部分污水，无法直接回用。此类氧化后的配聚水的TDS约为7000mg/L，聚合物为600～700mg/L，黏度为$1.5 \times 10^{-6} \sim 2.0 \times 10^{-6}$Pa·s，应用传统的膜法处理等工艺对水质聚合度、悬浮物等要求较高，而且特容易堵膜，造成致命性损坏。处理思路是对回注水进行除聚、脱盐回用处理。经过ELECO电化学除油复合电絮凝技术处理后的出水，浊度由58.59NTU降到了3.18NTU，黏度降到1.06×10^{-6}Pa·s，悬浮物基本实现20mg/L以下（表3）。电化学处理后的出水满足了膜法处理的要求（UF或EDR等），如图4所示，电化学除油前后水质变化很大。

表3　进出水水质对比

水质指标	配聚原水	电化学出水
pH	10.28	7.34
浊度（NTU）	58.59	3.18
悬浮物（mg/L）	107	16
运动黏度（20℃）（Pa·s）	1.51×10^{-6}	1.06×10^{-6}

（a）处理前　　　（b）处理后

图4　三元复合驱采油配聚水电化学除油前后对比

4．结论

（1）采用 ELECO 电化学除油复合电絮凝一体化装置可以有效去除采油废水中的油类、悬浮物。

（2）ELECO 电化学除油复合电絮凝一体化装置对油田采出水处理效果稳定，尤其是在受到冲击负荷时，更能显示其优越性。

（3）针对低渗透区高矿化度水进行的试验效果分析，采用 ELECO 电化学除油复合电絮凝一体化技术，实现了油含量＜10mg/L 效果，并收到很好的去浊、去悬浮物效果。

（4）对于三元复合驱采用 ELECO 电化学除油复合电絮凝一体化装置进行处理后。水中油含量从 117mg/L 降到 11mg/L，去除率为 90.6%，效果显著。

（5）对于三元复合驱配聚水经过 ELECO 电化学除油复合电絮凝一体化技术处理后的出水，浊度由 58.59NTU 降到了 3.18NTU，黏度降到 1.06×10^{-6} Pa·s，悬浮物基本实现 20mg/L 以下。电化学处理后的出水能够满足膜法处理的要求（UF 或 EDR 等），为后续回用做好了保障性工作。

参考文献

[1] 邓述波，周抚生，余刚，等.油田采出水的特性及处理技术 [J].工业水处理，2000，20（7）：10-13.

（肖　东　北京京润环保科技股份有限公司）

附录二 三合一模块化处理含油污水
达标回注技术

本文介绍了一种模块化组合工艺，采用纯物理法，不加破乳剂、净水剂及絮凝剂等药剂，将采出水达标回注。该工艺主要由物理曝气破乳装置、旋流净化装置、三合一净化器组成，实现了曝气破乳、空化破乳、旋流气浮、微浮选、涡流聚结以及骨架型过滤等几种先进的水处理工艺的组合。

针对不同性质的采出水，使用单独的模块或两者或三者组合，可使不同性质的污水达到相应的回注标准。

1. 工作原理

（1）物理曝气破乳装置。

采用外加空气方式实现可调式强力涡流曝气，在气流的作用下破坏油水界面张力，实现初步破乳，形成游离状态的油和絮状颗粒。该装置能达到 60% 以上除油效率，解决部分水体发黄发黑等问题。

（2）旋流净化装置。

旋流净化装置由空化破乳及旋流气浮组成，油水混合物在压力条件下流经水力空化器时，通过特殊手段使污水的压力低于当时温度下的饱和蒸气压，液体产生汽化，形成气泡，而气泡在流动过程中外面液流的压力增大，气泡受压破裂又重新凝结，在凝结过程中液流质点从四周高速向气泡中心冲击，污水中的分子键产生强烈的爆裂，同时瞬间形成爆裂点和局部的极端高温和高压状态，并伴有强烈的冲击波和微射流，在此状态下导致乳化液液膜破裂，实现深度破乳的目的。经过空化破乳后的油水混合物在压力条件下进入装置内的环形空间，在离心力的作用下，轻质相（油）向中心运动，重质相（水）向边壁运动，从而实现油水快速的分离，油经涡流负压排出；污水再经脱气释放，微细气泡将分离出来的小颗粒油珠及悬浮物裹挟随着气泡上升通过导流排污分离，油水实现了高效分离。旋流净化处理后含油量 ≤ 10mg/L。

（3）三合一净化器。

三合一净化器集成了微浮选、聚结、过滤三种功能。首先利用旋涡器实现聚结，将小油珠聚集成较大的油滴，并将微细悬浮物聚结成大的絮体，再利用水中残余空气的释放将密度小的油等杂质浮选至排污腔内进行收集，通过定时排放将其排入排污管；最后进行深床过滤，当来液自上而下通过滤料时，密度大的悬浮物微细杂质在颗粒滤料形成的骨架型滤层中通过接触吸附、机械筛除和迁移等被拦截去除。处理后的水从一级三合一净化器底部出水口排出进入二级三合一净化器。二级三合一净化器结构与一级三合一净化器结构相同，只是介质的精度不同。

三合一净化器采用气水联合反冲洗方式，使滤料强烈松动、造旋、流化、摩擦，反洗再生彻底，最终形成的污水从排污管排出，内部滤料再生系统对滤料实现全方位清洗，反洗周期可长达 48 ～ 72h，节能降耗显著；滤料不流失，每年仅需补充 10% 的新滤料。

2. 模块组合及应用场合

油田采出水不加药处理装置针对不同的油田采出水，可以灵活采用多种模块组合，以适应复杂的油田污水。典型组合如下：

（1）中高渗透油田低含油污水采出水处理可以采用一级或两级三合一净化器。

对于中高渗透油田，一般水质要求含油 < 10mg/L、悬浮物 < 10mg/L，对于来液含油 < 100mg/L，可采用一级三合一净化器或两级三合一净化器，实现污水达标回注。特别是对于已有污水处理系统水质不达标需要改造的站，也可采用在原处理系统的后端增加一级或两级三合一净化器而达标。

（2）低渗透油田采出水、中高渗透油田高含油污水处理可以采用旋流净化装置＋两级三合一净化器工艺（图 1）。

图1　旋流净化装置+两级三合一净化器工艺

由于低渗透油田水质要求高，一般要求含油 < 6mg/L，悬浮物 < 2mg/L，要求相对较高；中高渗透油田的高含油污水，可采用旋流净化装置＋两级三合一净化器工艺。

（3）聚合物驱采出水、稠油采出水、含油高于 500mg/L 污水的处理可以采用曝气破乳装置＋旋流净化装置＋两级三合一净化器工艺（图 2）。

图2　曝气破乳装置+旋流净化装置+两级三合一净化器工艺

这三种类型的水较特殊，由于聚合物的存在，含聚污水中易于形成更稳定的乳状液体系，黏度使得油水界面膜强度增大，增加了含聚含油污水油水分离的难度；稠油污水因油水密度差小，离心分离效果不理想；含油较高的污水，乳化液多难处理，需增加物理曝气破乳装置。

3．工程案例

（1）大港油田采油六厂羊三木污水站（图3）。

地点：大港油田羊三木污水站；

水质：羊三木含聚污水；

规模：处理规模 100m³/h。

模块：两级三合一净化器。

图3 两级三合一净化器

处理结果：来水含聚平均 30mg/L，含油平均 65mg/L，悬浮物平均 92.5mg/L，经过一个星期的运行，处理后的污水含油平均 ≤ 2.5mg/L，悬浮物平均 ≤ 2.5mg/L。

（2）试验地点：辽河油田兴隆台采油厂兴二联合站（图4）。

试验水质：兴二联高浓度含油污水；

试验规模：处理量 40m³/h，最大处理能力为 50m³。

曝气物理破乳 旋流净化装置 一级三合一净化器 二级三合一净化器

图4 兴二联一体化装置

兴二联一体化装置冲击试验能力数据分析见表1。

表1　冲击试验能力数据

日　期	进　水		三合一模块化验处理试验装置出水		兴二联原有处理系统出水	
	悬浮物（mg/L）	含油（mg/L）	悬浮物（mg/L）	含油（mg/L）	悬浮物（mg/L）	含油（mg/L）
4月4日24点	829.11	140	0.66	未检出	4.89	1.34
4月21日14点	829.11	265.12	0.72	未检出	2.37	0.46
4月21日16点	650.46	164.56	3.64	未检出	3.02	0.9
5月13日12点	834	427.49	1.46	0.56	6.02	1.34
5月13日16点	729.28	357.8	2.31	未检出	5.52	1.13
6月6日10点	729.6	206.6	2.5	1.2	4.22	1.18
6月14日24点	670.3	168.9	3.21	未检出	7.11	2
6月21日4点	831.82	210.54	3.67	未检出	4.25	1.2
6月22日8点	685.99	113.56	3.43	未检出	6.51	1.32
6月29日18点	531.82	129.5	1.53	未检出	8.76	1.53
6月30日14点	835.24	158.9	2.82	0.93	3.86	0.97
平均值	741.52	213.00	2.36	0.9	5.14	1.22

与兴二联污水处理站原有工艺相比，无须加入化学药剂，每年节省药剂费用96.3万元，还可以节约加入药剂产生的浮渣处理费用120万元。此外，每年节省电费54.6万元，每年药剂费、电费、浮渣处理费用共可节省270.9万元；反洗排污结构先进，滤料永不更换，反洗周期长达72h。节能、节水效果明显。

（3）试验地点：胜利油田孤东采油厂（图5和图6）。

试验水质：孤一联含聚污水；

试验规模：处理量40m³/h，最大处理能力为50m³/h。

图5　孤一联试验装置

(a)原水　(b)曝气　(c)旋流器　(d)一级　(e)二级
　　　破乳　　　　　　　三合一　三合一
　　　　　　　　　　　　净化器　净化器

图6　设备各级出口水样对比图

处理结果：来水含聚平均300mg/L，含油1000～2000mg/L，悬浮物平均300mg/L，经过处理后的污水含油平均≤2.5mg/L，悬浮物平均≤20mg/L。

4．结论

本文模块化的组合工艺开创了化学驱油田、稠油油田、低渗透油田采出水的不加药回注处理新篇章，单独模块也可用于老油田采出水回注处理工艺的改造，提高水质。该工艺因不加药运行成本低，油泥产出少，经济环保，操作简单，便于全自动化控制，具有广泛的应用前景。

参考文献

[1] 李时宣，王登海，王遇冬，等.长庆气田天然气净化工艺技术介绍［J］.天然气工业，2005，25（4）：150-153.

[2] 贾振福，钟静霞.曝氧和杀菌对含聚污水稀释聚合物溶液粘度的影响［J］.油气田地面工程，2016，35（2）：36-40.

（周光辉　郑　宁　思曼技术（北京）有限公司；

王跃泉　王　波　湖南宇宙环保工程有限公司）

附录三 "倍加清"特种微生物组合处理技术在油田污水处理中的应用

　　经多年研究，研究人员提出了微生物强化处理采油废水回注新技术，并经多个油田工程化试验，取得了稳定效果。并在已取得的采油废水处理技术成果的基础上，围绕各种油田不同类型采油废水回注处理中的关键共性问题，以采油废水微生物强化处理技术为核心，重点攻克采油废水处理产业化过程中急需解决的高效微生物菌株规模发酵与配伍、高性能的反应器、处理过程调控等方面的关键技术。

　　本文主要介绍油田回注采油污水处理专用微生物系列产品、标准化设备及成套工艺。

1. 专性微生物简介

　　石油是古代未能进行降解的有机物质积累，经地质变迁而成的、离开了生态圈的天然有机质，人类的活动使之重新进入生态圈。

　　进入环境中的石油，由于生物学和某些非生物学的机制（主要是光化学氧化）而逐步降解。大量研究表明，在自然界净化石油污染的综合因素中，微生物降解起着重要作用。我国沈阳抚顺灌区 20 余万亩水稻田，主要以炼油厂含油废水灌溉，历时 40 余年，未发现石油显著积累和经常性的损害，主要是由于在石油污灌区形成的微生物生态系的降解作用。

　　降解石油的微生物很多，细菌有假单胞菌属（*Pseudomonas*）、棒杆菌属（*Corynebacterium*）、微球菌属（*Micrococcus*）、产碱杆菌属（*Alcaligenes*）等，放线菌主要是诺卡氏菌属（*Nocardia*），酵母菌主要是解脂假丝酵母（*Candida lipolytica*）和热带假丝酵母（*C.tropicalis*），霉菌有青霉属（*Penicillium*）和曲霉属（*Aspergillus*）等。此外，蓝细菌和绿藻也能降解多种。

　　自 1998 年以来，国内有关公司引进国外先进技术，通过消化、吸收和创新，开发了适用于多种难降解工业废水处理的"倍加清"专性联合菌群 200 多种，并以谷类为载体制作成贮存、运输方便的固体菌剂，可供不同环境下使用。

　　专性菌是一组或几组好氧菌，在有氧分解的作用下，溶解性有机物透过细菌的细胞壁，被细菌吸收，固体和胶体的有机物附着在细菌体外，由细菌所分泌的一种特殊的酶分解成可溶性物质，再渗入细胞体内，从而细菌通过自身的生命过程完成氧化、还原、合成等过程，把复杂的有机物分解成简单的无机物（CO_2 和 H_2O 等），放出的能量一部分供其自身生存与繁殖。

　　"倍加清"专性联合菌群能承受 10000 ~ 60000mg/L 的含盐量，可以很好地适应各油田含盐量较高的采出水水质环境。通过投加"倍加清"专性联合菌群，使废水中快速建立一条有效降解烃类、脂类等有机污染物的生物群，对废水中各种复杂的脂肪族和芳香族化合物进行生物降解，同时可强化对烃类、蜡类以及酚、萘、胺、苯等的生物降解。专性联合菌群通过水合、活化、繁殖、分解和竞争，在生物群中很快稳定下来，形成优势菌群，同时在不断的竞争中又提高了生物群抗毒性冲击的能力。

"倍加清"专性微生物来自于自然界，是通过筛选、分离、复壮、配伍获得，并进行产业化生产形成产品，在常温下保存两年内活性不变，运输和投加非常方便。"倍加清"专性微生物具有以下特点：

（1）容易形成优势菌群，调试启动快，一般只需 7 ~ 10 天即可；

（2）针对不同的有机污染物可选择相应的特种微生物，并通过生物间的协同作用对废水中难降解有机污染物进行有效生物降解，确保高质量的出水水质；

（3）通过投加"倍加清"特种微生物，可提高废水的可生化性能，提高系统处理效率；

（4）环境友好，污泥产量少，且基本无二次污染，是一种无害化处理的方法；

（5）抗毒和抗冲击性能强。

2．BYCS工艺在中高渗透油田的应用

1）BYCS 工艺特点

采用 BYCS 工艺深度处理中高渗透油田采出水，首先采用高效气浮装置取代原有工艺中的沉降罐和横向流，可回收 90% 的原油。再利用微生物反应池和石英砂过滤取代原有滤罐和深度处理工艺有效去除污水中有毒有害、难降解物质和悬浮物等污染物，确保出水达到深度处理水质要求。

本工艺前段采用"倍加清"特种微生物强化处理技术，经"倍加清"特种微生物强化处理，对易造成滤料污染的油及有机污染物进行有效生物降解，减少了滤料的污堵和板结，延长了滤罐反冲洗周期，滤料无须更换，只需定期补充即可。后段采用石英砂过滤，进一步截留污水中残留的油、胶体等污染物，确保了高质量的出水水质。

BYCS 工艺利用专性微生物的筛选配伍及固定化技术，在填料的不同层面将对应的专性微生物固定在生物填料上，并渗入活性物质，充分发挥各自微生物种群固有的酶系功能，并获得较好的协同作用，有机污染物降解彻底。由于采用了固定化技术，有效防止了菌的流失，有利于优势菌群的培养。系统无须投加任何化学药剂，运行成本低于原物化处理。

对硫酸盐还原菌、腐生菌、铁细菌均有一定的抑制作用，对铁离子及硫化物均有一定的去除效果，因而对管道的腐蚀问题具有一定的缓解作用。

BYCS 工艺具有处理效果明显、出水稳定、污泥量少、运行成本低、劳动强度小、无二次污染等优点，特别是能确保稳定达到回注水标准要求。该工艺可用于老油田的升级改造，同时适用于含聚污水、三元复合驱采出水、压裂液、洗井液或高含盐油田污水等难处理污水的处理。

2）工程案例

BYCS 工艺已在吐哈、大庆、长庆、延长、江苏、华北等多个油田完成工业化应用项目，取得了较为满意的处理效果。

（1）大庆采油二厂聚南 2-2 站。

大庆采油二厂聚南 2-2 含聚污水处理站，采用"高效收油＋特种微生物＋过滤"处理工艺，投运时间为 2011 年 11 月。设计水量 25000m³/d，来水含油 ≤ 1000mg/L，悬浮物 ≤ 300mg/L，

聚合物 ≤ 500mg/L，矿化度 7000mg/L；出水含油 ≤ 5mg/L，悬浮物 ≤ 5mg/L，粒径中值 ≤ 2μm。

现在总体运行稳定，处理效果良好。现场照片如图 1 所示。

图1　大庆采油二厂聚南2−2含聚污水处理站现场照片

（2）克拉玛依油田七东一区污水处理站。

克拉玛依油田七东一区污水处理站采用"高效收油 + 特种微生物 + 固液分离 + 过滤"处理工艺，2015 年 8 月建成投产。设计水量 6000m³/d，来水水质含油 ≤ 1000mg/L，悬浮物 ≤ 350mg/L，聚合物 ≤ 800mg/L，矿化度 15000mg/L；出水含油 ≤ 20mg/L，悬浮物 ≤ 20mg/L。现场照片如图 2 所示。

图2　新疆克拉玛依七东一区污水处理站照片

3. MMBR工艺在低渗透特低渗透油田的应用

1）MMBR 工艺简介

微生物技术和膜分离技术是我国 21 世纪重点发展污水处理技术，江苏博大将传统物化法、微生物法、膜法等结合起来，成功开发应用了"'倍加清'专性微生物 + 膜分离技术"工艺（以下简称 MMBR 工艺）。工艺流程如图 3 所示。

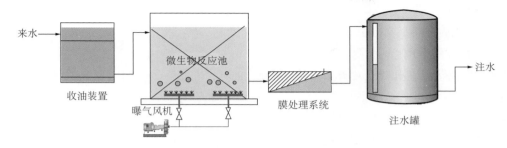

图3　MMBR工艺流程图

该工艺是利用专性联合菌群（"倍加清"）在有氧环境下的新陈代谢作用，将水中的有机物和油作为养料，高效降解，最终产物为二氧化碳、水和小分子有机物，再通过膜过滤进行高效分离，使水中的悬浮物、细菌、铁等的去除率几乎为100%，油的去除率达到96%以上。同时该技术可以简化工艺流程，降低处理成本，使处理后污水精度达到：含油≤5mg/L，悬浮物≤1mg/L，粒径中值≤1μm（即A_1标准）。

2）MMBR工艺的关键技术

由于油田采出水成分复杂，直接采用膜过滤容易造成污染，使得膜清洗频繁，严重影响膜的使用寿命。采出水中的油类以及溶于水的脂肪烃、羧酸、环烷酸、复杂的芳香化合物是造成膜深度污染的原因。如何解决这一难题，关键之一是增加或改善前处理方法，稳定水质，降解对膜容易造成污染的油、悬浮物等物质。关键之二是选择膜通量大、抗污染性能好、易清洗的膜组件，同时采用适宜的工艺条件。

（1）关键技术一："倍加清"专性微生物。

通过"倍加清"专性微生物的强化处理，使得进膜前污水中的油及其他有机污染物得到有效降解，含油量在5mg/L甚至1mg/L以下，因此，对膜的污染问题也得到有效控制，解决了油及其有机污染物对膜的污堵问题。其次，微生物反应池内高浓度的活性污泥活性强，对污水中的有机污染物具有较强的吸附能力，因此，在膜分离过程中，活性污泥呈湍球状，可以把存积在膜管表面的污物吸附随活性污泥带出回至微生物反应池内循环处理，进一步减少对膜的污染，延长膜的清洗周期和使用寿命。

（2）关键技术二：膜处理单元。

膜分离采用错流过滤技术，与死端过滤不同的是，错流过滤时，在泵的推动下料液平行于膜面流动，料液流经膜面时产生的剪切力把膜面上滞留的颗粒带走，从而使污染物不易在膜表面积存，清洗周期因此可以大大延长，膜通量也相应增加。同时使膜堵塞的污染物——油、有机物大部分通过微生物进行有效降解，通过膜面时含量已经较低，所以膜元件不易堵塞，一般只需2～3个月进行一次化学清洗。

膜处理方法能达到较高的出水水质标准，是今后最具发展潜力的油田采出水处理方法。膜分离设备将生化反应池中的活性污泥和大分子有机物质截留住，活性污泥浓度因此大大提高，从3～5g/L提高到15～20g/L，反应器内的污泥浓度始终维持在较高的水平使微生物反应器体积减小，反应效率提高。有机物、难降解物质在反应器中被拦截后，通过专性联合菌群的新陈代谢作用得到反复降解。因此，MMBR工艺通过膜分离技术大大强化了生物反应器的功能，而且易引起膜堵塞的有机物得到了微生物的有效降解，使得膜分离系统长期运行不堵塞。

3）工程应用案例

MMBR工艺已在吐哈、大庆、长庆、延长、江苏、华北等多个油田完成工业化应用项目，取得了较为满意的处理效果。

（1）吉林油田新民采油厂联合站。

吉林油田新民采油厂联合站污水处理系统改造工程，采用"专性微生物＋膜"处理工艺，投运时间为2016年10月。该站设计水量4000m³/d，来水油＜200mg/L，悬浮物＜200mg/L，总矿化度＜10000mg/L，pH 6～9；出水油≤5mg/L，悬浮物≤1mg/L，粒径中值≤1μm。现场运行照片如图4所示。

图4　吉林油田新民采油厂联合站污水处理系统现场照片

（2）延长油田青化砭采油厂姚店联合站。

延长油田青化砭采油厂姚店联合站采出水处理工程，投运时间为2008年12月，设计处理水量为1200m³/d，来水含油≤200mg/L，来水矿化度70000mg/L，硫化物含量10～50mg/L，设计出水水质为含油量≤5.0mg/L、悬浮固体含量≤1.0mg/L、悬浮固体粒径中值≤1.0μm、平均腐蚀率≤0.076mm/a，SRB菌个数≤10个/mL，IB菌个数≤$n×10^2$个/mL、TGB菌个数≤$n×10^2$个/mL（1＜n＜10）；2010年水量扩容至1500m³/d。现在总体运行稳定，处理效果良好。现场运行照片如图5所示。

图5　延长油田青化砭采油厂姚店联合站现场照片

4. 高温微生物在油田水及油泥处理的应用

通常生长在 55 ～ 60℃的微生物被定义为高温菌。由于高温菌特殊的生理生化性质，对它的研究越来越引起人们的重视，自从美国人 Thomas brock 于 1969 年首先从美国黄石国家公园分离出第一个严格意义的水生栖热菌（*Thermus aquaticus*）高温菌以来，人们陆续从酸性硫黄区，淡水温泉和中性、碱性的间歇喷泉，深海火山口，甚至常温条件下分离到高温菌株。

其具有以下特点：

（1）具有更快的生物降解速率。高温下微生物具有更高的活性，代谢速度更快。废水中有机质的降解速率比用常温菌处理时高 10 倍。

（2）更高的废水处理效率。用高温菌处理 COD 去除率比用常温菌处理时 COD 的去除率高 30% ～ 50%。

（3）残留生物固形物浓度很低。动力学分析表明，菌体生长速率较低，导致了残留生物固形物浓度很低，其原因是菌体细胞具有较高的维持系数，它比活性污泥处理过程中微生物的维持系数大得多。

江苏博大试验研究发现，高温菌在 60℃以萘及萘的衍生物为唯一碳源生长得很好，基质的利用速度很快。另外，对高温菌降解多环芳烃进行了研究，结果表明，高温菌降解比常温菌降解效率更高。该高温菌已在稠油污水处理方面得到了成功应用。在油泥处理方面，也进行了创新性的应用，克服了传统的物理化学处理法难以有效去除油泥中的石油烃类物质，且容易产生二次污染的问题，成本低廉，无二次污染，不排放有害气体。对于含水率为 75% 左右、含油率为 2% ～ 3%（按绝干泥计）的油泥通过采用生物诱导模式，向污泥中引入适应这种环境生长的微生物菌群，提高分解速率，同时通入空气并加入营养物，技术安全可靠，能使污泥含油率达到 0.3% 的标准，彻底实现污泥无害化处理的目标。

参考文献

[1] 马文漪，杨柳燕，孔繁祥，等.环境微生物工程 [M].南京：南京大学出版社，1998.

（王　敏　江苏博大环保股份有限公司）

附录四　气浮技术及设备

油气田采出水采用气浮设备进行除油和悬浮物的工艺已很成熟，国内有关工程公司长期专注于气浮技术及设备的开发和工程实践，熟练掌握了最大限度发挥气浮技术优势的关键技术诀窍，针对不同应用工况，形成了几大系列气浮技术和设备，储备了系列化的生产制造图纸。同时根据不同的工况，可以选择空气或氮气做为溶气气源，设备主体可选择碳钢、SS304、SS316 和双相不锈钢等不同的材质。

1. ADAF气浮技术及设备

1）概述

ADAF 气浮装置（andmir dissolved air flotatio，华孚公司爱德摩溶气气浮）是针对采出水中的油和悬浮物去除而开发的溶气气浮成套装置，其关键技术原理还包括共聚气浮分离原理、浅层沉淀原理和溶气及微气泡发生技术原理等。溶解气体可以是空气、氮气或其他气体。

ADAF 气浮装置在各大油田得到了广泛应用，有 200 余台（套）的应用业绩，通常出水含油量稳定在 10mg/L 以下，出水悬浮物可稳定 20mg/L 以下。

（1）ADAF 气浮装置处理效果。

出水含油量 ≤ 10mg/L，出水悬浮物 ≤ 20mg/L；

高效去除 30μm 以上的油和悬浮物；

配合专用的 COD 捕捉剂，可以实现溶解性 COD 的去除。

（2）ADAF 气浮装置特点。

处理高效，运行稳定，维护简单；

密闭设计，更加安全，尾气有组织安全处置；

非溢流出水，无需出水池，利于总体布置；

占地面积更小，重量更轻；

单台处理能力：1 ~ 500m³/h。

（3）应用情况。

第四代产品在油田和石化企业得到大规模应用，第五代开始推广应用；国外市场已应用于委内瑞拉和美国。

2）ADAF 气浮装置组成

ADAF 气浮装置包括：溶气及溶气水释放系统、气浮分离系统、自动控制系统、混凝反应系统。ADAF 气浮装置产品外观如图 1 所示。

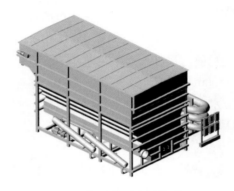

图1　气浮装置产品外观

溶气及溶气水释放系统是ADAF气浮装置的核心,其功能是将气(空气、氮气或其他气体)溶解或分散至水中,进而为气浮分离单元产生用于气浮除杂的微气泡。其溶气效果、效率和运行稳定性直接影响气浮分离的效果。

气浮分离系统实现微气泡对颗粒物的上浮,完成油—水和固—水的分离,该系统包括接触区、分离区、积渣区和集泥排泥区,以及配套的收油排泥机构,该系统需要合理的结构设计才能最大限度地发挥气浮分离的效果和效率。

自动控制系统实现气浮装置的一键开车、自动运行和一键停车,自动运行包括自动按设定的程序、周期和时间排泥或刮渣,可实现无人值守运行。其中周期和时间的设定可以在计算机人机界面即时设定调整。

混凝反应系统是气浮装置的辅助系统,当来水中相当部分的悬浮物或油以胶体或乳化态形式存在时,单纯的气浮或常规滤料等介质过滤是不能将其有效去除的,因此需要混凝或絮凝处理。该混凝反应系统可以提供高效的混凝和絮凝条件,提高气浮出水水质。

3)ADAF气浮技术原理及流程描述

ADAF气浮工作原理如图2所示。

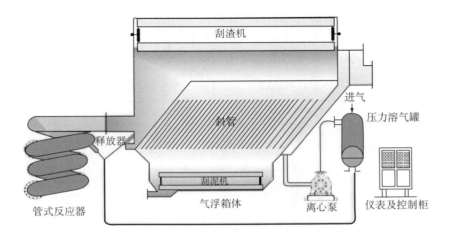

图2　ADAF气浮工作原理图

原水进入管式混合反应器,在混合反应器中可根据水质情况加入药剂(混凝剂和絮凝剂),

以形成可分离的絮凝物或油滴。在管式混合反应器中同时通入溶气水，形成可以快速上浮的气液固三相共聚体。

经管式混合反应器预处理后的污水进入气浮装置，在进水室污水和气水混合物中释放的微小气泡（气泡直径范围 30 ~ 50μm）混合。这些微小气泡黏附在污水中的絮体上，形成密度小于水的气浮体。气浮体上升至水面凝聚成浮油（或浮渣），通过刮油（渣）机刮至收油（渣）槽。

进水室中较重的固体颗粒在此沉淀，通过排砂阀排出，系统要求定期开启排砂阀以保持进水室清洁。

污水进入气浮装置布水区，快速上升的粒子将浮到水面；上升较慢的粒子在波纹斜板中分离，粒子一旦接触到波纹斜板，在浮力的作用下能够逆着水流方向上升。

所有重的粒子将下沉，下沉的粒子通过底部刮泥机收集，通过定期开启排泥阀排出。

整个气浮装置实现相对的密闭设计，尾气通过统一的排气口有组织的进入外部的尾气处理系统，避免在厂区的无组织排放。

4）ADAF 技术特点

（1）溶气系统。

加压溶气的理论基础是亨利定律、双膜传质理论和气体在水中的溶解度，在技术和设备实现过程中存在以下规律：

① 气液接触面积越大，溶气的速率越大，进而达到饱和溶解的时间越短。

② 本溶气过程属于液膜控制过程，因此加剧液相紊动程度，减小液膜厚度，从而提高表面更新速率，加快溶气速率。

③ 压力越大，溶解在水中的气体量越大。

ADAF 气浮装置溶气罐与传统溶气罐顶部采用喷淋、罐内填装填料的方式不同，ADAF 气浮装置溶气罐内部既无喷淋头，也无填料，而是在罐内采用特殊的结构设计来实现气液接触面积的最大化和水相的剧烈紊流，在大大缩短了溶气所需时间的同时，又没有溶气罐堵塞的隐患。同时，罐内气液实现自动平衡，不会出现传统溶气罐气液界面失控，造成水淹填料而影响溶气效果的现象。ADAF 气浮装置溶气罐的外形如图 3 所示，ADAF 气浮装置溶气罐的尺寸表见表 1。为了适应处理规模大的气浮池的应用工况，华孚公司专门开发了有针对性的成套自动调节的溶气装置，其外形如图 4 所示。

表1　ADAF气浮装置溶气罐的尺寸表

序　号	流量（m³/h）	直径（mm）	长度（mm）
1	100	325	1500
2	150	325	2000
3	200	325	2500
4	250	325	3000
5	300	377	3000
6	400	2台325	2500
7	500	2台325	3000

图3　ADAF气浮装置溶气罐的外形　　　　　　图4 气浮池配套的溶气装置图

（2）溶气水释放系统。

微气泡的质量体现在单位体积溶气水的气泡数量、气泡直径和直径分布范围，以数量多、直径小、分布窄为好，溶气水具体表现为乳白色的外观。除了水质本身的影响外，微气泡的质量受以下因素控制：

① 溶气水的溶气饱和程度：饱和度越大释气量越多。

② 溶气水释放前的压力：溶气压力越大，初期产生的气泡直径越小。

③ 溶气水释放瞬间的压力变化梯度：气泡直径越小，聚并时间越小。

④ 释放器内的速度梯度：速度越大，紊流度越大，微气泡产生的时间越短，但速度梯度过大，最终微气泡聚并的程度增加，微气泡直径增大，数量减少。

⑤ 溶气水在释放器内的停留时间：时间越长，微气泡聚并的程度增加，微气泡直径增大，数量减少。

释放器内的释气过程为：降压、释气、消能、气体传质、气泡聚并，每一步均会对微气泡的质量产生影响。释放器分为两大类，一是孔口管嘴型，二是阀门型。但在具体结构上有很大的不同，国内常用释放器如图 5 所示，ADAF 气浮装置释放器如图 6 所示。

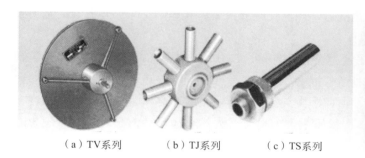

（a）TV系列　　　　（b）TJ系列　　　　（c）TS系列

图5　目前国内常用释放器

图6　ADAF气浮装置释放器

实际运行过程中，水中的杂质或结垢离子往往导致释放器的堵塞，可能使溶气系统故障频繁。因此，释放器的设计除了考虑微气泡的质量之外，还要克服堵塞的问题。目前国内外的释放器，大都利用狭窄的过流通道来消能（其过流通道尺寸大都在 2mm 左右），既减小了压力释放的梯度，又导致在实际运行过程中的堵塞现象。

ADAF 气浮装置释放器，利用宽流道释气，压力下降的梯度大，然后利用叠加的宽流道（10mm 以上通道）挡板消能，并通过释放器的外径和叠加挡板的尺寸控制流道内速度梯度和停留时间。由于流道宽，同时流道的长度很短，因此在较高速度梯度下释放器内不会结垢或积垢，大量案例证明其长期运行无堵塞现象，同时其释放条件利于得到高质量的微气泡。溶气气泡释放效果如图 7 和图 8 所示。

图7 溶气气泡释放效果（一）　　　　　　图8 溶气气泡释放效果（二）

（3）混凝反应器系统。

当来水中的油或悬浮物以胶体态或乳化态形式存在时，或者来水悬浮物的颗粒直径很小且与水的密度接近时，则需要投加药剂使稳定分散的乳化油和悬浮物胶体转化为较大颗粒的絮体。混凝反应器为药剂投加、混凝反应和絮凝提供所需的水力条件。同时，混凝反应器可为气浮分离形成最利于气浮分离的"气浮絮体"。

混凝反应属于界面电化学反应，所需的时间极短，因此需要设备在极短的时间内实现药剂与水的均匀混合。絮凝反应属于絮体间的黏附或架桥吸附，实现微小颗粒向较大颗粒的成长，该过程不但需要絮凝剂与水快速混合，还需要在混合后为其提供颗粒聚并成长的水力条件和停留时间。

《污水混凝与絮凝处理工程技术规范》（HJ 2006—2010）对混凝和絮凝形式及参数进行详细的描述和规定。华孚公司采用管道式混合反应器，除了满足该规范所需的主要技术参数外，还引入了微气泡参与絮凝反应，形成了微气泡与悬浮物的共聚体（即絮体中嵌入了许多的微气泡，形成所谓的气浮絮体），因而不需要获得足够大的絮体尺寸，是气浮装置理想的配套系统，具有以下优势：

① 减少了絮凝反应的时间：总体停留时间 30s；

② 可降低絮凝剂的投加量；

③ 加速了气浮分离的速度，气浮分离区表面负荷可达 $22m^3/(h \cdot m^2)$；

④ 气泡嵌入絮体，获得了稳定的浮渣层；

⑤ 动力来自来水水头，无动部件，易于实现设备化，易于维护；

⑥ 无短流等现象发生，混合均匀。

（4）气浮分离系统。

气浮分离系统主要是合理设置了功能区，并采用了斜板，因而提高了固液分离的效率，同时精心设计的配水、配溶气和集水结构，保证了整个分离装置的布水布气均匀一致。

（5）自控系统。

自控系统采用 PLC 技术，自控技术与工艺操作细节的无缝结合实现了排泥刮渣的精确控制，确保了系统稳定运行，并大大减轻了工人劳动强度，ADAF 气浮装置可实现 24h 无人值守运行。

5）设备特点

（1）管式反应器。

高效管式加药反应器（PFR）由三个特殊设计的混合管道组成，加入混凝剂、絮凝剂和溶气水，通过设计控制各管段的混合能量和混合时间，以达到最优化的混凝效果。

高效管式加药反应器（PFR）的特点：

① 由于管道中的混合能量和时间易于控制，混凝和絮凝反应稳定，可生成均匀的絮状物；

② 由于在管段上加入了溶气水，气泡能结合进絮体的内部，与絮体的结合紧密；

③ 由于加药点是在管段的中间，可以将水处理药剂耗量降至最低；

④ 在管道中不会反向混合，出现短路、短流现象；

⑤ 与传统罐式加药混凝器比，不需要混合搅拌器，能耗降低；

⑥ 无活动部件，维修操作方便。

（2）气浮机箱体。

ADAF 气浮装置为一体化设备，集反应器、池体、溶气罐、溶气泵为一体。最大限度地节省了空间，采用半封闭或全封闭方式运行，全自动化操作，运行管理十分简单。

① ADAF 气浮装置根据气浮工艺的特点，设计了先进的管式混合反应器，使混合、反应均通过管道快速完成。同时部分溶气水直接加入到反应器中，微气泡参与反应凝聚从而产生"共聚作用"，使气浮体快速长大，另外也变得更稳定。从实际应用效果看，这种方法不但可以节约药剂，同时也使混合反应效果更理想。

② ADAF 气浮装置采用斜板斜管分离系统，在较短的停留时间内（8 ~ 12min），固液分离彻底，效果稳定，受原水波动影响较小。同时气浮池较高，占地面积更小。

③ ADAF 气浮装置采用先进的溶气系统和气水平衡控制系统，溶气罐的溶气效率高，罐内液位恒定，溶气罐的体积仅为传统溶气罐体积的 1/6。

④ ADAF 气浮装置采用专有溶气释放器，其释放出的微气泡直径在一定范围内可控，同时其宽流道设计使其绝无堵塞。

⑤ ADAF 气浮装置具有完善的排渣、排泥、排砂系统，且采用全自动控制，使其不受人为操作的影响。

6）系列化装置规格尺寸

ADAF 气浮装置外形尺寸见表 2。

表2 系列化装置规格尺寸

序 号	气浮规格	处理量（m³/h）	外形尺寸（长×宽×高） （mm×mm×mm）
1	ADAF—5	5	2557×1952×1785
2	ADAF—10	10	3150×2476×3016
3	ADAF—20	20	3108×2966×3016
4	ADAF—50	50	3939×3460×3226
5	ADAF—75	75	5722×4038×3400
6	ADAF—100	100	6273×4469×4160
7	ADAF—150	150	6223×5391×4200
8	ADAF—200	200	6319×6118×4160
9	ADAF—250	250	7271×6425×4160
10	ADAF—300	300	8532×6326×4200
11	ADAF—400	400	11522×6729×4200
12	ADAF—500	500	13742×6805×4160

7）ADAF 气浮装置典型应用案例

ADAF 气浮装置的典型应用案例见表3。其中辽河油田欢三联污水处理工程获得国家科技进步二等奖。

表3 ADAF气浮装置典型应用案例

序 号	项 目	稠油污水处理应用	海上平台应用	含聚污水处理应用
1	应用项目	欢三联20000m³/d稠油污水深度处理回用锅炉工程	绥中36-1平台污水处理项目	孤岛采油厂孤六联合站处理项目
2	处理规模	450m³/h，2套	500m³/h，7套	500m³/h，一级和二级气浮各2套
3	溶气方式	气源为空气	气源为氮气	气源为氮气
4	设计参数	溶气压力：0.6MPa； 回流比：20%； 工作温度：55～60℃	设计压力：-2kPa～fw+35kPa 操作压力：1～6kPa； 溶气压力：0.6MPa； 回流比：20%； 操作温度：58～62℃	溶气压力：0.6MPa； 回流比：20%； 水温：42℃
5	进出水水质	进水含油≤180mg/L，悬浮物≤150mg/L； 出水含油≤10mg/L，悬浮物≤30mg/L	进水油含量≤100mg/L，含悬浮物≤30mg/；设计出水油含量≤20～30mg/L，含悬浮物≤10mg/L	进水含油2000mg/L，悬浮物400mg/L；出水悬浮物≤50mg/L，含油≤50mg/L
6	运行效果	出水达标，满足设计出水指标	出水达标，满足设计出水指标	出水达标，满足设计出水指标

2．Tank气浮

1）概述

大罐与气浮技术融合，高效去除非溶解油，适用于各类采油污水，其处理效果为：

（1）出水含油≤ 10 ～ 100mg/L，分散油去除率大于 95%；

（2）出水悬浮物：≤ 20 ～ 100mg/L；

（3）其技术特点为：兼具大罐水力空间和气浮分离能力；

（4）性能或费用：与"大罐→气浮"相当；

（5）投资或占地：小于"大罐"＋"气浮"；

（6）适合新建站和老站改造。

2）工艺技术简介

Tank® 罐式高效油水分离装置系列产品是引进加拿大爱德摩技术，专门为油田含油污水处理设计开发制造的。基于浮选、聚结和沉降等原理，并结合中国陆上油田采油污水处理工艺的实际特点，提高油水分离效果，在保证原油油品性质良好的前提下，提高原油回收率。

Tank® 罐式高效油水分离装置在污水沉降罐原有处理效果基础上，可进一步提高除油效率 40% 以上，提高悬浮物效率 20% 以上，解决油田现有沉降罐除油效率低、占地面积大等问题。可在新建污水沉降罐（缓冲罐）或对现有沉降罐（缓冲罐）进行技术改造中使用，在提高含油污水处理效率的同时，节省投资提高经济效益。Tank® 罐式高效油水分离装置工艺流程原理如图 9 所示。

3）设备组成

Tank® 罐式高效油水分离装置由罐外蛇式混合释气系统、泵组、罐内释放系统、自控系统四部分组成。

（1）罐外蛇式混合释气系统主要由蛇式混合器、进口释放器、溶气压力管道等组成；

（2）泵组由进口多相泵、工艺管道、压力控制表盘等组成；

（3）罐内释放系统主要由进口释放器、释放装置等组成；

（4）自控系统主要包括仪表、阀门、控制柜等。

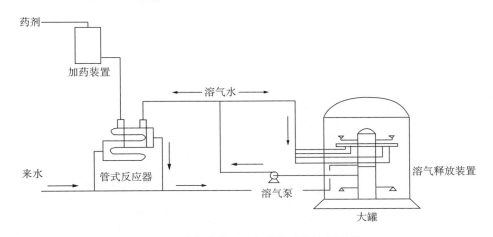

图9　罐式高效油水分离装置工艺流程原理

4）技术及装置特点

（1）高压溶气技术与传统的沉降罐有机结合，具备气浮和沉降双重功能；

（2）提高除油效率，节省占地面积，抗水质波动能力强；

（3）采用独特的高压溶气技术，溶气量大，气浮挟污能力强，可处理高含油、高悬浮物含量污水；

（4）采用新型的"共聚技术"，不加药或节省药剂 40% 以上；

（5）采用专有进口的溶气释放器，无堵塞故障，运行稳定；

（6）回收的油品质好，不影响原油系统；

（7）全自动控制，操作维护简单。

5）典型应用案例

大庆油田采油二厂聚南 8 放水站扩改造工程应用的罐式高效油水分离装置主要情况见表4，案例的产品工程图片如图 10 和图 11 所示。

表4　典型案例主要情况

序　号	项目名称	聚南八放水站
1	项目概述	大庆的污水处理站存在沉降罐出水含油超标的现象，加大了后续过滤系统的负荷，进而影响了污水站出水水质。 大庆油田采油二厂聚南8放水站扩改造工程，新建7000m³沉降罐。为了提高沉降罐的除油效果，结合气浮的成功经验，以溶气水提高除油效果的方法在沉降罐中进行应用
2	处理规模	设计建设规模为34000m³/d，处理能力为1420m³/h
3	配置	溶气系统一套；管式反应器2座；沉降罐内部溶气水释放管； 管网、支架及安装；电气仪表系统
4	设计参数	溶气系统以橇块形式构成，包括6台LBU603E162L型溶气泵，气源面板，配电柜，流量计，工艺配管及橇座等； 管式反应器型号：PFR700； 单组溶气水释放量：36m³/h
5	进出水水质	来水含油≤3000mg/L，悬浮物≤500mg/L，聚合物≤300mg/L；出水含油≤150mg/L，悬浮物≤200mg/L（不加药），浮油可回收
6	运行效果数据	实际运行达标，满足出水含油≤150mg/L，悬浮物≤200mg/L（不加药）

图10　案例的产品工程图片（一）　　　　图11　案例的产品工程图片（二）

（陈　勇　李　森　辽宁华孚环境工程股份有限公司）

附录五 多相分离与油田污水处理技术

1. 含油污水深度处理技术

含油污水一般是伴随着原油脱水产生的,原油脱出的游离水通常含油低于 5mg/L,这种含油污水若不经处理直接回注地层,其中的油珠会堵塞油层毛细通道,降低油层渗透率。此外,如果不经过处理直接排放到江河湖海等,将严重影响周围生态环境。污水深度处理的方法主要包括:过滤法、离心分离法、气浮法、化学法、生化法、超声波分离法、吸附法、粗粒化法、膜分离等,本文只介绍气浮法。

1)气浮选法

气浮选除油法是采用不同的装置向污水中溶入一定量的气体,产生大量微小气泡,利用吸附作用使气泡与污水中的细小油粒和悬浮物相结合而形成絮状物,在浮力作用下絮状物很快浮出水面,达到分离目的。气浮选法根据气泡产生方式的不同,分为溶气气浮法、布气气浮法和电气浮法等。气浮效果受两个因素的影响较大,一是产生的气泡的质量;二是浮选剂,如絮凝剂、发泡剂等可以大大提高气浮法的效率。紧凑型气浮旋流装置有效地利用了气浮与低强度旋流离心场的协同作用,使气泡与油滴的碰撞聚并概率增加,停留时间大大减少,分离效率增加。这种装置还具有占地面积小、处理能力大、分离效率高、适应力强的优点。对紧凑型气浮旋流设备的研究从 20 世纪开始,中国科学院力学研究所(简称力学所)提出了一种新型的管道式动态气浮选装置,该装置采用微米孔板生成微气泡的手段,并与 T 形管道分离技术相结合,使气泡与含油污水充分接触,通过中海油 ×× 油田的现场中试实验,连续测试结果表明分离后的生产污水含油量小于 20mg/L。

2)动态微气泡浮选除油装置

根据对 T 形管油水分离的研究成果,将微米孔板放置在 T 形管的下端,其产生的气泡通过液体的快速流动实现与液体的充分混合,然后气液混合物再通过 T 形管在动态过程中实现油气水的高效分离,省去了专门的沉降罐。动态微气泡浮选除油 T 形管装置如图 1 所示。该装置有 8 个气泡注入点,分别位于 T 形管的底部。加压条件下注入氮气后,携带油滴的气泡流经 T 形管时,在重力、膨胀和速度滑移等共同作用下,气泡上浮到 T 形管的顶端,然后可通过 T 形管上出口与装置入口的压差控制油气混合物的去除。与传统的气浮装置相比,动态微气泡浮选除油装置不仅增强了气液混合效果,提高了气体利用效率,缩短了分离时间,还提高了油气混合物的分离效率。

3)T 形管 + 动态微气泡技术处理含油污水现场试验

现场试验所用 T 形管的主管道直径为 50mm,材质为无缝钢管。含油污水由泵加压后进入动态微气泡浮选装置,含油为 38 ~ 350mg/L,压力为 0.35 ~ 0.9MPa,入口流量为 10 ~ 14m³/h,溢流比为 20%。试验过程中,对于每一种工况,装置连续运行 2h 后进行取样,分析含油量的变化，结果见表1。从表1可以看出，该装置能将含油量从 38 ～ 350mg/L 降到 12 ～ 61mg/L，提高了含油污水的除油效果。对比结果可以看出，动态微气泡浮选装置的处理结果略好于现有的旋流器。

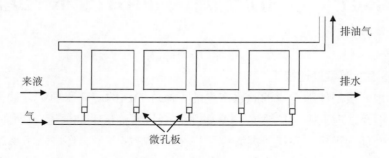

图1 动态微气泡浮选除油T形管装置

表1 对比试验结果

进口流量（m³/h）	进口压力（MPa）	进水含油量（mg/L）	出水含油量（mg/L）	
			现场设备	动态微气泡浮选装置
10	0.35	38		12
12	0.35	38		14
14	0.35	30		16
12	0.9	215	38	37
12	0.9	310	54	51
14	0.9	350	68	61

通过对比试验可以看出，与传统的气浮技术相比，动态微气泡浮选除油装置的优点在于：

（1）通过多点注入的方式，将微气泡在 T 形管的底部注入含油污水中，并通过流体的流动将微气泡和液体混合，有利于气液快速、均匀地混合。

（2）将微气浮技术与 T 形管油水分离技术相结合，在流动中将携带有油滴的泡沫与水进行分离，减少了分离时间并省去了传统技术中罐体内的除油清理工作。

（3）管道式动态微气泡浮选除油装置具有占地少、节省设备空间等特点，适宜在海上平台的污水除油处理中推广应用。

4）二级动态微气泡 + 旋流器技术处理含聚污水现场实验

利用动态微气泡 + 旋流器对含聚污水处理实验是在渤海油田 ×× 平台完成的，含聚污水先进入旋流器进行初步分离，高含油部分从油口流出，而含聚污水进入一级气浮装置，浮油从油口流出，剩余的含聚污水进入二级气浮，用微孔板对污水进行精细处理。浮油从罐体上出油口流出，达标水从罐体下部出水口流出。表2给出了处理结果。

图 2 为 ×× 平台上含油污水处理装置，将动态微气泡 + 旋流器技术应用在南海平台上，图 3 为二级动态微气泡 + 旋流器处理含油水处理装置，微孔气浮与旋流技术结合，对平台上

的含油污水处理，将含油从 30mg/L 降到 13mg/L，最好情况时含油从 30mg/L 降到 4mg/L。

表2　渤海油田××平台含聚污水处理数据

样品编号	入口流量（m³/h）	油口流量（m³/h）	油口（mg/L）	水口（mg/L）
1	17	10	174	24
3	24.85	16.4	168	38
2	24	16.3	177	49

图2　渤海油田××平台二级动态微气泡+旋流器处理含聚污水处理装置以及取样结果

动态微气泡浮选除油的技术与 T 形管分离技术、旋流分离技术相结合，可以形成了不同用途的微气泡浮选装置，现试验表明，该装置具有分离时间短、节省空间和质量、操作简便、费用低、效率高等特点。

图3　南海陆丰××平台二级动态微气泡+旋流器处理含油水处理装置

2．含油泥沙处理技术

力学所除砂（固液分离）课题组成立于 20 世纪 80 年代末期，经过多年的努力发展，取得了以自主研发的 NX 系列旋流器为技术核心的多项技术成果，并在辽河、华北、大港、胜利等油田推广应用，产生了良好的经济和社会效益。工程实践包括：单井除砂、集输系统除砂、井下冲砂液除砂、密闭罐体除泥沙及无污排放、超细油泥处理、落地油回收处理、罐体防重质油沉降等装置的研制和技术创新。围绕着液固分离技术，申请并获得"旋流除砂器""双效旋流器""罐内重质油处理装置""罐污泥治理装置及方法""原油集输高效除砂"等一批专利，形成了一套完善自主的知识产权体系。

1）泥沙分离实验情况介绍

为实现海上油气混输工艺的特殊要求，并作为混相增压的配套技术（增压泵前加除砂器预防泵叶片的磨蚀），在原旋流分离除砂技术的基础上，研制了能用于海上平台的稠油除砂技术，对大于100目的砂，除砂效率能达到90%，并建立了新的除砂实验室。

新的除砂系统采用了新的砂加入方式、油水混合方式，全部使用不锈钢材料，配以两级分离，来实现高效除砂的目的，图4是实验装置照片。

图4　除砂系统及实验装置照片

实验时采用的流体为自来水，砂为较粗的20～40目的自然形状砂，参数见下表3。泵的流量为9.2m³/h，压力为0.45MPa，砂的引入为压缩空气压入，压力为0.05MPa。开泵运行稳定后打开砂的阀门，砂均匀地流下，待完全加入后约20s关闭水泵。约5min后打开砂斗排出砂，取出捕集器内的砂网收集其中的砂，处理后的结果如表3和图5所示，图6为除砂实验照片。

表3　实验数据表

实验前加入砂	粒径组成	20～40目	40～60目	60～80目	＜80目
	质量（g）	2017	0	0	0
一级分离器	粒径组成	20～40目	40～60目	60～80目	＜80目
	质量（g）	1674	171.5	19.5	64.5
二级分离器	粒径组成	20～40目	40～60目	60～80目	＜80目
	质量（g）	0	4	0	0
捕集器	粒径组成	20～40目	40～60目	60～80目	＜80目
	质量（g）	0	0	0	0
分离出砂总重		1933.5g			
除砂效率		约96%			

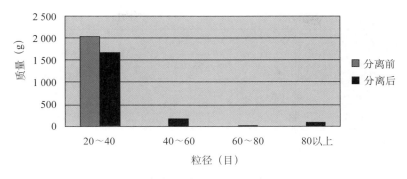

图5　粒径变化分布图

2）单井井口除砂

单井井口除砂装置，日处理液量 500 ～ 1000m³，对于粒径≥ 75μm 的固体颗粒分离效率 > 90%，压降损失 0.05 ～ 0.15MPa，有效缓解砂粒对管线设备的磨损，图7为单井井口除砂装置。

图6　除砂实验照片

图7　单井井口除砂装置

3）转油站除泥沙

2016 年，长庆油田某转油站，来液为油气水砂，液量 2000m³/d，含油率 55%，气液比 10∶1，要求将来液中的泥沙在进入三相分离器之前分离出来，以便减少或延长清罐周期。根据现场提供的三相分离器泥沙样品，首先进行了三相分离器泥沙样品的化验分析，实验分析结果表明，转油站三相分离器泥沙粒径大于 30μm 的约占 80%，表3 给出了泥沙样品化验分析结果。三相分离器内粒径主要集中在 30 ～ 110μm 的泥沙约占 70%。

依据三相分离器泥沙样品化验分析结果，设计制造了旋流除砂器，如图8 所示，图9 为旋流除砂器分离出的现场泥沙样品，图10 为现场泥沙装置，化验分析结果表明，旋流除砂器分离出来的泥沙粒径在 44 ～ 64μm 的占 47.96%，大于 44μm 的泥沙占 70%（表4）。

表4　旋流除砂结果样品的粒度分布表

粒径范围	所占比例（%）	累计占比（%）
＜44μm	2.62	2.62
44～64μm	47.96	50.58

续表

粒径范围	所占比例（%）	累计占比（%）
64~91μm	1.55	52.13
91~101μm	8.71	60.84
101~125μm	7.38	68.22
125~150μm	8.88	77.10
150~178μm	1.68	78.78
178~420μm	3.66	82.44
>420μm	17.24	99.68

图8　设计制造的旋流除砂器以及实物照片　　图9　由旋流除砂器分离出的现场泥沙样品

图10　现场除砂装置（一备一用）

4）油田地面除砂清洗工艺和装置

在原油开采过程中，不可避免地把地下的泥沙带到地面。尤其是油田进入中后期开采，不断的压裂和吞吐采油，出砂越来越严重。管线和罐体中的泥沙给生产带来很多危害，必须清除，而由于环境保护法规的日益严苛，从采液中排出的泥沙含油要达到一定标准才能向外排放。

地面传统除砂一般采用管网技术将罐体内淤积的泥沙排出并清洗的技术。它存在的问题有以下几点：（1）采用多个箱体，不密闭，当有油气情况时不能保证安全；（2）不适合管道中连续来液的处理；（3）没有针对低温稠油的应对技术；（4）采用液下泵搅拌清洗含油泥沙能耗高和磨损大。

力学所开发了一种用于油田地面除砂清洗装置和工艺，可用于管线连续来液时的除砂，也可应用于罐体沉积物的处理，由于装置设有蒸汽引射或热水引射掺混环节，特别适用于低温稠油的除砂清洗。

如图 11 所示，1 为混合器，利用来液射流形成的负压，掺混蒸汽或热水，用来速度提高来液温度，提高流动性，为液固分离制造条件；2 为混合器接口，与来液管线连接；3 为热介质接口，也可以做为药剂的加入口；4 为膨胀缓冲罐，用来稳定压力和流动状态，或给药剂反应时间的缓冲罐，并且可以做为气液固的预分罐使用；5 为气体管线，多余的热蒸汽与油气混合的气体可以从罐顶排出；6 为气液掺混器，用来把除砂后的液体与油气进行再次混合，然后加压输送；7 为液固旋流分离器，利用离心力分离油水中的泥沙；8 为砂斗，临时存放分离出来的泥沙，9 为排砂管线出口，排砂管前端与膨胀缓冲罐 4 连接，中部与储砂罐连接，用来排放分离和清洗出来的泥沙；10 为加压泵；11 为泵出口，用来连接输送除砂后的油气水管线。

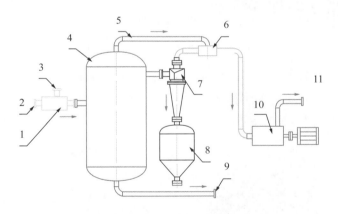

图11　除砂清洗装置示意图

工作原理及工艺流程如图 12 所示：混合器 1 的接口 2 与油田集输管线、井口来液管线或罐底排污管等连接，利用来液的压力产生射流，与来自热介质接口 3 蒸汽或热水或药剂充分混合，提高来液温度，有利于除砂和去油污；掺混比例可以按实际情况进行调节；掺混后的混合液进入膨胀缓冲罐，利用在罐内的停留时间充分混合和分离，并且稳定流态和压力；一部分容易分离的大颗粒泥沙沉淀到罐底部，气体从罐顶部排出；稳定后的混合液经罐中部的出口管线连接到液固旋流分离器 7 入口，泥沙在离心力作用下集中到分离器内壁面，沿分离器底锥螺旋下滑到砂斗 8；除砂后的混合液经分离器上出口排到掺混器 6；在掺混器 6 内气液重新混合后，经增压泵 10 加压，泵出口 11 与输送管线连接，到其他处理工艺管线中；

膨胀缓冲罐4底部沉积的泥沙与砂斗8中的泥沙经排砂管出口9排放。

排砂管出口9的泥沙如果含油量超出排放要求，可以再连接一套除砂清洗装置，与新装置的混合器2相连接，经过多级洗涤，进一步降低含油浓度。

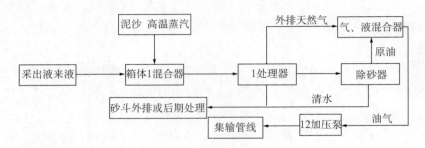

图12　除砂清洗工艺流程

图13为小型卧式罐密闭除砂洗砂装置，可以不停产清罐，外排泥沙达标。

图13　小型卧式罐密闭除砂洗砂装置

图14为某油田3000m³油水沉降罐的密闭除砂及无污排放处理系统，工艺连续、密闭，不影响罐内油水处理；处理后泥浆基本不含油渍，含油从20%降至0.2%，粒度≥50μm单效及双效洗涤旋流器分离效率≥85%～95%。

图14　密闭除砂及无污排放处理系统

图15为某油田超细含油污泥处理系统，主要处理罐底沉降的含油污泥，工艺连续，不影响罐体运行；处理后泥浆固化处理，含油降至0.493‰以下，达到农田污泥排放标准。对于粒度≥25μm的固体颗粒，分离效率≥80%，处理后的泥浆经脱水固化，进一步控制其中

的有害物质析出，有效保护了当地环境。

图15　超细含油污泥处理系统

参考文献

[1] 张军，邓晓辉，许晶禹，等.微气泡除油浮选技术优化实验研究［C］.//吴有生.第十一届全国水动力学学术会议暨第二十四届全国水动力学研讨会并周培源诞辰110周年纪念大会，文集.北京：海洋出版社，2012.

[2] 张军，郭军，唐驰，等.旋流除砂技术在海上采油平台的应用研究［R］.2005年度海洋工程学术会议，北京，2005.

[3] 张军，郑之初，郭军，等.油气水砂多相分离的新方法［C］.//朱德祥，等.第二十一届全国水动力学研讨会暨第八届全国水动力学学术会议暨两岸船舶与海洋工程水动力学研讨会文集.北京：海洋出版社，2008.

[4] 王立洋，郑之初，郭军，等.液固旋流器分离效率的研究［J］.力学与实践，29（2）：24-27.

[5] 郭军，张军，吴应湘，等.一种旋流除砂器［P］.中国：ZL2005201304867.

[5] 郭军，张军，吴应湘，等.具有引射功能的加料的装置［P］.中国：ZL200520145005X.

（吴应湘　钟兴福　中国科学院力学研究所）

附录六　阻截除油技术在油气田污水处理中的应用

1. 技术原理与特点

1) 技术原理

"阻截法油水分离"（又称阻截除油）是一种基于新理念、新材料开发的新型油水分离工艺，该工艺与传统的吸附除油机理有着本质上的区别。

实现阻截除油的物质基础是一种特殊功能纤维——HK 纤维，该种双层结构功能纤维的表面功能层结构中有序密布着丰富的强极性官能基团。当 HK 纤维遇水时，极性的水分子即与纤维表层的官能基团发生强电性缔合，由于官能基团极性端的荷电强度较水分子极性端的荷电强度要大，纤维表层官能基团与水分子间的静电吸附键的键能高于水分子间的氢键，从而在纤维表面形成较稳定（不易随水流动）的缔合水膜。将 HK 纤维以足够的密度组织成膜型材料——HK 阻截膜，当该 HK 阻截膜浸入水中时，渗入膜结构空隙中的水分子即与纤维上的官能基团形成键缔合，这个过程叫作 HK 膜的水合活化，经过一定时间完成了水合活化的 HK 阻截膜就演化成以 HK 纤维为骨架、纤维上的缔合水为组织的一个有机整体。当含油等憎水性分散质的水要透过这层水合活化了的 HK 阻截膜时，来水一侧的水分子必须与膜结构中的缔合水分子发生置换透过，而油等憎水性分散质则不能与膜内缔合水发生置换而被阻截在膜外，从而成功地实现了油水分离，其技术原理如图 1 所示，这种效应被定义为动态选择阻截膜效应，也就是"水过油不过"。

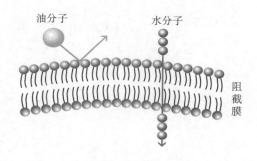

图1　"阻截除油"原理示意图

由于构成 HK 阻截膜的 HK 纤维被缔合在其上的水所严密覆裹，在工作过程中被阻截的油粒不能吸附到 HK 膜上造成污染，只能游移在膜外表面，随着被阻截的油微粒不断增加，油粒相互间发生碰撞凝聚而逐步形成较大油粒，在设定的水力条件作用下浮升，实现了油水分离的目标。

2）技术特点

基于 HK 阻截油水分离膜对水中油非常敏感的选择性阻截功能、拒绝油黏附的表面物理特性，使阻截油水分离技术具有以下特点：

阻截油水分离设备对来水的含油量及含油量的波动不敏感，适应大油量冲击的能力特别突出，水中含油从 10^{-6} 级到 50% 以上时，HK 阻截膜的油水分离效能均十分稳定，具有广泛适应性；可以有效分离出水中各种分散形态的油，阻截油水分离技术可以适应从原油到轻油等一切矿物油。

2．应用实例

1）某油气处理厂 400m³/d 含油污水处理装置

该装置设计处理能力为 400m³/d；橇装外形尺寸 6000mm×2400mm×2900mm，如图 2 所示，采用以"阻截除油"为核心的工艺流程，设计来水水质条件为：进水温度 30～60℃，矿化度 10000～20000mg/L，含油量 ≤ 1000mg/L，悬浮物 ≤ 500mg/L；出水水质要求：含油量 ≤ 5mg/L，悬浮物 ≤ 2mg/L。通过 6 个月的稳定运行，出水水质达到设计指标，出水取样图见图 3。

图2　某油气处理厂400m³/d含油污水处理装置　　　　图3　出水取样图

2）新疆某油田联合站 200m³/d 含油污水处理装置

该装置作为机械压缩蒸发器的前处理设备，主要控制指标为除油。设计处理能力为 200m³/d；如图 4 所示，设计来水水质条件为：进水温度 60～80℃，矿化度 20000～40000mg/L，含油量 ≤ 100mg/L，悬浮物 ≤ 100mg/L；出水水质要求：含油量 ≤ 5mg/L，出水含油量均小于 1mg/L。

3）某海上采油平台 2500m³/d 采出水处理装置

针对海上采油平台的工作特点，专门设计了占地小、高效、高精度的海上采油平台采出水精除油装置，设计处理能力为 2500m³/d，如图 5 所示，设计来水水质条件为：进水温度 40～60℃，矿化度 20000–30000mg/L，含油量 ≤ 200mg/L，悬浮物 ≤ 100mg/L；出水含油量 ≤ 5mg/L。处理效果达到低渗透层回注标准，其占地面积仅为传统处理工艺的 1/5。

图4　新疆某油田联合站200 m³/d含油污水处理装置

图5　某海上采油平台2500m³/d采出水处理装置

3. 总结

目前，以阻截油水分离新技术为核心的新型含油污水处理装置在油气田含油污水处理方面具有占地少、处理精度高、节能和节省药剂等特点，有良好的应用前景。

参考文献

[1] 谭家翔，徐鹏，王胜，等. 阻截除油技术在渤西油气处理厂的应用 [J]. 技术与工程应用，2014，23（12）：16-19.

[2] 姚明修，丁慧. 阻截除油—陶瓷膜组合工艺处理低渗油田采出水试验 [J]. 油气田地面工程，2016，35（11）：46-50.

[3] SY/T 5329—2012 碎屑岩油藏注水水质推荐指标及分析方法 [S]. 北京：石油工业出版社，2012.

（甘澍霖　南京碧盾环保科技股份有限公司）

附录七　大直径耐污染陶瓷膜在油气田污水处理中的应用

国内有关公司和清华大学、上海硅酸盐研究所、河南科学院化学所合作研发和生产了具有世界水平的大直径耐油污染的陶瓷膜，该膜的直径142mm，膜管组件单支通道孔数高达800～1200孔（常规陶瓷膜管道孔数为19或37孔，单支膜面积高达11.29m²，常规陶瓷膜管面积为0.24m²或0.46m²），膜孔径10～100nm，是继美国CORNING、日本NGK两家公司之后，国际上第三家全面掌握大直径高通量陶瓷超滤膜制备核心技术，且具有完全自主知识产权的国内唯一一企业。大直径陶瓷膜还具有非常好的耐油污染、短时间污水中含有上万微克每升油冲击污染可以反冲恢复膜的性能。另外，还具有膜通量高、价格低、电耗低（0.5kW·h/t水）、运行费用低、耐酸碱、耐高温、寿命长等特点。2016年初由河南省科技厅邀请国内知名的膜专家、油田污水专家对大直径耐污染陶瓷膜进行了鉴定，鉴定结论为"大直径耐污染陶瓷膜亲水疏油性能优异，用于石化含油污水处理工艺装备具有创新性，整体达到了国际先进水平"。大直径耐污染陶瓷膜研发成功后，近几年来在油气田采出水处理方面进行了大量的试验和试用，都取得了良好的成果，为推广应用打下了坚实的基础。

1. 油田采出水处理现场试验及试用

从2013年到2016年底，国内有关公司采用膜孔径100nm大直径耐污染陶瓷膜及橇装式处理装置先后在新疆油田、四川气田、大港油田、中原油田、华北油田、大庆油田等进行采出水处理的现场试验和试用，在试验过程中针对石蜡污堵开发出高效在线化学清洗系统（包括专用药剂）和稳定的过滤工艺及高效的成套橇装设备。

1）示例一：新疆油田、中原油田实验

2013年11月，在新疆准东油田测试北三台、火烧山采样水，并在北三台联合站内进行了为期3天的现场小试实验，检测结果见表1。

表1　检测结果

站　点	悬浮物 （mg/L）	含油 （mg/L）	腐生菌 （个/mL）	铁细菌 （个/mL）	硫酸盐还原菌 （个/mL）
北三台原水	159.2	126.89	13000	6000	130
陶瓷膜出水	1	1.5	130	500	2.5
火烧山原水	539	1568.92	25000	600000	60
陶瓷膜出水	1	1.39	25	25000	0

2014年6月，在中原油田刘庄注水站现场进行为期一年的回注水过滤中试实验（样机规模：80～100m³/d），检测结果见表2，运行参数见表3。

表2 检测结果

项 目	含油（mg/L）	悬浮物（mg/L）	粒径中值（μm）	腐生菌（个/mL）	铁细菌（个/mL）	硫酸盐还原菌（个/mL）
原水	87.2	183.5	—	2.5	0	0
陶瓷膜出水	2.5	1	1.63	0	0	0

表3 运行参数表

连续统计天数	56d
平均日运行时间	10h
累计产水量	3135m³
累计电耗	1098kW·h
吨水电耗	0.35kW·h
设备运行压力	0.18MPa
错流水量	627m³

通过新疆油田和中原油田的现场实验，验证了陶瓷膜较强的耐污染性。

2）示例二：大庆油田实验（处理规模：40～60m³/d）

在大庆油田公司开发部领导下，国内有关公司于2015年12月至2016年12月在采油九厂开展了试验，第一阶段（2015年12月—2016年3月）由于大庆油田处理水水质石蜡含量高，当水温降到35℃时在膜的支撑层石蜡严重污堵，致使现场实验暂时中断，找到蜡质污堵清洗方法成为当务之急。之后公司在中国膜工业协会石化专委会有关专家的指导下经过多次攻关研制出了专用清洗药剂（FZ–007），并完善了预处理系统，从而进行了第二阶段的运行试验。

第二阶段（2016年8—12月）经过3个多月的运行，系统运行稳定、水质良好，没发生污堵，检测结果见表4。

表4 第二阶段的中试检测结果

取样时间	样品名称	含油（mg/L）	悬浮物（mg/L）	粒径中值（μm）
2016年11月24日 11：00	原水	18.3	11.1	4.463
	絮凝后	7.9	37.0	10.73
	陶瓷膜产水	3.21	0.67	1.491
2016年11月29日 11：00	原水	25.4	4.02	2.651
	絮凝后	7.08	17.43	8.465
	陶瓷膜产水	0	0.58	1.428

续表

取样时间	样品名称	含油（mg/L）	悬浮物（mg/L）	粒径中值（μm）
2016年11月30日 11：00	原水	9.9	2.5	1.870
	絮凝后	8.58	31.0	1.960
	陶瓷膜产水	0.41	0.0	1.241

3）示例三：华北油田（处理规模：100～120m³/d）

自2016年3月起，在华北油田采油三厂西47联合站进行了工程试验和示范，到目前为止，经过初期调整预处理后一直稳定运行。

工艺流程如图1所示。

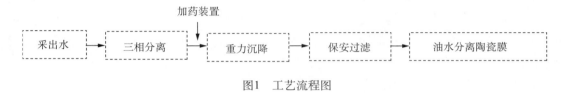

图1 工艺流程图

检测结果见表5。

表5 检测结果

取样时间	样品名称	含油（mg/L）	悬浮物（mg/L）
2016年11月24日	沉降出水	17.19	12.58
	陶瓷膜产水	1.19	0.38
2016年12月19日	沉降出水	32.09	57.28
	陶瓷膜产水	4.6	1.0

2016年3—12月累计产水21964.6t，累计用电5220kW·h，平均吨水电耗成本0.24元。

通过大量试验和试用得到如下结论：

（1）通过试验和试用，大直径陶瓷膜及其配套技术实现了处理流程短、产出水水质稳定，由于膜的耐污染性和在线反冲洗两项技术的结合改变了有机膜及其他陶瓷膜处理采出水时膜表面错流流速不能小于3m/s 吨水综合电耗不小于2.5kW·h）的传统理念，实现了处理吨水综合电耗可小于0.5kW·h。

（2）开发了在油和石蜡对陶瓷膜极端"污堵"情况下的专用清洗药剂（FZ-007），该药剂的研发为陶瓷膜处理回注水时应对不同油田水质的变化提供了可靠的清洗保证。

（3）所有试验和试用都采用膜孔径100nm的膜，为达到A₁注水标准，油和悬浮物均能达标，而悬浮物粒径中值在1～1.6μm范围内，从实验室和其他膜的试验数据分析，如采用膜孔径50nm的陶瓷膜，粒径中值可以达到≤1μm。

2．大直径耐污染陶瓷膜在油气田的应用前景

随着膜技术的飞速发展和国内外在油田污水处理中大量的研究、试验和应用，膜分离技术在油气田污水处理中将会得到广泛的应用，而大直径耐污染陶瓷膜具有很多优点，因此在石油气田污水处理中有非常好的应用前景。

1）特低渗透油田采出水处理达到 A_1 回注要求

在近几年研究、试验、应用的基础上，有关领导和专家认为"大直径耐污染陶瓷膜在低渗透油田应用已趋于成熟，需要在膜前增加一个简单可靠的预处理，可以在低渗透油田采出水处理中推广应用。"

其工艺流程如下：

采出水→体化预处理→陶瓷膜→出水回注

2）稠油热采高温采出水处理的试验与应用

稠油热采采出水处理后要回用于注蒸汽锅炉，目前的处理工艺主要分为水质净化工艺和水质软化工艺，净化出水含油 ≤ 2mg/L，悬浮物 ≤ 2mg/L，净化处理工艺流程长、运行成本高、药剂投加量大、污泥量大，经反复论证研究，采用电化学＋大直径陶瓷膜代替目前长流程的净化工艺是完全可能的。在新疆油田公司支持帮助下，2017—2018 年将在新疆油田稠油热采中进行现场试验，试验成功的话将会改变目前稠油采出水净化处理工艺，缩短流程，大大减少药剂投加量，降低运行成本。

3）压裂返排液和气田采出水的处理

水基压裂返排液处理成可以再回用的净化水必须采用三项关键技术，即高级氧化、混凝反应和膜过滤，其中膜过滤的目的是进一步去除油和悬浮物，保证出水达到净化水的要求，选用膜孔径 50nm 的大直径耐污染陶瓷膜是比较理想的方案。

此外，气田采出水和天然气处理厂的污水处理都需要采用超滤膜进行除油和除悬浮物的处理，采用大直径陶瓷膜可以代替有机超滤膜和其他类型的膜，而且耐油污染性好、运行费用低、寿命长。

4）化学驱采出水处理中膜的应用

化学驱采出水主要有聚合物复合驱、二元复合驱和三元复合驱采出水，当前主要难处理的采出水是二元和三元复合驱采出水，如处理后回注，要求含油 ≤ 20mg/L，悬浮物 ≤ 20mg/L，经过实验室反复试验和研究，在大直径陶瓷膜表面采用涂层技术形成了动态膜，可以直接对三元复合驱采出水进行处理，处理后的出水可以达到回注水的指标要求，而且直接运行费用在 1 元 /t 水左右，该项工作仍需继续进行现场试验。另外，如果处理后用于配聚合物和锅炉用水必须在回注水处理流程后增加深度处理。大庆油田主要增加超滤膜＋电渗析，胜利油田主要是微滤膜＋反渗透膜，其中，超、微滤膜都可以采用大直径陶瓷膜。

（王　斌　河南方周瓷业有限公司）

附录八 废水电催化氧化深度处理及达标关键技术

近年来，电化学氧化技术作为水处理技术，在使用过程中具有操作简便、工艺设置灵活、模块化程度高以及尾端处理简便等特点而备受关注。在电化学技术的体系内，不仅有阳极氧化体系，还辅助有阴极还原体系。该技术既可以进行氧化处理过程，也可以进行还原处理过程；既能够处理有机污染物，也能够处理无机污染物。目前电化学氧化技术已经被成功应用到多种污废水的处理中，其中在难降解有机工业废水领域的应用较为广泛。

1. 技术原理

利用电化学技术处理水体中目标污染物的机制十分复杂，由于电极材料、水体环境以及目标污染物种类的不同，电化学技术的处理机制也不尽相同。总体而言，根据电极与目标污染物之间电子传递方式，电化学处理技术作用机制可以分为直接氧化、间接氧化和阴极还原。

1）直接氧化

直接氧化是污染物直接在阳极表面氧化，有机物在电极表面上发生直接电子转移而被氧化。直接氧化分为两步：一是有机污染物从溶液扩散到电极表面；二是有机污染物在电极表面被氧化。根据被氧化物质氧化程度的不同，直接氧化法又分为两类：一是电化学转换过程，即被氧化物质未发生完全氧化。电化学转换将吸附在电极表面的有机污染物直接氧化降解生成小分子，把有毒物质转变为无毒物质，或转化为可生物降解物质（如芳烃化合物开环氧化为脂肪酸），再进一步实施生物处理。二是电化学燃烧过程，即被氧化物质彻底氧化为稳定的无机物。相对于废水处理而言，电化学燃烧可以将废水中的有机物彻底氧化为 CO_2。

直接氧化反应具有选择性，即在阳极表面发生电极选择性氧化目标污染物的反应。相关研究发现，是否能够发生直接氧化反应主要取决于电极材料及氧化电位等，电极表面的性质决定了被氧化物质的氧化程度，电极表面的电子转移是电化学过程的决定步骤，其速率取决于电极活性和电流密度。目前已知的能够进行直接氧化的电极有石墨电极、铂电极、BDD (boron−doped diamond) 电极、钌电极和铱电极等。

2）间接氧化

间接氧化是利用电化学产生的具有强氧化作用的中间产物作为氧化剂或还原剂，使污染物转化为无害物质，这种中间产物是污染物与电极交换电子的中间体，可以是催化剂，也可以是电化学产生的短寿命中间产物。它们在水中易于扩散，易于与水中的污染物发生氧化反应。电化学间接氧化过程能够产生的强氧化性自由基以 HO· 为主，其他自由基还包括次氯酸、臭氧、过氧化氢以及超氧离子等，HO· 主要通过水分子在电极表面放电生成或者水中氢氧根被氧化生成：

$$H_2O \longrightarrow 2HO \cdot + 2H^+ + 2e^- \qquad (1-1)$$

$$OH^- \longrightarrow HO \cdot + 2e^- \qquad (1-2)$$

电化学氧化过程中生成的 HO· 在氧化目标污染物时存在两种机制，一种是 HO· 被极板吸附，HO· 附着在电极金属氧化物晶格的表面，这种吸附机制称为电极的物理吸附；另一种是吸附有 HO· 的电极金属氧化物晶格与电极间有较强的作用力，HO· 被吸附到晶格内部，形成高价态金属氧化物，这种吸附机制称为电极的化学吸附。

3）阴极还原

阴极还原是指利用阴极表面产生的电子还原目标物质的过程。一直以来，研究人员始终着眼于电化学氧化技术的阳极氧化活性而忽略了阴极所具有的还原活性，在该技术体系中，阴极在适当的电极电位下能够还原降解多种目标污染物。芬顿技术的研究人员发现，可以利用阴极还原水体中作为催化剂使用的铁离子，仅需要提供适当电流就可以使催化剂循环利用，既降低了催化剂投加量又减少了污泥产量。此外，有研究者利用阴极还原降解尿液中的六价铬、二氧化碳以及其他重金属。阴极还可以在有氧气存在的条件下还原产生过氧化氢，协同氧化水中目标污染物：

$$O_2 + 2H^+ + 2e^- \longrightarrow H_2O_2 \qquad (1-3)$$

阴极还原作为电化学水处理技术中的一部分，一直以来未得到足够的关注，其原因首先是阴极还原主要依赖于阴极还原电位的大小，而在水处理过程中电位的调节主要依据阳极氧化的效率。其次是阴极材料的局限性，为了保证电化学氧化降解废水的电流效率，阴极通常选用电阻低、耐腐蚀的金属电极。

2. 电极材料

电化学氧化技术工业应用的关键之一是降低操作费用，即提高能量利用效率，这就要求提高电流效率及降低槽电压。而选择性催化降解有机污染物及其反应速率与阳极材料有直接关系，同时电极材料的内阻大小也对槽电压有重要影响。电极材料直接影响电极/溶液界面间的电荷转移速率，也影响污染物在电极表面的反应速率。电极是电化学水处理技术中电极与溶液间进行电荷传递的主要场所，是决定电催化氧化体系性能的核心所在，电化学水处理过程动力学参数、电极使用寿命、工艺能耗等指标理论上都取决于电极材料的理化性质。因此，寻找性能稳定、催化性能优良且导电性能好的阳极材料成为电化学氧化技术工业应用的关键，也是电化学氧化技术研究的热点和重点。

1）阳极材料的选择原则

电化学氧化技术中，阳极材料的选择是一个极其重要的问题。阳极材料的结构与性能不仅直接影响污染物降解选择性、速率及效果，也严重影响阳极过程动力学、电解槽结构设计与维护等。用于有机难降解污染物处理的电催化阳极必须具备高稳定性、高催化活性及廉价三个基本条件，具体来说，应该具有以下几个方面的良好性能：

（1）机械强度高，在实际使用过程中不易破碎或变形，同时表层耐气泡和水流冲刷，不易脱落；

（2）物理化学性质稳定、耐腐蚀和高电位，使用寿命长；

（3）电导率较高，降低电极本身发热和能耗；

（4）析氧过电位高，减少析氧副反应，增加对有机污染物的选择性以及催化效率；

（5）对污染物吸附性差，防止电极表面因污染而钝化失活。

2）阳极材料的研究进展

在电化学水处理技术发展的初期，电极材料的选择范围很小，主要有石墨、铂、钌、铱等电极。这些电极的优点是都具有一定的电催化活性、耐腐蚀特性以及电流效率。但是在使用过程中发现这些电极表面易形成氧化膜，导致催化活性降低，而且这些电极的价格昂贵，不适于量产和规模化。所以随着电化学技术的不断发展，阳极材料的选择标准逐渐清晰：催化活性优异、导电性能良好、耐腐蚀性能强、机械强度高等。在工业上使用的阳极材料有磁性氧化铁、铅及其合金、铂族金属等，多数工厂正在使用的是铅银合金阳极，少数工厂采用钛基涂层电极。选用钛基涂层电极是因为该种电极满足阳极材料的选择标准，并且可以根据不同的电化学体系选择不同的表面涂层，目前工业上钛基涂层电极正在取代传统的铅合金、石墨等电极。

近年来废水处理领域中使用的电极需要满足催化活性高、稳定性好以及价格低廉等条件。为满足需求，新型电极材料的研究开发已成为电化学水处理技术领域的热点之一。当前公认具有高催化性能的电极包括 MnO_2 电极、SnO_2 电极、PbO_2 电极、Ti_4O_7 电极、BDD 电极等钛基涂层电极。另外，导电陶瓷电极具有极优异的稳定性及良好的机械强度，使用寿命长，并可设计成各种形态以适应反应器，在工业污水处理方面有很好的应用前景。

3．工程应用

电化学技术除了广泛应用于化工、冶金等领域外，研究人员已经将其应用到了环保行业。20 世纪 70 年代，依据传统电化学理论，研究者通过将电极立体化，增加电极与废水的接触面积，提高电化学反应器的传质效果。20 世纪 90 年代以后，由于高级电化学氧化技术的不断发展，研究者以金属氧化物阳极为基础，深入研究以板式电极为基础的电化学反应器各项性能；通过改变板式电极形状增加反应器的传质性能并建立了数学模型，为反应器的进一步改进以及应用打下了良好基础。

近年来，基于前期的研究成果，水处理领域研究人员将金属氧化物电极应用到实际工业废水处理中。研究者利用 PbO_2 等 DSA 电极处理反渗透浓水，处理结果表明电化学技术能够很好地降解反渗透浓水中的有机物以及总氮；利用 Bi 改性 PbO_2 电极处理含高浓度苯酚的生化出水，处理后废水的 COD 检测值低于检测限；利用改性后的 PbO_2 电极处理电镀废水中的 EDTA-Ni，30min 反应后废水中 EDTA-Ni 的去除率达 99.9%，COD 去除率超过 90%，这表明改性 PbO_2 电极不仅能够有效去除废水中络合态 Ni，同时也可以高效净化 EDTA-Ni 废水。电催化氧化技术被广泛应用于焦化、皮革、印染等行业废水的处理，对各类污水适应性更强，废水处理效率更高，处理成本降低，在实际工程中均获得成功应用。同样，电催化技术也已在油气田污水处理中开始试用，特别是压裂返排液的氧化处理、天然气处理厂难降解污水的达标排放以及稠油污水的达标排放。

综上所述，电催化氧化方法是处理难降解有机废水的最有效的处理方法之一。可通过反应条件的合理设计，使废水中生物难降解的有机物发生电化学燃烧或电化学转化，从而把有毒有机物转变成对环境无害的物质。这些独特的优点使电催化氧化方法成为一种很有应用前景的水处理技术。

参考文献

［1］ Lin H, Niu J F, Ding S Y, et al. Electrochemical Degradation of Perfluorooctanoic Acid (PFOA) by Ti/SnO$_2$-Sb, Ti/SnO$_2$-Sb/PbO$_2$ and Ti/SnO$_2$-Sb/MnO$_2$ Anodes ［J］. Water Res, 2012, 46 (7) : 2281-2289.

［2］ Niu J, Bao Y, et al. Electrochemical Mineralization of Pentachlorophenol (PCP) by Ti/Sn$_{O2}$-Sb Electrodes ［J］. Chemosphere, 2013. 92 (11) : 1571-1577.

［3］ Niu J, Maharana D, et al. A High Activity of Ti/Sn$_{O2}$-Sb electrode in the Electrochemical Degradation of 2, 4-dichlorophenol in Aqueous Solution ［J］. Journal of Environmental Sciences, 2013. 25 (7) : 1424-1430.

［4］ Rodrigo M, PMichaud, I Duo, et al. Oxidation of 4-chlorophenol at Boron-doped Diamond Electrode for Wastewater Treatment ［J］. Journal of the Electrochemical Society, 2001. 148 (5) : D60-D64.

［5］ Song S, Zhan LY, He ZQ, et al. Mechanism of the Anodic Oxidation of 4-chloro-3-methyl Phenol in Aqueous Solution Using Ti/SnO$_2$-Sb/Pb$_{O2}$ Electrodes ［J］. J. Hazard. Mater. 2010, 175 : 614-621.

［6］ Lin H, Niu JF, Xu JL, et al. Electrochemical Mineralization of Sulfamethoxazole by TI/Sn$_{O2}$-Sb/Ce-Pb$_{O2}$ Anode : Kinetics, Reaction Pathways, and Energy Cost Evolution ［J］. Electrochim. Acta 2013, 97 : 1167-174.

［7］ Buso A, L Balbo, M Giomo, et al, Electrochemical Removal of Tannins from Aqueous Solutions ［J］. Industrial & Engineering Chemistry Research, 2000. 39 (2) : 494-499.

［8］ Van Hege K, M Verhaege, W Verstraete. Electro-oxidative Abatement of Low-salinity Reverse Osmosis Membrane Concentrates ［J］. Water Research, 2004. 38 (6) : 1550-1558.

［9］ Iniesta J, J González-García, E Expósito, et al. Influence of Chloride Ion on Electrochemical Degradation of Phenol in Alkaline Medium Using Bismuth Doped and Pure PbO$_2$ Anodes ［J］. Water Research, 2001. 35 (14) : 3291-3300.

（牛军峰　北京师范大学环境学院）

附录九　压裂返排液资源化利用

1. 国内外处理技术综述

压裂返排液成分与压裂液配方和地层水水质密切相关。配方中主要包括稠化剂、黏土稳定剂、破乳剂、破胶剂、交联剂、起泡剂、pH调节剂、杀菌剂等多种成分。返排液所含的污染物成分复杂，包括植物胶、水溶性高分子聚合物、固体悬浮物、原油、溶解性有机物、微生物、无机盐、无机酸等。由于油层所在的地层不同，地层水的水质成分相差较大，因此压裂施工结束后返回地面上的返排液，不仅含有压裂液中本身添加的多种化学物质，还含有少量石油及地层水和油层中的成分，属于高COD、高色度、高悬浮物和高TDS的油田作业废水，如将其直接外排，将严重污染周边生态环境。处理后外排，工艺复杂成本高，已成为压裂施工企业面临的沉重负担。

1) 国内处理

(1) 处理后外排，由于返排液中含有大量难降解的有机物，多采用氧化方法降低其COD。氧化工艺主要采用投加氧化剂，如次氯酸钠、双氧水、Fenton试剂、二氧化氯、臭氧等，以及电化学方法氧化，根据水质情况设置一级氧化，或是多级氧化，以达到出水要求，处理每吨返排液成本较高。

(2) 处理成回注水。这种处置方式与回注驱油方式类似，即通过处置井将回注水注入目前已无价值的枯竭油藏，既可以维持地层压力，又可以减少地层水的排放量。

综上所述，目前国内各油田对压裂返排液处理工艺研究的特点主要是：

① 外排，流程长，成本高，应用实例少；

② 处理后回注是目前最主要的实施方式；

③ 回注处理工艺基本采用固定场站式，装备的多样性未见报道；

④ 处理后直接用于配液研究国内处在探索阶段。

2) 国外处理

根据国外文献和交流资料报道，国外对压裂返排液的处理方式因环境因素优先考虑，主要有全处理工艺和回收利用两种方式。这两种工艺在处理压裂废液时，前段大同小异，主要采用固液分离、碱化、化学絮凝、氧化、反渗透、生化等几个组合步骤除去返排液中的各种杂质。

国外主要涉及压裂返排液处理的公司有美国CDM、HW、Ecosphere，以及GE、Altela、Ountain Quail、Aqua-Pure、Ecovation等专业化企业。

近年来，在页岩气等非常规油气资源开发中，频繁采用水平井大型压裂施工作业，以及环境保护要求提高，对压裂返排液处理显得越来越急迫。在其处理技术中开始出现新的趋势，即采用更加简便和快捷的处理技术，实现返排液的更好利用，最新报道的美国Ecosphere公司，采用与众不同的技术路线，即不用任何化学药剂，而是直接使用以臭氧为主的处理系统，一方面降低了施工企业对淡水的消费成本，另一方面降低了废水循环利用的处理成本。据介绍，甚至有客户反馈称，废水处理成本因此下降了90%。目前该公司不仅为美国西南能源和新田石油等这样的大型独立石油企业提供服务，还为其他不少中小石油公司提供类似服务。

2. 压裂返排液重复利用

1) 组分分析

本研究首先收集国内主要油田的部分压裂返排液水质组分分析数据。从表1可看出，返排液组分复杂且不同油田组分相差很大。即使同一口井在返排过程中其组分也是随时间变化的，图1显示的是返排液中TDS（溶解性总固体）含量随返排时间的变化情况，据此，返排液处理工艺流程需要有针对性，根据具体组分与含量制定相应的处理工艺。

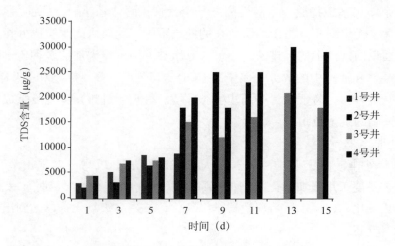

图1　压裂返排液TDS含量随返排时间变化统计

表1　国内部分油田压裂返排液水质指标数据

编　号	油田名称	pH值	COD (mg/L)	BOD (mg/L)	色度 (mg/L)	悬浮物 (mg/L)	石油类 (mg/L)	Cl⁻ (mg/L)
1	四川某油气田	6.0	13150		1040	1020	86	
2	四川某油气田	9.6	3598			4808	35.2	
3	大港油田	6.0	6500		54	730	≤10	
4	胜利油田	6.6	4728	865		43	323	
5	仪陇1#	9.3	4305.8					7173.3
6	大庆油田	6.69	4233.6			628.57	48.39	
7	中原油田	6.23	3426		98	1251	45	
8	河南油田	7.3	12000			250	15	13475
9	红河油田	7.03	4820	956		2620	0.26	30000
10	美国某油田	6.5	1814					121000

2) 影响因素研究

　　为考察返排液中无机离子和配液助剂对压裂液配液影响程度，用纯净水分别配制无机离子溶液，考察其冻胶性能。实验结果显示，返排液中主要组分按照对冻胶影响程度分为两类，一类为无影响组分，如一价离子（图 2），另一类为有害组分，如二价阳离子与一些助剂的残余物（图 3 和图 4）。测试条件为：0.42% 羟丙基瓜尔胶，65℃，170s^{-1} 剪切 5400s；测试结果大于 60mPa·s 为合格。

　　本组试验为全流程工艺试验定位除杂的种类和程度提供了理论依据。

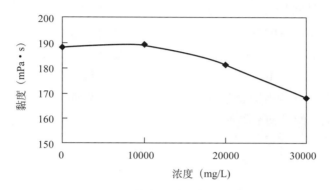

图2　一价离子对配液的影响

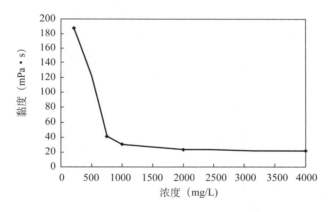

图3　二价阳离子对配液的影响

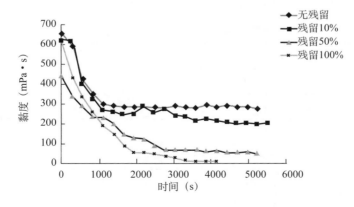

图4　残留助剂对配液的影响

3）定点除杂

本处理工艺首先返排液进行絮凝沉淀等复合预处理，去除浮油、悬浮物等成分，使返排液的 COD、色度等大幅降低，再充分利用返排液中有用组分，采取诱导发生化学反应的专利技术，对影响配液的关键组分进行定点清除，达到自净化目的，然后再清除高价无机离子等成垢成分，最后在出水前设置调节步骤，以保证出水中部分助剂含量满足压裂液配液要求，可在再次配液时减少助剂用量。工艺流程详见图5。

工艺最大特点是针对性强，完全改变了传统处理工艺中只关注对环境有害成分的去除，或者只关注对回注水使用时渗透率指标要求，转而去除对配液有不利影响的组分，充分考虑到返排液组分与压裂液配液组分相近的特点进行针对性除杂。这种思路的改变，使得返排液中很多组分从有害变成了有用，处理工艺流程更加简短，过程易于控制，返排液组分利用效率提高。采用诱导发生自净化反应专利技术，可有效减少外加药剂量，使得综合处理成本明显降低，同时还可减少配液助剂添加量，降低配液成本，是一个很有发展前途的工艺路线。

图5　返排液处理工艺流程图

4）配液用水指标

研究了返排液中主要组分对配液影响的程度和规律，在此基础上制定出比较合理的配液用水质指标，部分主要指标列于表2。

表2　配液用水各组分指标要求

序　号	项　目	指　标
1	固体悬浮物	< 12mg/L
2	Fe离子	< 20mg/L
3	pH值	6.5～8.0
4	成垢离子	< 200mg/L
5	硫化物含量	≤10mg/L
6	含油	≤30mg/L

5）配液验证试验

将经过全流程处理后水样进行再次配液，分别针对压裂液基液和交联液的主要性能进行了测试，并和清水配液的指标进行对比。基液黏度变化规律如图6所示，冻胶的抗温抗剪切性能如图7所示，主要指标均能满足配液的要求。

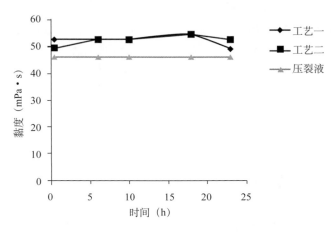

图6　不同处理工艺基液黏度影响比较

测试条件0.42%羟丙基瓜尔胶，30℃

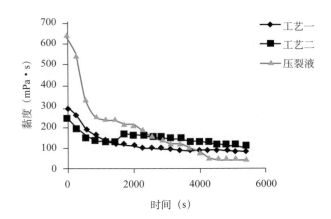

图7　不同处理工艺冻胶抗温抗剪切性能比较

测试条件：170s^{-1}，65℃，剪切5400s

6）结语

（1）通过实验研究确定了返排液中影响配液的主要因素有瓜尔胶降解产物、部分无机成垢元素、细菌以及具有氧化还原性的助剂。

（2）本工艺将返排液处理和压裂液配液影响因素综合考虑，开发出一条"保留对配液有利，去除对配液不利"的新工艺，该工艺对返排液中主要影响组分去除效果明显，验证实验表明，压裂返排液定点除杂处理后用于配液技术上可行。

（3）新工艺不仅降低了返排液处理成本，还减少了配液时的助剂添加量而节约配液成本，可谓一举二得，再结合原水的水资源使用费和净化处理费用，综合这几项成本考虑，返排液的处理，不仅不是负担，而且还有利可图，真正实现了变废为宝。

（4）各油田的压裂返排液相差较大，要针对不同区块、不同地层的返排液水质进行分析，在全面掌握返排液水质基础上，建立返排液水质评价体系。各油田还要根据压裂液配方中各种影响因素，对处理后返排液水质进行分析评价，建立一套综合评价体系，以此来确定定点清除返排液中对配液有害的成分种类和程度，才能确保新处理工艺的适用性和可靠性。

（5）本研究首次系统全面提出将返排液处理和压裂液配液工艺综合考虑，以无害化处理、资源化利用为目的，为压裂返排液的处理提出了一个新的思路和压裂施工用水的全面解决方案。

参考文献

[1] 卫秀芬. 压裂酸化措施返排液处理技术方法讨论 [J] . 油田化学，2007，24（4）：384-388.

[2] 万里平，李治平，赵立志，等. 探井残余压裂液固化处理实验研究 [J] . 钻采工艺，2003，26（1）：91-94.

[3] 杨丹丹，王兵. 催化内电解和Fenton试剂处理油田废水的研究 [J] . 石油地质与工程，2007，27（7）：101-103.

[4] 范青玉，何焕杰，王永红，等. 钻井废水和酸化压裂作业废水处理技术研究进展 [J] . 油田化学，2002，19（4）：387-390.

[5] 张爱涛，卜龙利，廖建波. 微波工艺处理油田酸化压裂废水的应用 [J] .化工进展，2009，28：138-142.

[6] 何红梅，赵立志，范晓宇. 生物法处理压裂返排液的实验研究 [J] . 天然气工业，2004，24（7）：71-74.

[7] 刘军，赵立志，李健. 生物法处理压裂返排液实验研究 [J] . 石油与天然气化工，2002，31（5）：281-284.

[8] 钟显，赵立志，杨旭，等. 生化处理压裂返排液的试验研究 [J] . 石油与天然气化工，2006，35（1）：70-75.

[9] 李健，赵立志，刘军，等. 压裂返排废液达标排放的实验研究田 [J] . 油气田环境保护，2002，12（3）：26-28.

（罗彤彤　北京矿冶研究总院）

附录十 瓜尔胶压裂返排液重复利用技术研究及应用

长期以来，国内大部分的油气开发中，都将压裂液的返排液进行粗放式排放，导致对环境产生极大的危害。污水中的污染物可能渗入地下水，从而影响地下水质；污水因雨水冲刷，随地表径流进入河流而污染地表水体。污水中的重金属在土壤中比较稳定，不易去除，各种污染组分还会对植被、农作物造成不同程度的污染。外排的污水还可能对陆地野生动植物产生一定的影响，进而危害人体健康。因污染而造成了比较严重的影响，国内各油气田逐渐重视对压裂返排液的不落地处理。开发了一种利用瓜尔胶压裂返排液重复配制交联瓜尔胶压裂液的技术，该技术对压裂返排液的处理仅需除油（如有）、除去固体悬浮物，而不需除去可溶解的物质（如 Na^+、Ca^{2+}、Mg^{2+}），处理费用低、适应性强。

室内试验及现场应用表明，该技术能有效地将压裂返排液甚至酸化返排液进行不落地处理后重新用于配制瓜尔胶压裂液，并用于压裂施工。

1. 返排液重复配制瓜尔胶交联压裂液的难题与对策

1）主要影响因素

油气田压裂作业中排出的返液中主要含有破胶不彻底的增稠剂（羟丙基瓜尔胶）、交联剂、无机盐（主要是氯化钠、氯化镁、氯化钙）、各种添加剂（主要是各类有机物）及大量的有害细菌。

虽然返排液中添加剂种类繁多，净化处理相对困难，但如果采用合理、经济的手段，是可以将返排液中的水及可用的残余添加剂加以回收和重复利用并用于配制瓜尔胶交联压裂液的。而重复利用的关键点，也就是影响瓜尔胶交联压裂液重新配制的主要因素在于：

（1）交联剂：来源于压裂液中的交联剂。如果处理不当，在利用返排液重配压裂液时，一方面会抑制瓜尔胶的溶胀，造成瓜尔胶增黏不彻底甚至完全不增黏而沉淀失效；另一方面会导致已经增黏的瓜尔胶发生局部交联反应而影响压裂液的性能。

（2）无机盐中的钙、镁离子：返排液中的钙、镁主要来源于含有钙镁的地层水，以及经压裂液进入地层溶解的钙镁无机盐。

钙镁对瓜尔胶的影响与交联剂类似，一方面会抑制瓜尔胶的溶胀，造成瓜尔胶增黏不彻底甚至完全不增黏而沉淀失效；另一方面会导致已经增黏的瓜尔胶发生局部交联反应而影响压裂液的性能（只不过钙镁交联的损害程度小于交联剂）。

钙镁还会严重降低压裂增产效果。由于瓜尔胶交联压裂液为碱性，众所周知，钙镁离子在碱性环境下极易产生沉淀，如果不进行有效处理，在重新配制压裂液后，钙镁进入地层会产生沉淀，对导流裂缝及地层微孔等产生不同程度的堵塞，影响压裂改造效果。

（3）有害细菌：有害细菌主要是压裂液应用过程中原有的和后来日渐繁殖的腐殖菌，以及从地层带出的厌氧菌。这些细菌会对瓜尔胶产生降解甚至快速失黏失效。

（4）固相物质：固相物质也会对导流裂缝及地层微孔等产生不同程度的堵塞，影响压裂改造效果。

2）主要解决手段

（1）交联剂及钙、镁离子的影响。采用分段交联、缓冲性低碱度及强络合交联技术，所用的交联剂为具有较大分子量的硼酸酯聚合物，这种物质的脂键在不同温度下会逐步水解。低温时，硼酸酯主要依靠长分子链两端的硼水解与瓜尔胶产生交联，中间段的硼因为受到排斥作用而很少参与交联反应。随着温度的逐步升高，分子链中间的酯键会产生断裂，温度越高，断裂加剧，不但会有硼加入参与交联反应，从而抵消温度升高导致的原有交联的减弱，以提高交联体系的耐温性能。温度升高，酯键断裂，分解后产生的硼酸与多羟基羧酸盐会形成弱碱性的缓冲体系，以长时间维持体系较为稳定的 pH 环境，以保障体系的耐温性能。分解所产生的多羟基羧酸盐通过其中的羧基与钙、镁及其他多价离子形成强有力的配合物，阻止钙镁在弱碱性的交联环境及高温下产生沉淀反应，既能防止钙镁对地层产生二次伤害，又能有效利用钙镁离子对黏土膨胀水化的抵制作用，变废为宝。

（2）有害细菌。选用综合杀菌性能强的杀菌剂，对腐殖菌及厌氧菌实现有效灭杀，保证重复配制的压裂液较长时间内不降黏。

（3）固相物质。利用污水处理设备对返排液中的固相物质实现有效分离。

2. 压裂液主要性能试验

1）不同浓度羟丙基瓜尔胶压裂液基本性能试验

（1）0.4%羟丙基瓜尔胶压裂液性能。

①"清水 +0.4% 羟丙基瓜尔胶 + 交联剂"压裂液的耐温性能见表1。

表1　实验数据

温度（℃）	30	35	40	45	50	55	60	65	70	75	80	85	90
黏度（mPa·s）	648	663	684	711	669	615	552	483	402	324	279	255	222

② 破胶液重复配制盐水基压裂液。

将前述"清水 +0.4% 羟丙基瓜尔胶 + 交联剂"压裂液用 0.03% 过硫酸铵于 90℃下完全破胶，在破胶液中添加不同浓度的盐，重新添加 0.4% 羟丙基瓜尔胶配制成压裂液基液，然后加交联液制成交联压裂液，测耐温性能见表 2 至表 7。

表2　"破胶液+0.3g/L氯化钙+0.4%羟丙基瓜尔胶"耐温性能表

温度（℃）	30	35	40	45	50	55	60	65	70	75	80	85	90
黏度（mPa·s）	615	636	645	627	594	573	495	384	303	216	189	171	138

表3　"破胶液+0.5g/L氯化钙+0.4%羟丙基瓜尔胶"耐温性能表

温度（℃）	30	35	40	45	50	55	60	65	70	75	80	85	90
黏度（mPa·s）	558	576	603	636	576	531	447	366	312	255	201	192	165

表4　"破胶液+1.0g/L氯化钙+0.4%羟丙基瓜尔胶"耐温性能表

温度（℃）	30	35	40	45	50	55	60	65	70	75	80	85	90
黏度（mPa·s）	582	606	630	645	573	489	402	354	309	261	219	186	168

表5　"破胶液+2.0g/L氯化钙+0.4%羟丙基瓜尔胶"耐温性能表

温度（℃）	30	35	40	45	50	55	60	65	70	75	80	85	90
黏度（mPa·s）	435	474	519	579	621	543	456	390	336	279	246	219	192

表6　"破胶液+20.0g/L氯化钙+0.4%羟丙基瓜尔胶"耐温性能表

温度（℃）	30	35	40	45	50	55	60	65	70	75	80	85	90
黏度（mPa·s）	372	408	450	489	552	570	513	429	366	291	253	237	213

表7　"破胶液+100g/L氯化钠+20.0g/L氯化钙+0.4%羟丙基瓜尔胶"耐温性能表

温度（℃）	30	35	40	45	50	55	60	65	70	75	80	85	90
黏度（mPa·s）	354	378	405	429	462	501	519	465	372	294	240	207	180

（2）0.3%羟丙基瓜尔胶压裂液性能。

①"清水 +0.3%羟丙基瓜尔胶 + 交联剂"压裂液的耐温性能见表8。

表8　耐温性能表

温度（℃）	30	35	40	45	50	55	60	65	70	75	80	85	90
黏度（mPa·s）	408	339	279	261	249	240	220.5	183	162	144	123	115.5	111

② 破胶液重复配制盐水基压裂液。

将前述"清水 +0.3%羟丙基瓜尔胶 + 交联剂"压裂液用 0.02%过硫酸铵于 90℃下完全破胶，在破胶液中添加不同浓度的盐，重新添加 0.3% 羟丙基瓜尔胶配制成压裂液基液，然后加交联液制成交联压裂液，测耐温性能见表 9 至表 11。

表9　"破胶液+0.3g/L氯化钙+0.3%羟丙基瓜尔胶"耐温性能表

温度（℃）	30	35	40	45	50	55	60	65	70	75	80	85	90
黏度（mPa·s）	453	435	411	393	363	339	318	267	231	192	147	123	102

表10　"破胶液+20.0g/L氯化钙+0.3%羟丙基瓜尔胶"耐温性能表

温度（℃）	30	35	40	45	50	55	60	65	70	75	80	85	90
黏度（mPa·s）	388.5	402	414	441	427.5	405	396	381	333	246	228	216	159

表11　"破胶液+100g/L氯化钠+20.0g/L氯化钙+0.3%羟丙基瓜尔胶"耐温性能表

温度（℃）	30	35	40	45	50	55	60	65	70	75	80	85	90
黏度（mPa·s）	360	381	400.5	423	402	384	351	324	285	264	243	231	207

2）现场返排液重复配制压裂液性能试验

（1）压裂返排液配制压裂液性能测试。

① 1号返排液：某油田压裂液返排液，测试结果见表12。

表12　返排液组分数据表

类　型	Na⁺＋K⁺	Ca²⁺	Mg²⁺	Cl⁻	SO₄²⁻	HCO₃⁻	CO₃²⁻	总矿化度
含量（mg/L）	3893	2084	32	9031	375	43	378	15836

② 耐温流变性能（0.4% 羟丙基瓜尔胶，以下同）、剪切试验（120℃、140℃）分别见图1、图2、图3。

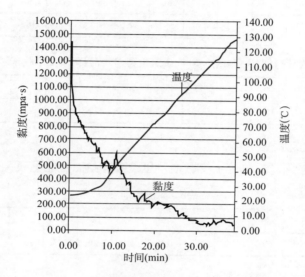

图1　压裂液耐温试验曲线

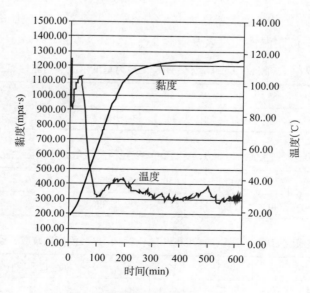

图2　压裂液黏度变化曲线（一）

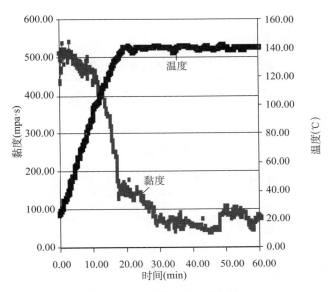

图3　压裂液黏度变化曲线（二）

③ 悬砂试验：不同温度下的悬砂试验见表13。

表13　悬砂试验数据表

压裂液类型	温度（℃）	沉降（陶粒）速度（mm/s）
（1号返排液+0.4%羟丙基瓜尔胶）+交联剂	30	0.0157
	40	0.0519
	50	0.1560
	60	0.2565
	70	0.2719

④ 破胶性能（95℃）见表14。

表14　破胶性能数据表

温度（℃）	破胶剂加量（%）	不同时间破胶液黏度（mPa·s）				
		1h	2h	3h	4h	8h
60	0.01	冻胶	稀胶	稀胶	12.5	4.1
	0.02	18.3	10.1	3.8	—	—
	0.03	12.4	2.7	—	—	—
80	0.005	稀胶	26.7	15.3	7.1	4.4
	0.01	21.8	12.5	7.7	3.9	—
100 (0.3MPa)	0.002	冻胶	冻胶	稀胶	稀胶	稀胶
	0.004	冻胶	稀胶	稀胶	10.3	4.7
	0.006	变稀	27.1	18.1	8.3	3.7

⑤ 残渣含量：324mg/L。

⑥ 破胶液性能检测见表15。

表15　性能测试数据表

表面张力（mN/m）	界面张力（mN/m）	防膨率（%）	破乳率（%）
26.13	0.87	82	93

⑦ 静态滤失试验（70℃、90℃）见表16如表17。

表16　静态滤失试验数据表（70℃测定）

时间（min）	1	4	9	16	25	30
累计滤失量（mL）	0.5	1.08	1.68	2.39	3.10	3.80
滤失系数$C_3=1.13\times10^{-4}$m/min$^{-1/2}$					QSP=1.40×10^{-4}m^3/m^{-2}	

表17　静态滤失试验数据表（90℃测定）

时间（min）	1	4	9	16	25	36
累计滤失量（mL）	5.0	10.25	16.75	23.5	31.75	38.75
滤失系数$C_3=1.17\times10^{-4}$m/min$^{-1/2}$					QSP=1.80×10^{-4}m^3/m^{-2}	

⑧ 岩心伤害试验见表18。

表18　岩心伤害试验数据表

井　号	岩心号	层　位	深度（m）	K_1（$10^{-3}\mu m^2$）	K_2（$10^{-3}\mu m^2$）	伤害率（%）
XX-3井	9	XX	2951.28～2951.47	9.44	8.44	10.59
	17	XX	2951.89～2952.04	14.69	13.22	10.01
XX-8井	21	XX	1906.47～1906.59	1.73	1.52	12.14
	37	XX	1909.48～1909.60	1.91	1.53	19.90
XX-71	16	XX	2659.84～2660.05	0.064	0.049	23.44
	25	XX	2665.06～2665.21	0.26	0.24	7.69
	29	XX	2462.20～2462.28	0.17	0.15	11.76

注：K_1—注评价液前渗透率；K_2—注评价液后渗透率

3）碳酸岩酸化返排液配制压裂液性能测试

（1）3号返排液：某油井碳酸岩酸化返排液，测试结果见表19。

表19　3#返排液组分数据表

类　型	Na$^+$+K$^+$	Ca^{2+}	Mg^{2+}	Cl$^-$	SO$_4^{2-}$	HCO$_3^-$	总矿化度
含量（mg/L）	12263	17715	1265	50630	4162	384	86419

（2）耐温流变性能（0.4%羟丙基瓜尔胶）如图4所示。

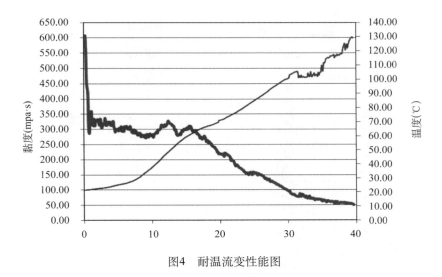

图4　耐温流变性能图

（3）杀菌剂性能试验。

选用综合杀菌性能强的杀菌剂，对腐殖菌及厌氧菌实现有效灭杀，保证重复配制的压裂液较长时间内不降黏。

取1号返排液，用杀菌剂试验0.4%羟丙基瓜尔胶30℃下的防腐性能，结果见表20。

表20　防腐性能数据表

杀菌剂加量（%）	不同时间的黏度（mPa·s）								
	初始	1d	2d	3d	4d	5d	10d	20d	30d
0.0	42	25.5	0	—	—	—	—	—	—
0.05	42	42	42	42	36	28	—	—	—
0.1	42	42	42	42	42	42	42	39	39

3．现场应用案例

1）案例一

2016年3—4月在X36-5-8井组进行3口井共7层次的压裂，井深3400～3600m。

（1）配液用水情况见表21。

表21　配液用水数据表

井　号	施工顺序	施工日期	配液用水性质及数量（m³）			
			清水	洗井水	返排液	总量
X36-5-8	1	2016.03.26	550	0	0	550
X36-5-7C4	2	2016.03.29	90	380	90	560
X36-5-7C2	3	2016.04.04	270	0	405	675

（2）X36-5-8井压裂施工情况：2016年3月26日连续混配压裂，全部清水配液550m³，放喷排液60m³后气举排液。

（3）X36-5-7C4井施工情况：2016年3月29日压裂，现场压裂液560m³，其中使用清水90m³，X36-5-8井返排液90m³，洗井液380m³，压后放喷排液300m³。

X36-5-7C4井配液用洗井液、返排液水质分析见表22。

表22　水质分析数据表

检测项目	pH值	K⁺+Na⁺ (mg/L)	Ca²⁺ (mg/L)	Mg²⁺ (mg/L)	Cl⁻ (mg/L)	CO₃²⁻ (mg/L)	SO₄²⁻ (mg/L)	HCO⁻ (mg/L)	总矿化度 (mg/L)
洗井水	8	1466	584	207	1191	124	3268	252	7092
返排液	8	3293	438	231	2932	931	3035	315	11151

（4）X36-5-7C2井施工情况：2016年4月4日压裂，现场压裂液675m³，其中使用清水配液270m³，X36-5—7C4井返排液405m³。

2）案例二

2016年8月6日至2016年9月6日，在X62-66井组进行共3井次的压裂应用，井深3200～3400m。

X62-67井下层于2016年8月6日配液压裂，提前配制基液300m³，压后收集返排液150m³。因下雨返排液一直放置，8月31和9月6日分两次用完，且经检测无腐败，室内配制瓜尔胶基液后仍能存放3天以上。

8月31对邻井X62-66c1酸化、压裂后合排，清水压裂、连续混配，后期收集压裂酸化合排液140m³。

（1）X62-67层压裂时返排液应用情况：2016年9月3日，提前对现场返排液进行统计，现场有X62-66c1酸化压裂合排液140m³；8月6日压裂返排液150m³。现场水质检测见表23。

表23　水质检测数据表

检测项目	pH值	K⁺+Na⁺ (mg/L)	Ca²⁺ (mg/L)	Mg²⁺ (mg/L)	Cl⁻ (mg/L)	CO₄²⁻ (mg/L)	SO₄²⁻ (mg/L)	HCO₃⁻ (mg/L)	总矿化度 (mg/L)
压裂返排液	8	2745	717	235	5674	0	28	113	9512
酸化+压裂返排液	4	10174	21338	1737	55658	0	1162	384	90453

（2）2016年9月5日对返排液进行处理，9月6日对X62-67井压裂，使用上述返排液共290m³，压裂时连续混配优先注入酸化压裂返排液所配压裂液140m³，然后注入压裂返排液所配压裂液150m³，最后注入清水所配压裂液，返排液未与清水混用、无泡，对连续混配无影响。

4．结论

（1）陕西中延能源有限责任公司开发的瓜尔胶压裂返排液重复利用技术对盐水及硬水敏

感性低，不同矿化度的压裂返排液均可使用同一配方，适用性强。

（2）对返排液的处理过程中不需利用反渗透等除盐工艺，现场适应性强。

（3）进行杀菌处理后，返排液在夏天可以存放一个月以上而不致变质。

（4）常规有机硼对该技术的耐温性能有影响，使用过程中应避免与常规有机硼混合使用。

（5）该技术也可利用酸化返排液、洗井水等其他井下作业污水经固液分离处理后配制瓜尔胶交联压裂液。

参考文献

[1] 管保山　汪义发，等.CJ2-3型可回收低分子量瓜尔胶压裂液的开发［J］.油田化学，2006，23（1）：27-31.

[2] 冯文亮　张洁　巨小龙.低伤害LMWF压裂液［J］.钻井液与完井液，2003，20（6）：41-42.

[3] 张宏.残余压裂液无害化处理技术的试验研究［J］.化学与生物工程，2004（2）2期；

[4] 刘真.井下作业废水处理的试验研究［J］.油气田环境保护，2000，10（4）：19-21.4期；

（王　民　陕西中延能源有限责任公司）

附录十一　DYLT型螺旋固液分离装置在石油石化含油污泥减量处理中的应用

1. 含油污泥减量化处理的现状及特性

1) 含油污泥减量化处理的现状

含油污泥是油田生产开发过程中产生的,属于危险废弃物。由于其来源多、成分极其复杂、黏度高等原因,处理难度极大,给油田生产和环境保护带来了严重影响。含油污泥处理面临的第一大难题便是污泥的减量化,没有减量化作为基础,后续的无害化、资源化都无从谈起。目前含油污水处理产生的油泥沙含水率高达92%~95%,高含水已成为制约含油污泥深度处理处置的主要因素(图1)。

图1　某油田含油污泥存放现场

2) 含油污水组分分析

含油污泥是含有多种杂质的工业污泥,由含油污水经浓缩生成和生产过程中产生的其他污泥组成,其组分比较复杂(表1)。

表1　某油田含油污水组分分析结果

油 (mg/L)	悬浮物 (mg/L)	Ca^{2+} (mg/L)	Mg^{2+} (mg/L)	Na^++K^+ (mg/L)	SO_4^{2-} (mg/L)	CO_3^{2-} (mg/L)	HCO_3^- (mg/L)	Cl^- (mg/L)	OH^- (mg/L)	pH值
2752.8	123	19.8	7.2	765.8	未检出	68.5	1293.5	404.4	未检出	6.96

2. 几种传统脱水设备的工业应用情况

1) 板框压滤机

板框压滤机由压滤机滤板、液压系统、压滤机框、滤板传输系统和电气系统等五大部分组成(图2)。板框压滤机工作运行的原理比较简单,先由液压施力压紧板框组,沉淀的淤泥由中间进入，分布到各滤布之间，通过过滤介质而实现泥、水分离的脱水方法。

优点:结构简单、操作容易，滤饼含固率高。缺点:无法连续运行，效率低，滤布消耗大，工作环境差，劳动强度大，人力消耗高，处理含油污泥时易堵 塞、难清洗，滤布更换频繁。

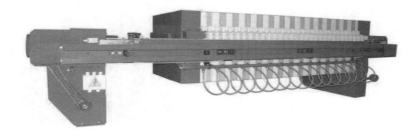

图2　板框压滤机

2）带式压滤机

带式压滤机主要由滤布和驱动轴组成（图3），絮凝后的污泥被输送到浓缩重力脱水的滤带上，在重力的作用下自由水被分离，形成不流动状态的污泥，然后夹持在上下两条网带之间，经过楔形预压区、低压区和高压区由小到大的挤压力、剪切力作用下，逐步挤压污泥，以达到最大程度的泥水分离，最后形成滤饼排出。

优点：可连续运行，效率高，自动化操作，节省人力。低速运转，无振动噪声。缺点：结构复杂，故障率高，开放式操作，工作环境差；冲洗水消耗较大，履带调整维护复杂；处理含 油污泥极易堵塞，难以清洗。

图3　带式压滤机

3）卧螺离心机

卧螺离心机主要由内外转鼓组成（图4），其依靠转鼓与螺旋以一定差速同向高速旋转，污泥由进料管连续引入输料螺旋内筒，加速后进入转鼓，在离心力场作用下，较重的固相物沉积在转鼓壁上形成沉渣层。输料螺旋将沉积的固相物连续不断地推至转鼓锥端，经排渣口排出机外。较轻的液相物则形成内层液环，由转鼓大端溢流口连续溢出转鼓，经排液口排出机外。

优点：自动化操作，节省人力，特别适用于相对密度较差大的固液分离，整机转鼓全密闭，可改善操作环境。缺点:高转速、高能耗、高故障率，噪声、振动大，危险大、磨损大，维护费用高。

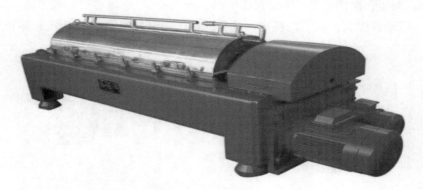

图4　卧螺离心机

4）三种传统污泥脱水设备的性能分析总结

（1）无法根据污泥的变化自动调整，非智能化；

（2）运行环境差，容易堵塞；

（3）水耗、电耗、人力消耗较高，不符合节能减排的主流趋势；

（4）处理含油污泥时极易使滤网堵塞，且不易清洗。

3．DYLT型螺旋固液分离装置

1）功能介绍

可将含油污泥的含水率从95%～98%降至60%～75%，从而大大减少含油污泥的体积和含水率，便于运输储存，为进一步无害化处理打下基础。

2）工作原理

DYLT型螺旋固液分离成套装置，利用螺旋轴与动、静环片相结合，形成一种全新的压滤方式。当螺旋转动时，带动螺旋轴圆周外围的动、静环片产生相对移动，使滤液在相对游动的环片间隙中快速滤出，同时利用螺旋轴与环片间体积的不断缩小，增大内压力，并通过调节背压板，使滤饼含固量不断提高，在螺旋轴连续推力下，使滤液连续分离外流，污泥脱水排出（图5、图6）。

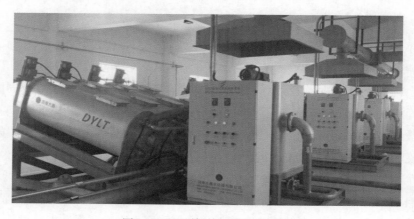

图5　DYLT型螺旋固液分离装置

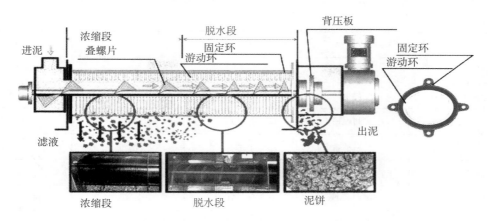

图6 DYLT型螺旋固液分离装置工作原理图

3）性能特点

（1）动态的滤网：DYLT型螺旋固液分离装置游动环片和固定环片组成了动态的滤网，游动环片的运动起到了对透水间隙进行清洗的作用，从而使其永不会被污泥堵塞，时刻保持良好的透水效果。

（2）全封闭设计：设备每个脱水单元单独密封，杜绝污水的泄漏，防止异味散发；同时该结构使设备的喷淋无死角，清洗更彻底。本项设计尤其适用黏度极大的含油污泥，目前国内只有河南大禹水处理有限公司采用了该专有技术。

（3）自动调节：因绝大多数工厂的污泥浓度并不稳定，当进料污泥的浓度发生变化时，会对设备的处理效果和药剂投加量产生影响。DYLT型螺旋固液分离装置可自动联控调节，根据污泥浓度的变化自动调节设备参数，从而确保最佳的处理能力和出泥含水率。同时可以避免药剂的投加不足或过量，药剂使用更合理。

（4）模块化设计：设备采用模块化设计，安装和检修更方便。

（5）完备的防护系统：设备具有自动和手动两种控制方式；具备漏电保护、过载保护等联动功能。

（6）创新型动态混合器：DYLT型螺旋固液分离装置配备了创新型的高效混合器，其配备48个布药孔使药剂分配更加均匀，可帮助絮凝剂与含油污泥更好、更快地反应，大大提高了药剂的使用效率和效果，从而节约药剂，减少消耗。

（7）维护成本低：DYLT型螺旋固液分离装置主机变频转速为 1 ~ 3r/min，极低的转速确保其各个部件的使用寿命，同时设备的振动和噪声极低，改善了操作人员的工作环境，减轻了工人的劳动强度。

DYLT型固液分离装置与传统设备的性能对比见表2。

表2 性能对比表

项 目	DYLT型	板框式	离心式	带 式
脱水原理	螺旋挤压脱水	滤布压力脱水	离心力脱水	滤布压力脱水
用电量	极少	较大	最大	较大

项　目	DYLT型	板框式	离心式	带　式
清洗用水量	极少	较大	较少	非常大
噪声、振动	很小	较大	最大	较大
日常维护	时间很短	时间较长	时间较长	时间较长
处理含油污泥	非常适合	不适合	困难	不适合
絮凝剂	需要	需要	需要	需要
滤饼含水率	60%～70%	50%～70%	70%～80%	60%～70%
污泥处理率	90%～98%	90%～95%	70%～80%	80%～90%
全自动运行	可以	可以	可以	可以

4. DYLT型固液分离装置处理含油污泥应用实例

1）某油田联合站超稠油处理项目

本项目为某联合站的罐底泥和气浮泥的处理项目，所处理污泥为超稠油污泥，泥内含油量较高，处理难度较大。用其他传统设备进行了多次现场实验均不成功，于 2011 年安装使用 DYLT 型螺旋固液分离装置（图 7），并取得良好的效果，目前仍在稳定运行。

图7　设备现场

（1）运行数据见表 3。

表3　运行数据表

污泥参数			
污泥性质：浮渣、罐底泥		污泥来源：联合站	
污泥流量：10m³/h	污泥浓度：50000mg/L		污泥含油：50mg/L
药剂参数			
絮凝剂规格：PAM	浓度：1‰		投加量：2000L/h

续表

主机运行参数		
频率：35.0Hz	电流：3.1A	转矩：50.9%
滤液参数		
浓度：1040mg/L	含油：未检	处置率：95.0%
出泥参数		
出泥量：500kg（ds）/h	含油：未检	含水率：72.0%

（2）运行成本核算见表4。

表4　成本核算表

项　目	运行费用（元/m³）	备　注
蒸汽费	2	该项目为超稠油，需蒸汽清洗
电费	0.5	根据当地电费标准核算
药剂费用	6	根据质量浓度不同略有差异
合计	8.5	

2）某石油企业联合站含油污泥减量处理处置项目

本项目为某联合站的气浮含油浮渣泥的减量处理项目，于2013年投入使用DYLT型螺旋固液分离装置（图8），已取得良好的效果，目前仍在稳定运行。

图8　设备现场

（1）运行数据见表5。

表5　运行数据表

污泥参数		
污泥性质：浮渣		污泥来源：联合站
污泥流量：8m³/h	污泥浓度：30000mg/L	污泥含油：20mg/L

续表

药剂参数		
絮凝剂规格：PAM	浓度：1‰	投加量：1200L/h
主机运行参数		
频率：30.0Hz	电流：3.2A	转矩：43.9%
滤液参数		
浓度：800mg/L	含油：未检	处置率：96.0%
出泥参数		
出泥量：240kg（ds）/h	含油：未检	含水率：77.6%

（2）运行成本核算见表6。

表6　运行成本核算表

项　目	运行费用（元/m³）
水费	0.01
电费	0.4
药剂费用	4.5
合计	4.91

3）某石化企业含油污泥减量处置项目

设备布置现场如图9所示，效果图如图10所示。

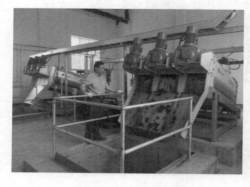
图9　设备布置现场

图10　原液、滤出液和泥饼实物图

（1）运行数据见表7。

表7　运行数据表

污泥参数		
污泥性质：剩余污泥		污泥来源：污水处理站
污泥流量：15m³/h	污泥浓度：20000mg/L	污泥含油：11mg/L

续表

药剂参数		
絮凝剂规格：PAM	浓度：1‰	投加量：1600L/h
主机运行参数		
频率：25.0Hz	电流：3.0A	转矩：40.7%
滤液参数		
浓度：1210mg/L	含油：未检	处置率：93.0%
出泥参数		
出泥量：300kg（ds）/h	含油：未检	含水率：79.0%

（2）运行成本核算见表8。

表8　运行成本核算表

项目	运行费用（元/m³）
水费	0.02
电费	0.2
药剂费用	3.2
合计	3.42

5. 结论

通过近百台DYLT型螺旋固液分离装置在石油石化现场的应用与实践，该类型装置及成套技术已成熟可靠，可以将含油污水泥浆的体积大幅缩减，能够解决石油石化企业油泥危废的处理瓶颈问题，为含油污泥的处理处置和进一步资源化利用开辟了一条新的途径。因此，该DYLT型污泥减量化装置及成套技术在石油石化行业可进行全面推广应用，对油泥的资源化利用和企业节能环保目标的稳步实现都具有非常积极的意义。

参考文献

[1] 朱寅. 污泥脱水机选型比较 [J]. 现代制造，2012（24）：45–46.

[2] 靳宇翔. 带式污泥脱水机的选型 [J]. 工业，2017（1）：103.

[3] 杜佳贵，江飞宇. 污泥脱水机的选择应用 [J]. 环境，1997（10）：16–17.

[4] 赵凤伟，李金林，桂莎，等. 叠螺式脱水机在含油污泥脱水中的应用 [J]. 工业用水与废水，2015，207（2）：26–29.

（高万军　冯　裴　河南大禹水处理有限公司）

附录十二　橇装式含油污泥化学热洗设备与技术的应用

含油污泥处理最终的目的是以减量化、资源化、无害化为原则。含油污泥常用的处理方法有：化学热洗、燃料化、热洗、蒸汽喷射、焚烧、溶剂萃取等。国内有关工程公司在调研了国内外油田现有含油污泥处理技术现状的基础上，综合物理化学方法，采用国内通标设备，对化学热洗法进行了部分改进，提出了新的橇装移动式、小型化超声气浮处理技术路线，以期为油气田环保领域提供适应性更强、处理效果更好、综合成本更低的含油污泥处理工艺和设备。

1. 工艺介绍

1）工艺流程

工艺流程如图1所示。

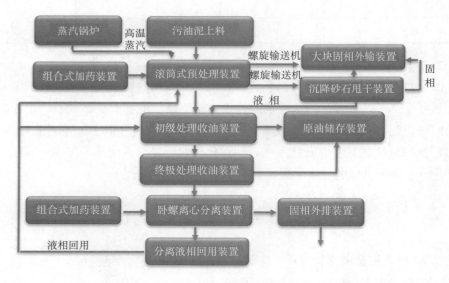

图1　工艺流程图

2）工艺流程简介

（1）自动进料。

本套工艺的自动进料主要针对固态和液态两种形态的含油污泥，液态含油污泥采用气动隔膜泵（或渣浆泵）从污泥储存池输送至预处理装置；固态及半固态含油污泥采用斗式污泥提升机、螺旋输送机或铲装机从储存池送至预处理装置。

（2）分选预处理。

含油污泥通过滚筒式预处理装置将大块聚结在一起的污泥打散，不能被打散的编织袋、塑料等韧性物质经风选去除。污泥中大于 20mm 的颗粒被推进预处理装置一侧的大块物料收集箱内，沉降砂石经甩干装置甩干后输送至大块物料外输装置。小于 20mm 的污泥通过滚筒式筛板的筛孔进入污泥预处理槽。槽内的污泥由高温蒸汽锅炉的蒸汽预热到 85℃ 以上。通过滚筒筛选、加水冲洗等工序，实现含油污泥的杂物去除、纤维物去除、均匀分散、油泥浆储存和输送。

（3）清洗。

在含油污泥初级、终极清洗装置内完成。通过斜板分离、药剂、超声、气浮、搅拌等作用实现含油污泥的清洗和游离原油的收集。上部原油经收油器到收油泵，输送至储油罐，下部混合液进入固液分离装置。

（4）固液分离。

采用两相离心机实现固体污泥与液体的分离，在离心机前配有加药装置、静态混合器进行加药。卧螺离心机分离出来的污泥中含油一般为 2%，含水率 70% 左右，由螺旋输送机外排。

（5）油水处理。

通过两级清洗装置收集的浮油输送至油罐，油罐中析出的水可输至水罐。卧螺离心机分离出来的液体进入水罐，水罐中的浮油可被收集输入油罐，水被加热后可以作为回掺水进行回用。

3）工艺特色

（1）增加了气浮和超声处理工艺。

与国内外同类化学热洗处理设备相比，本工艺在清洗装置内增加了气浮和超声波处理工艺，通过超声的空化效应、机械搅拌效应和热效应，以及气浮对油相的浮选作用，处理效果得到明显改善。

（2）分级处理，独立收油。

通过初级、终极清洗装置，若进料物化性质更复杂，还可能采用三级甚至四级清洗装置，逐级清洗。

每级清洗装置内均有收油设备，通常采用重力收油以便控制油水比例。混合液进入离心机之前，绝大部分分离出的油相已被收集，这样不仅降低了离心机的操作和工艺难度，同时提高了油相的回收效果。

（3）橇装式设备，形式灵活。

为了方便运输或随项目转移，以及野外作业和突发性污染事件应急处理，设备通常采用模块化的橇装形式。各橇体之间采用高压胶管连接，整体设备现场安装只需 2h。

在实际生产过程中，可任选各橇体进行组合，既可以选择全部橇体，也可以选择部分橇体，甚至可以选择一个橇体，现场改变工艺流程，改变安装方式，以达到最佳处理效果。橇体外部增加了保温设施，保证四季均可运行。

设备形式也可做成固定站式处理系统，以提高系统处理能力。

（4）回收资源，安全环保。

本套工艺的原油回收率达 98% 以上，回收的原油可进入炼油厂加工，实现了资源回收。

处理过程在常压下进行,最高温度90℃,液相多在封闭橇体内反应,废气排放量小。离心机分离出的液相回用至前端清洗装置内,基本不外排废水。脱水后固相含油率可降至2%甚至1%以下,满足国内各地标准。

本工艺与国内传统的化学热洗工艺的对比见表1。

表1 本工艺与传统化学热洗工艺的对比

项 目	传统工艺	本工艺
主体工艺	加热、加药剂	加热、加药剂、气浮、超声
清洗方式	单级清洗、收油	多级清洗、逐级收油
收油方式	离心机收油	重力收油,可控制收油深度及油水比例
加热方式	蒸汽加热	电加热和蒸汽加热,可适用于多种现场情况
设备形式	固定站式	橇装式,安装方便,整体设备现场安装只需2h
资源利用	水不能重复使用	水循环利用,不外排废水;回收油分
处理效果	易处理含油污泥可以达标	符合《陆上石油天然气开采含油污泥资源化综合利用及污染控制技术要求》(SY/T 7301—2016)的要求
占地	800m²	400m²
处理量	5～10t/h	5～20t/h
年运行时间	冬季不能运行	橇装外部增加保温措施,一年四季均可运行
安装方式	钢制管线安装	高压胶管连接,可以任意改变工艺流程

2.现场应用案例

1)辽河油田曙光采油厂含油污泥中试试验

(1)原料性质。

辽河油田曙光采油厂内的含油污泥属于混合油泥,主要包括原油储罐的清罐作业产生的油泥,污水处理厂污水储罐、污水池及气浮等工艺设备运行产生的底泥和浮渣,井场作业、管线泄漏等产生的落地油泥。

含油污泥含固率约60%,含水率约20%,含油率约20%,样品的实验室检测数据见表2。由于含油污泥为固相,所以此数据并不能代表曙光采油厂内所有污泥的性质。

表2 油泥性质数据表

指 标	含量
原油密度(g/cm³)	0.9517
pH值	3.35
碳(mg/g)	9.00
硫(mg/g)	0.34
氮(mg/g)	0.51

指　标	含量
镍（mg/kg）	46.80
钒（mg/g）	1.54
蜡（mg/g）	3.38

辽河油田含油污泥最大特点是油的密度较大（一般油田原油密度小于 $0.9g/cm^3$）。因此，油水分离较困难。

（2）中试试验。

考虑到辽河油田的稠油油泥性质，本次中试在前述工艺流程的基础上增加了三级清洗装置和四级清洗装置，工艺流程如图 2 所示。

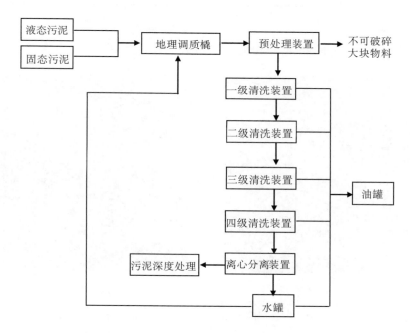

图2　曙光采油厂含油污泥处理工艺流程

中试试验于 2016 年 4 月 30 日至 6 月 5 日进行，试验相关数据见表 3。

表3　曙光采油厂含油污泥中试试验数据

次　数	温　度	蒸汽加热时间	污油处理量	加药量	出泥量
1	86℃	5h	3t	PAC：150mg/L；PAM：150mg/L 其他药剂：200mg/L	0.5t
2	90℃	5h	2t	PAC：150mg/L；PAM：150mg/L 其他药剂：300mg/L	0.35t
3	88℃	5h	2.5t	PAC：150mg/L；PAM：150mg/L 其他药剂：500mg/L	0.4t

续表

次 数	温 度	蒸汽加热时间	污油处理量	加药量	出泥量
4	88℃	4h	2t	PAC：150mg/L；PAM：150mg/L 其他药剂：500mg/L	0.35t
5	90℃	6h	4t	PAC：150mg/L；PAM：150mg/L 其他药剂：500mg/L	0.6t
6	94℃	8h	6t	PAC：150mg/L；PAM：150mg/L 其他药剂：500mg/L	1.0t
7	90℃	7h	5t	PAC：150mg/L；PAM：150mg/L 其他药剂：500mg/L	0.8t
8	90℃	7h	5t	PAC：150mg/L；PAM：150mg/L 其他药剂：500mg/L	0.8t

（3）试验结果。

处理前含油污泥及处理后离心机出泥外观如图3所示。

（a）处理前　　　　　　　　　　　　　（b）离心机出泥

图3　辽河油田处理前含油污泥及处理后离心机出泥样品图

处理后离心机出泥经业主方委托检测，滤饼含油率为1.5%，符合业主滤饼含油率2%的污染控制要求。

2）青海油田采油一厂含油污泥处理项目

（1）项目概况。

青海油田采油一厂含油污泥来自油砂厂和尕斯联合站内的干化池区域的4座隔油沉淀池、2座沉砂池和1座污水蓄水池内的废液。

本项目于2017年3月开工，目前日处理量160m³含油污泥。处理前含油污泥含油率约20%，还含有盐分和砂。业主要求处理后固体含油率小于2%。

（2）处理效果。

处理前含油污泥、处理后离心机出泥和晾晒4天后污泥外观如图4所示。

（b）离心机出泥

（a）处理前含油污泥　　　　　　　　　（c）晾晒4天后的污泥

图4　处理前含油污泥、处理后离心机出泥和晾晒4天后污泥外观

业主将晾晒后污泥送往第三方检测机构检测，滤饼含油率0.012%，远小于2%的业主控制要求。

3. 结论与建议

橇装移动式含油污泥化学热洗处理技术在国内大庆油田、辽河油田、大港油田、华北油田、新疆油田、青海油田等多个油田进行了现场处理，本文以原油密度较高的稠油油田——辽河油田和原油密度较为常见的青海油田两个处理现场作为案例进行了分析。处理后的固相含油率均小于2%，满足业主需求，也符合国家能源局颁布的《陆上石油天然气开采含油污泥资源化综合利用及污染控制技术要求》（SY/T 7301—2016）中的资源化利用污染控制要求。

从现场的运行来看，主体工艺可以满足现场处理需求。不过由于国内油田管理要求不一，含油污泥存放池内物料复杂，除了原油和被原油污染的土壤和水之外，还会掺杂一些建筑垃圾、农业垃圾、生产生活垃圾等，因此需要根据不同物料成分选择合适的预处理系统，这一过程在主体工艺中无法一一体现，在实际的设备生产及现场运营过程中需要注意。

参考文献

[1] 徐如良，王乐勤，孟庆鹏. 工业油罐底泥处理现状与试验探索 [J]. 石油化工安全技术，2003，19（3）：36-39.

（王　文　刘敏杰　成都天盛华翔环保科技有限公司）

附录十三　含油污泥资源化和无害化处理核心设备及解决方案

　　含油污泥实现无害化目标，比较成熟可靠的技术是焚烧和热解吸。从无害化处理效果而言，热解吸技术仅次于焚烧，从安全、环保／资源回收、稳定性和处理标准的变化趋势总体比较，间接热解吸技术是目前国内外实现含油污泥无害化和资源化处理的最适用技术之一。

　　含油污泥间接热解吸成套处理装置（OSTDS, oily sludge thermal desorption system）采用间接加热工艺和螺旋推进的设备形式，是专门针对含油污泥的特性及热解吸过程特点而开发的。OSTDS有效解决了4个难题，一是石油烃蒸气和裂解气带来的安全隐患问题；二是油泥塑性和结焦，以及沥青烟等可导致固相流程和汽相流程堵塞的问题；三是尾气无组织排放导致的环境问题；四是必要的分类分拣和预处理问题。

　　以该技术和设备为核心，配套必要的预分拣和处理技术的解决方案，可以满足各类油泥的资源化和无害化处理需求。

1. OSTDS含油污泥间接热解吸成套处理装置

（1）OSTDS工艺技术原理及特点。

螺旋推进式间接热解吸装置工艺原理示意图如图1所示。

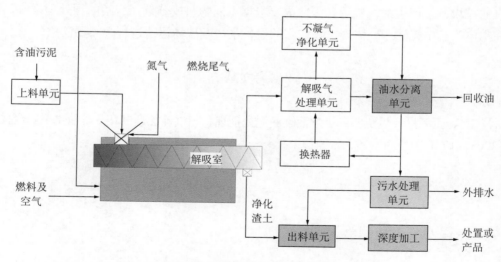

图1　间接热解吸装置工艺原理示意图

　　含油污泥连续通过上料设备进入带有气锁的间接热解吸单元，含油污泥在缺氧状态下被间接加热，被推进器向前推进，温度逐渐上升，水和石油烃先后从油泥中解吸出来形成解吸气，解吸温度控制在500～550℃。

解吸气被抽吸进入解吸气处理单元设备，水蒸气和绝大部分石油烃蒸气被循环水冷凝为液态，进入循环水处理单元，少部分不凝气经过除湿处理后，做为间接热解吸单元处理设备的补充燃料。天然气和不凝气的成分主要为 C_4 以下的石油烃，燃烧尾气符合排放标准，直接排放大气。

完成解吸后的固体（净化渣土）从出料气锁排出，输送至降温加湿单元，通过喷淋入清水进行降温和加湿抑尘，然后排出热解吸装置，排出固体的温度低于 100℃，含水 10%～15%。固体出料根据项目外部条件，可以选择外运处置或进一步加工生产建材等产品。

在循环水处理单元设备中实现循环水的油水分离，油进入回收油箱，定期外输，水经过风冷后再次循环进入解吸气处理单元。当有多余的过剩污水时，排入附近可依托的水处理站处理，或者配套的水处理设备进行处理后作为出料降温加湿用水。

解吸腔设有多个热电偶连续监测解吸腔的温度信号用来控制燃烧器，避免出现温度过低或过高的现象。在进出料口气锁处设有氮气补充口，使进入解吸腔内的氧气数量达到最低，确保安全。

含油污泥属危险固体废弃物，其特征污染物为石油，其危险特征为易燃性和毒性，石油中的轻组分具有易燃性，石油中的多环芳烃等具有毒性。在550℃的解吸温度下，可以彻底实现绝大部分原油轻组分的解吸和多环芳烃的解吸，以及少部分重组分的热解。热解吸的处理效果主要受停留时间和温度影响，因此，控制好温度，即可获得稳定可靠的处理效果。因此，间接热解吸技术具备以下特点：

① 稳定可靠地实现无害化；

② 回收大部分油，油品性质好，实现资源化；

③ 间接加热，油泥不与热介质接触，安全性高；

④ 含油污泥无燃烧，无须复杂的尾气处理即可实现环保达标。

（2）OSTDS 间接热解吸成套装置。

整套装置由核心的间接加热及热解吸单元和相互关联的 7 个辅助单元组成，辅助单元分别是上料单元、解吸气分离净化单元、循环水处理及收油单元、渣土后处理单元、污水净化单元、氮气保护单元和自动控制单元。装置外观如图 2 所示，成套装置单元常规配置见表 1。

表1　OSTDS成套装置常规单元配置

序　号	装置组成部分	数　量	备　注
1	上料单元（套）	1	
2	加热及热解吸单元（套）	1～4	根据处理规模配置
3	解吸汽冷凝单元（套）	1～4	根据处理规模配置
4	渣土后处理单元（套）	1	出料降温加湿系统
5	集中控制单元（座）	1	电气及自控橇
6	油水分离单元（套）	1	

序　号	装置组成部分	数　量	备　注
7	不凝气净化单元（套）	1	
8	循环水冷却橇（座）	1	
9	成套制氮设备（套）	1	备选
10	备用发电机组（套）	1	备选

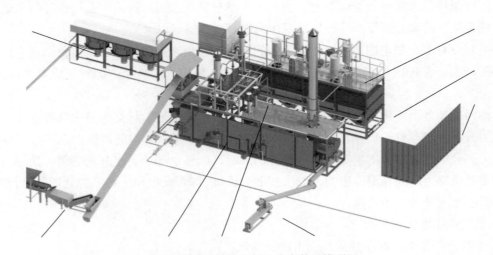

图2　OSTDS间接热解吸成套装置模型图

1—上料单元；2—加热及热解吸单元；3—解吸气冷凝单元；4—渣土后处理单元；
5—集中控制单元；6—油水分离单元；7—不凝气净化单元；8—循环水换热器

① 上料单元。

上料单元包括储料斗、出料皮带及料秤、振动筛、磁分离设备、上料皮带和本地控制柜等设备，该单元实现筛分、除杂和进料量监测和恒进料量自动控制，分离出大于 40mm 的杂物以及铁质杂质。该单元设本地控制柜，为进料计量及保护单元中的设备配电，并通过本地 PLC 显示运行状态及参数，以及对出料的定量调整和恒量控制，控制柜还设有通信接口与自动控制单元通信，可实现进料计量及保护单元的远程控制。

② 间接加热及热解吸单元。

间接加热及热解吸单元主要包括加热炉、解吸腔以及进出料气锁等，在设定温度条件下，实现水和油等可挥发性物质与固体的分离。

加热炉可采用天然气等燃料加热，也可以采用电加热。解吸温度可由 PLC 控制设定为指定值，运行温度为 500 ～ 550℃。除了自动恒温控制外，还实现了设备开机及停机过程中升温和降温的程序自动控制。

解吸腔将物料和火焰完全分隔开，实现间接加热，同时进出料端的气锁隔绝保护、轴密封和附加氮气保护，能防止空气进入解吸腔内，消除了内部燃烧和爆炸的风险，保证单元的安全性。

③ 解吸气冷凝单元。

本单元实现将从解吸腔抽吸出来的解吸气进行冷凝，使解吸气中绝大部分的油气和水冷凝为液态。

④ 渣土后处理单元。

渣土后处理单元的功能为降温加湿，避免出料扬尘。该单元包括出料输送机、加湿及抑尘设备，出料进入出料堆场。输送机和抑尘设备的电动机均可通过自控单元进行调节。加湿水源可以是清水或处理后的污水，加湿后的出料含水通常为 10% ~ 15%。

⑤ 循环水处理及收油单元。

循环水处理及收油单元实现循环水的油水分离和降温，回收冷凝油及为冷凝系统提供循环水。油水固三相混合物在本单元完成自然沉降分离，上部的浮油通过刮油管排到低位回收油箱，再由回收油泵外输到联合站油品单元。固体沉淀在底部排泥槽，定期排出单元。水溢流到循环水箱，经循环泵加压进入空冷器，温度从 50 ~ 60℃ 降低到 40 ~ 50℃，降温后的污水一部分回用解吸气冷凝单元，多余部分进入污水净化单元。循环水处理及收油单元为密闭设计，设有液位、温度和压力传感器，空冷器风机设计为多台串联，可以根据空冷器进出口温度自动控制空冷器的开启数量和时间。

⑥ 不凝气净化单元。

本单元实现不凝气的除湿和除沫，主要包括气液分离器和除沫器，净化后的不凝气进入加热炉燃烧器，或者单独的尾气处理系统进行处理。不凝气中可燃气体含量小于 2%，氧含量小于 5%，氮气含量大于 93%。不凝气净化单元设有阻火器和泄爆阀等安全措施。

⑦ 污水净化单元。

当剩余污水没有可依托处理站进行处理时，配置污水净化单元。污水净化单元包括预处理部分和深度处理部分，预处理部分通过混凝浮选设备去除油，然后进入深度处理部分，深度处理部分采用氧化和吸附等设备，将水处理至外排水的水质标准。处理后的水可用于出料加湿用水或外排。

⑧ 氮气保护单元。

氮气保护单元采用变压吸附制氮装置获得氮气，氮气储存在氮气储罐，氮气储罐出口通过管线连接到间接加热及热解吸单元的进料气锁、出料气锁等位置做为惰性保护气体。

⑨ 自动控制单元。

自控单元通过 DCS 或 PLC 实现整个装置的控制。在电脑屏幕上显示各单元的流程及控制点实时状态和监测点实时数据，在显示幕上可以实现对单元的操作控制和自动控制程序参数的设定。本单元设有报警和安全连续控制程序以保证单元安全可控。主流程上位机组态画面如图 3 所示。

(3) OSTDS 间接热解吸成套装置主要参数及特点。

① 进料条件及适用范围。

原则上，螺旋推进式间接热解吸设备可以适应各种含水率和含油率的含油污泥，但出于能耗和投资考虑，装置按进料含水 20% ~ 30% 和含油 10% ~ 20% 进行物料和热量平衡计算。进料含水率和含油率越低，处理量越大，能耗越低。

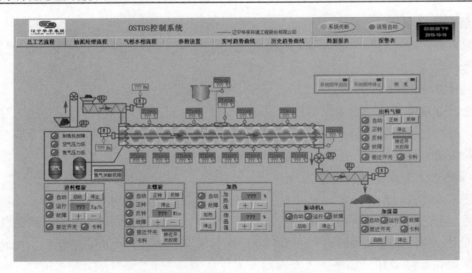

图3　主流程上位机组态画面（电加热型）

② 处理效果。

a. 固态渣土：OSTDS 间接热解吸处理装置处理后的残余固体，其 TPH 含量通常情况下小于 1%，对于油基钻屑，可稳定小于 0.3%。

b. 解吸气回收油：解吸气经过冷却后切割的轻质组分气体直接回收补充燃烧了，所以回收油中的重质比例偏大。间接热解吸处理过程既存在热解，也存在热解吸过程，因此解吸汽冷凝液的回收油成分与具体油泥中的原油成分及热解吸温度密切相关，不同地区污油泥的回收油成分也不尽相同。冷凝回收油中的初始含水率在 20% ~ 30%，经过初步静沉后可稳定在含水率 1% ~ 5%。

c. 直接冷却方式下的系统循环水：冷却水与解吸气直接接触，水质含油多，乳化严重，需要经过油水分离处理后再进入风冷器降温。通常情况下长时间循环水中的含油率会趋近一个饱和平衡数值，该值也与油泥中的原油成分密切相关。

d. 燃烧尾气：不凝气中的可燃气体成分经检测，主要以 C_1 ~ C_5 的烷烃、烯烃和炔烃为主，包括甲、乙、丙、正（异）丁烷、乙烯、丙烯、正反丁烯和丙炔，累计含量不到总不凝气的 2%，而除湿除沫净化后的不凝气总量约占燃烧室内可燃气体总量的 60%，即不凝气中的可燃气体平均仅占燃烧室内总可燃气体的 1.2%，因此解吸气中的不凝气成分对燃烧室内的尾气成分的影响是微乎其微的。

③ 能源物料消耗。

在电气及自控橇内设有电量表，在间接加热及热解吸成橇设备上设有天然气计量表。在设计进料条件下，天然气和电的消耗分别为 $70m^3/t$ 和 $40kW \cdot h$。

④ 装置特点。

OSTDS 间接热解吸技术及成套处理装置具有以下特点：

a. 稳定实现无害化：石油烃和有害物质被蒸发去除，运行稳定。

b. 安全可靠：热脱附的温度不高，没有明显的裂解反应，系统中的含氧量低于临界氧浓度值，可燃气体含量远低于爆炸下限，采用密闭设计和氮气保护，系统运行安全可靠。

　　c. 实现资源化：回收油泥中 75% 以上的油，油品性质好，不凝气回收作为燃料使用。

　　d. 尾气达标：没有油泥的燃烧过程，采用天然气或生物质为燃料时，尾气中的污染物少，净化系统简单；全厂设除臭系统和尾气净化系统，无恶臭，尾气达标排放。

　　e. 实现资源化的最终处置：渣土可制砖或水泥，或用于建筑原材料，不占用填埋空间，节约填埋费用。渣土还可实现植被种植。

　　f. 设备运行转速低，设备磨蚀低。

　　g. 适应性强：适应的进料含油和含水范围宽。

2. 预处理技术及成套装置

　　油田含油污泥来源广，油泥的状态变化较大，需要进行必要的分类预处理，才能确保后续处理设备长期稳定运行。预处理的主要目的一是将液态油泥转化为固态，同时尽可能回收油并降低含水率；二是去除杂物。含油污泥预处理的工艺流程如图 4 所示。

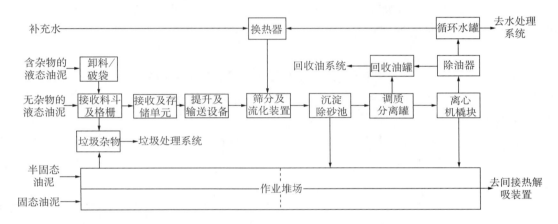

图4　含油污泥预处理工艺流程示意图

　　预处理装置主要设备包括筛分流化设备、除砂设备、调质分离设备、离心脱水设备、加药设备、油水分离设备、循环水设备及辅助加热设备等。各主要设备实现橇块化设计和制造。

3. 含油污泥处理技术工程案例

　　1）长庆油田采油三厂靖安含油污泥处理厂

　　中国石油长庆油田分公司第三采油厂靖安含油污泥处理厂如图 5 所示。

图5　长庆油田第三采油厂靖安含油污泥处理厂

该工程 2013 年建设，2014 年投产，是辽宁华孚以 DBO 模式建设的，主要情况简介如下：

（1）设计规模。

设计规模 6000t/a，根据含液量高低将油泥分为两类：一是液态油泥，年进料规模 2371t，包括清罐油泥和其他油泥，含固量较低，为 10% ~ 35%，含水率较高，为 60% ~ 80%，含油 10% ~ 15%，总含液量为 70% ~ 90%。二是固态油泥，年进料规模 3629t，包括作业油泥和落地油泥，前者固体含量为 30% ~ 40%，液相含量为 50% ~ 70%，后者含固量为 80% ~ 90%，油和水的含量均在 5% ~ 10% 之间。

该站设计年回收原油 377t，天然气消耗量 $50.7 \times 10^4 m^3/a$，耗电量 $51.1 \times 10^4 kW \cdot h/a$，液态油泥药剂用量 1.8t/a，清水消耗量 1475t/a。外排污水量 3991t/a，合格渣土量 2042t/a，分拣出垃圾杂物 36t/a。

（2）技术路线。

采用 OSTDS 间接热解吸装置实现无害化和资源化处理，采用"流化→调质→离心"预处理成套设备，先将液态油泥转化为固态油泥，然后用热解吸进一步处理。

（3）能耗统计。

热源采用净化后的井口伴生气，热解吸装置每吨进料的能源消耗实际统计数据为：伴生气 $40 ~ 80m^3$，电量 60 ~ 80kW · h。

（4）处理效果。

处理后的渣土 TPH 含量数据见表 2，处理后的 TPH 含量稳定在 1% 以下。渣土被送往附近的砖厂，做为制砖原料等。

表2 进料和出料TPH含量

监测日期	TPH月平均统计数据	
	进料（%）	出料（%）
2014年10月	7.68	0.66
2014年11月	7.56	0.69
2015年3月	14.05	0.96
2015年4月	16.71	0.79
2015年5月	12.48	0.84
2015年6月	8.31	0.82
2015年7月	8.00	0.85
2015年8月	8.81	0.75
平　均	10.45	0.80

（5）回收油。

间接热解吸的回收油如图 6 所示。经初步静沉脱水后含水率为 5%，每天站内热解吸回收油 $1 ~ 2m^3$。

图6　热解吸回收的油

（6）处理后污泥（渣土）。

靖安油泥处理厂净化后的渣土全部用做砖厂制砖原料，作为标准烧结砖的添加原料。渣土与传统制砖的黄土、黏土、原煤掺混烧制普通红砖，掺兑比例为5%（质量分数），满足掺混量小于10%的国家标准要求。经抽样检测砖的质量完全满足GB 5101—2003《烧结普通砖》的质量要求。靖安油泥处理厂每年外运制砖渣土2000t左右。真正实现了渣土的资源化和自然界的"零排放"，制砖过程及成品转如图7所示。

渣土与当地地表土、农家有机肥土壤最佳配比为5∶3∶2（体积比），经种植作物试验，作物的成活率均高于常规要求的60%。

2）其他案例

甘肃镇原含油污泥处理项目设计规模10000t/a，2016年建成，2017年投产，采用"预处理＋热解吸"的技术路线。

新疆克拉玛依金鑫公司3×10^4t/a含油污泥处理项目，2016年建成试运行，2017年正式投产，新疆克拉玛依3×10^4t/a间接热解吸装置如图8所示。

图7　制砖过程及成品　　　　图8　新疆克拉玛依3×10^4t/a间接热解吸装置

参考文献

[1]　宋薇，刘建国，聂永丰.含油污泥热解与燃烧的反应过程［J］.清华大学学报（自然科

学版），2008，48(9)：73—77.

[2] 李连生，张仁轩，高峰.含油污泥无害化处理技术分析 [J] .石油规划设计，2016，27(4)：41—43.

[3] 张立柱.含油污泥热解工业应用存在问题及解决方法 [J] .生产建设，2013（12）：44.

[4] 孙佰仲，马奔腾，李少华，等.程序升温下页岩油泥热解机理 [J] .化工进展，2013，32（7）：1484—1488.

[5] 王晓东，李玉善，田敬.含油污泥间接热解吸处理后的再利用 [J] .油气田环境保护，2015，25（6）：46—49.

（陈　勇　李　森　王晓东　辽宁华孚环境工程股份有限公司）